# *Elettronica divertente con Raspberry©*

Gregorio Chenlo Romero (gregochenlo.blogspot.com)

Appunti (v4):

# Indice

*Dedica:*

all'Onorevole Antonio Mira Mira

Persona eccellente, insegnante eccellente,
sempre felice, sempre responsabile,
re dei “mutatis mutandis”,
in questa valle di lacrime
da qui all'Eternità.

# 1.-INTRODUZIONE

Quando ho pubblicato il mio primo libro di Domotica "Domotica con Raspberry©, Google© e Python©: un utile e divertente progetto di Domotica" (www.amazon.com), sia in Spagnolo che in Inglese, ho ricevuto diversi commenti da lettori che mi incoraggiavano a scrivere un altro libro per principianti nell'uso di Raspberry© come base per la creazione di piccoli esercizi di sviluppo di progetti, in cui verrà spiegato passo dopo passo, più lentamente, in modo più dettagliato, più facile, ecc. come viene utilizzato un Raspberry©, partendo da zero e aggiungendo elementi da una minore a una maggiore complessità: un LED, un pulsante, sensori, interruttori, controller, dispositivi di automazione domotica, accesso dal Web, controllo vocale, ecc.

Nel primo libro, è stato descritto come utilizzare Raspberry© per creare un progetto di Domotica concreto e completo con più sensori (temperatura, umidità, termostato con geolocalizzazione, guasti dell'alimentazione, sensore dello stato della porta del garage, tossicità dell'aria nel garage, campanello, sensori di presenza, perdite di gas, rilevatore di fumo e incendio, inondazione, stato della connessione Internet, pulsanti, ecc.), attuatori multipli (illuminazione, alzato/abbassato delle persiane, LED stato del sistema, segnali acustici e vocali, simulazione della corteccia del cane da guardia, relè, valvole del gas e dell'acqua, controllo per "watchdog" elettronico, ecc.), algoritmi di controllo intelligente (processi ripetitivi, routine, scene, ecc.) utilizzo di integratori di applicazioni e dispositivi di vari produttori (IFTTT©) o persino gestione bidirezionale dell'intero sistema con la voce (Brodcasting) con un linguaggio naturale, usando l'Intelligenza Artificiale se incluso in assistenti come Google Home© o Alexa©.

Pertanto, sulla base di questa proposta dei lettori dei miei primi libri, ho deciso di scrivere questo libro che ha lo scopo di aiutare il lettore principiante ad acquisire le conoscenze generali di base sull'Elettronica e i dettagli sull'uso di un Raspberry© al fine di utilizzare il suo potenziale di gestione di vari dispositivi elettronici, Domotica, ecc.

Sul mercato ci sono già diverse pubblicazioni che perseguono obiettivi simili a questo (soprattutto in inglese) ma di solito sono molto teorici, noiosi, troppo brevi, senza sufficiente profondità, senza spiegare il perché delle cose, rivolti a progetti molto complessi che in molti casi si applicano solo a soluzioni molto specifiche che non aiutano un solido processo di apprendimento che consente di sviluppare il proprio progetto.

Al contrario, qui non viene sviluppato alcun progetto specifico, ma piccoli esempi o esercizi che consolidano la conoscenza sono spiegati in modo approfondito in modo che un principiante e un appassionato di auto-apprendimento e auto-sviluppo possano impiantare le proprie idee che saranno sicuramente nuove, creative, inedito ed eccellente.

In questo senso, questo libro contiene una prima parte in cui vengono introdotti i concetti di base necessari per disporre dell'hardware (Raspberry©, GPIO©, HDMI©, Gigabit©, schermi tattile, ecc.) e del software (sistema operativo, istruzioni di base), configurazione, aggiornamento, installazione di pacchetti, allocazione IP, accesso remoto al Raspberry©, inizio del sistema, inizio del dispositivo, software di gestione Python©, ecc.) necessari per iniziare un'attività di formazione ricreativa intorno all'elettronica gestita con un Raspberry©

La seconda parte del libro include alcuni esercizi pratici (50 con una soluzione dettagliata e più di 150 proposte per il lettore da sperimentare da soli) per rafforzare la formazione di concetti teorici di base e con l'aumento della complessità dell'esercizio con l'esercizio. Ogni esercizio descrive l'obiettivo perseguito, i componenti necessari e la teoria (hardware e software) essenziali per comprendere i concetti e raggiungere l'obiettivo, inoltre tutto ciò scritto in un linguaggio che persegue l'intrattenimento e si diverte del lettore. Con i grafici, diagrammi, formule, foto, ecc. che facilitano una migliore comprensione di tutti i concetti utilizzati.

La terza parte include un elenco di software aggiuntivo (applicazioni per Raspberry©, computer e dispositivi mobili) che aiutano a migliorare il processo di sviluppo degli esercizi, il pretest, la sua documentazione, la ricerca di risorse tecniche, ecc. rendendo l'intero processo molto più semplice, facile, economico e amichevole.

Oggi i fan di queste tecnologie siamo molto fortunati che negli ultimi decenni lo sviluppo dell'Elettronica di consumo è stato drasticamente promosso, la facilità di accesso alle nuove tecnologie da parte di chiunque sia interessato, la proliferazione di dispositivi elettronici di ogni tipo (sensori, attuatori, applicazioni, integratori, assistenti vocali, ecc.), la riduzione del prezzo di tali sistemi che rendono il prezzo non è più un problema d'uso, la "democratizzazione" dell'uso di **Intelligenza Artificiale** (sia software, dispositivi specifici, assistenti personali, ecc.), grande facilità di accesso alle informazioni fornite da Internet (motori di ricerca, contenuti di formazione, diffusione gratuita di informazioni, video esplicativi, manuali, forum per discussione, gruppi di lavoro, download di informazioni da parte di produttori e utenti, esercitazioni, ecc.), software di integrazione di applicazioni e dispositivi (tipo "If This Then That" o IFTTT©) ecc.

Tutto questo fa che non ci sono scuse per non affrontare e dedicare qualche ora alla formazione in questa tecnologia, considerando il processo come una formazione formale e strutturata ma anche e molto importante come parte di un hobby o di un tempo dedicato all'intrattenimento.

In questo modo, l'aspetto dei sistemi elettronici e informatici è stato promosso, a un costo molto basso o addirittura gratuito, associato alle esigenze di digitalizzazione, apprendimento, sviluppo personale, tempo libero, hobby, intrattenimento, formazione, auto-sviluppo, ecc. che hanno completamente eliminato le barriere all'ingresso in modo che chiunque, di qualsiasi età e con qualsiasi tipo di conoscenza voglia iniziare in questo mondo.

Infine, questo libro persegue la formazione, l'intrattenimento e lo sviluppo del lettore, pertanto non include alcun progetto “chiavi in mano” o servizio “plug & play”, al contrario, persegue che il cammino percorso è il motore dell'obiettivo formativo e dello sviluppo personale e non la destinazione del viaggio.

Per questo, sono inclusi sia 50 esercizi risolti che 150 altri esercizi irrisolti, quindi “buon viaggio” e spero che dopo aver letto il libro, o parte di esso, alcune conoscenze siano state acquisite, da un lato le basi che servono come impulso a volare in questo mondo in cui Raspberry© è il trampolino di lancio e, d'altra parte, è stato un momento di intrattenimento in cui il processo di prove ed errori è il fondamento di un solido apprendimento.

ΘΘΘ

# 2.-COPYRIGHT

L'autore di questo libro è Gregorio Chenlo, che si riserva tutti i diritti che la legge gli garantisce in ogni regione in cui questo libro è pubblicato.



Con il simbolo © accanto a ciascun prodotto, logo, idea, ecc., si desidera indicare il rispetto per i possibili marchi, proprietari e fornitori di hardware, software, ecc., descritti qui, in modo da poter riconoscere che tutti sono possibilmente già marchi registrati e possibilmente avere i diritti che la Legge può concederli.

L'autore non è un esperto in questa materia e non ha le informazioni o non sa se qualcuno di essi è soggetto a qualsiasi tipo di copyright o proprietà che gli impedisce di usarli come riferimento in questo libro. Tutti sono estratti dal browser pubblico di Google©, pertanto è inteso che il loro uso è totalmente pubblico per usarli, almeno come riferimento, in lavori simili a questo.

D'altra parte, si afferma che il sistema qui descritto viene utilizzato ed è destinato esclusivamente all'uso nel particolare ambiente della casa, per uso educativo e/o ricreativo, come scritto, senza alcun reclamo commerciale, senza alcuna garanzia e declinando tutto la responsabilità che i lettori, altre persone, terze parti, aziende, ecc. possono svolgere da sole e per l'uso delle informazioni qui descritte.

Nonostante il fatto che tutto ciò che è stato descritto in questo libro sia stato sufficientemente implementato e testato, viene anche esclusa qualsiasi responsabilità per il funzionamento errato o non esattamente identico dei vari componenti, sia hardware che software.

Indicare infine che le varie fonti pubbliche utilizzate sono allegate, Web, ecc., riaffermando i diritti che possono corrispondere a esse e declinando qualsiasi tipo di responsabilità, garanzia, ecc., come conseguenza della variazione o scomparsa di tali fonti di informazione.

⊖⊖⊖

# 3.-HARDWARE

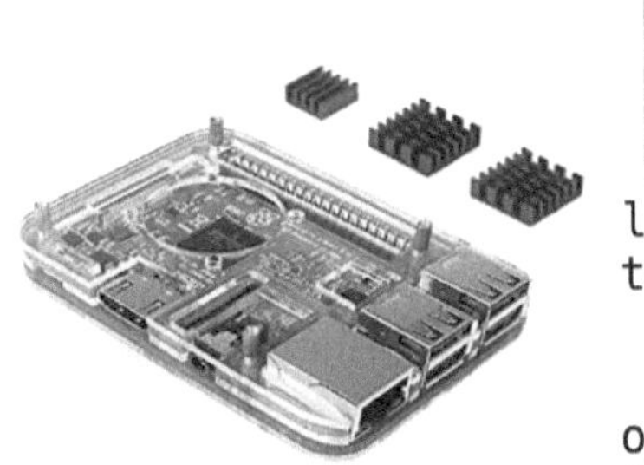

Per eseguire esercizi software/hardware con Raspberry©, abbiamo diverse opzioni in libri, Web, tutorial, ecc. tutti buoni e divertenti.

Questo libro descrive le opzioni passo-passo, spiegate in dettaglio, con complessità incrementale nella loro introduzione, semplici, economiche, facili da ottenere e facili da configurare, ma il lettore ha un campo di lavoro quasi infinito. Per questo, si riassume una teoria di base concisa è essenziale, indispensabile per iniziare, 50 esercizi risolti passo dopo passo e 150 esercizi proposti in modo che il lettore possa praticare l'apprendimento acquisito.

Esistono vari tipi di Raspberry© sul mercato che possono essere utilizzati per questo progetto, dal più elementare Raspberry©, il Zero W, alla versione 4, che è attualmente il più completo. Sarà il lettore a scegliere quello che vogliono usare in base alle loro esigenze attuali ma soprattutto future. Per gli esercizi proposti qui, Raspberry© 3 è più che sufficiente.

È allegata una tabella con il confronto dei parametri fondamentali del più interessante Raspberry© attualmente esistente (agosto 2020).

| Modello | Velocità (Ghz) | Nuclei | RAM | USB | Rete |
|---|---|---|---|---|---|
| **Zero W** | 1 | 1 | 512 MB | 1 micro | WIFI BT |
| **Pi 3 B** | 1,2 | 4 | 1 GB | 4 USB | 10/100 WIFI BT |
| **Pi 3 B+** | 1,4 | 4 | 1 GB | 4 USB | 10/300 WIFI DUALE BT |
| **Pi 4** | 1,5 | 4 | 2 a 4 GB | 4<br>2 USB 2.0<br>3 USB 3.0 | 1.000 WIFI DUALE BT |

Come si può vedere, abbiamo opzioni molto semplici, con bassa velocità del processore, poca memoria interna e solo connessione WIFI, per soluzioni molto complete, con alte velocità, RAM più che sufficiente, connettività USB sia 2.0 che 3.0 e rete Gigabit (1.000 Gb/s), doppio WIFI (2.4Ghz e 5.0Ghz) e Bluetooth BT 5.0 (basso consumo e portata maggiore).

Logicamente anche il prezzo di ciascuna opzione varierà, vedi ad esempio www.amazon.com o www.kubii.fr

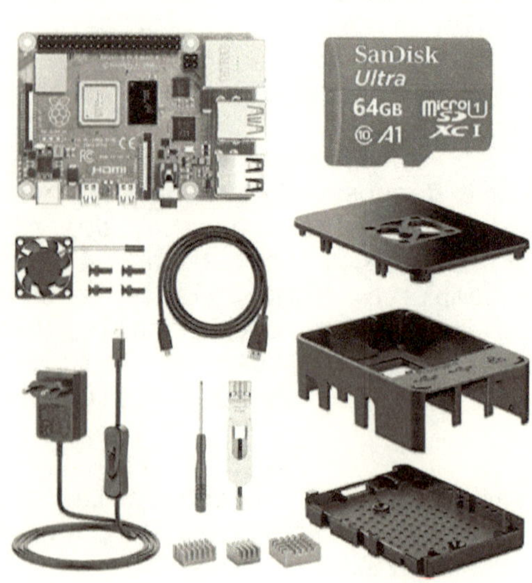


Una buona opzione è una soluzione intermedia, come Pi 3 B+©, che è molto stabile, ben equipaggiata e senza molte esigenze di potenza e ventilazione.

A seconda del Raspberry© scelto avremo bisogno di alcuni componenti aggiuntivi e che vedremo in dettaglio di seguito:

1. **Scheda USB**: questo è un elemento importante e, come per tutto, dipenderà da ciò che vogliamo spendere su una scheda di memoria USB più o meno veloce o più o meno grande.

Dal momento che eseguiremo molte pratiche in questo progetto, siamo sicuri di fare diversi backup (altamente raccomandato), in questo senso in modo da non essere troppo pesanti per il processo di copia, la scheda non dovrebbe essere molto grande, ad esempio 16Gb è più che sufficiente (quelli più piccoli non compensano il loro costo per GB).

Consiglio anche che la scheda sia di classe 10 e di tipo U-3 minimo per avere una velocità di lettura e scrittura sufficiente. Sul Web abbiamo diversi tutorial su come scegliere il tipo di scheda: dimensioni, velocità, prezzo, ecc.

2. **Scatola per il Raspberry©**: ci sono molte sul mercato, di tutti i tipi e prezzi. Consiglio di scegliere una scatola che sia facile da montare, con abbastanza fori per la ventilazione della scheda e da un marchio noto per garantire la compatibilità: posizione di ingressi/uscite, dimensioni, ecc. e che hai la possibilità di collegare una piccola ventola alimentata da GPIO©.

Raccomando anche che, quando si sceglie la scatola principale che ben ventili e abbia una dimensione compatibile piuttosto che essere “carina”, ma questo è una questione personale.

3. **Dissipatori di calore**: altamente raccomandato, è molto economico, molto facile da installare e ci aiuterà a dissipare il calore generato dai circuiti integrati più caricati (CPU, WIFI e memoria).

Mantenere il nostro Raspberry© a una temperatura adeguata (per esempio inferiore a 50°C) è molto importante per durare diversi anni.

4. **Alimentatore:** questo è anche un elemento molto importante perché deve avere abbastanza potenza per alimentare tutti i circuiti del Raspberry© e anche

tutti quei componenti che colleghiamo al GPIO©, cioè alla porta di connessione che stiamo andando da utilizzare per i nostri esercizi.

Se il alimentatore non ha abbastanza energia, il nostro Raspberry© non si inizia né mostra una sorta di "fulmine" sullo schermo quando ci stiamo lavorando.

Pertanto, se utilizzeremo un Raspberry© del tipo base Zero W, sarà sufficiente un alimentatore micro USB 300mA/5v/1.5w, ma se utilizziamo un Raspberry© 4, dobbiamo usare almeno un alimentatore USB-C da 2,5 A/5v/12.5w

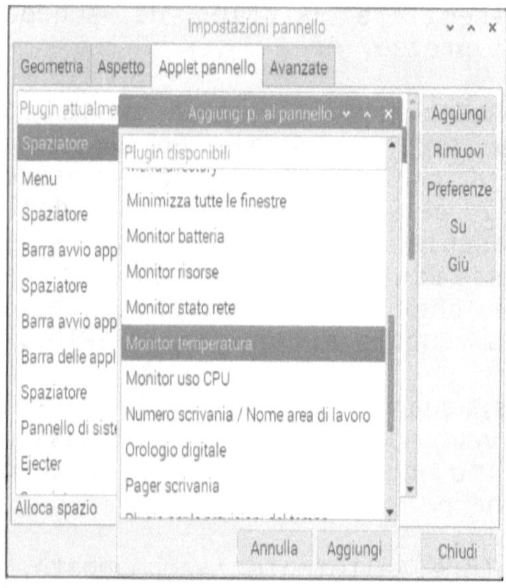


È anche interessante che l'alimentatore abbia un interruttore on/off poiché al Raspberry© manca. Approfitto di questa sezione per commentare che ogni volta che spegniamo il nostro Raspberry© lo facciamo dall'opzione del sistema operativo <shutdown> e non spegniamo direttamente l'alimentazione.

5. **Ventilatore:** a seconda del tipo di Raspberry© che utilizzeremo (di base o avanzato), avremo bisogno o meno di un piccolo ventilatore per garantire che la temperatura dell'apparecchiatura rientri negli intervalli "normale" di temperatura di funzionamento. Personalmente raccomando che se il Raspberry© è di tipo 3 o superiore usi sempre una ventola, che è silenziosa e si adatta bene al case.

Consiglio anche di alimentare dal GPIO© tra i pin +3.3v e GND (vedi lo schema di collegamento) con questo manterremo il Raspberry© sopra i 35°C se è di tipo 3 o 40°C se è di tipo 4 con un carico di lavoro medio o circa 5°C aggiuntivo per un carico di lavoro medio-alto (ad esempio la riproduzione di un video). **ATTENZIONE:** queste cifre sono indicative in quanto dipenderanno dal modello del case, dalla ventola, dalla posizione, dalla temperatura ambiente, dal carico di lavoro, dai dispositivi collegati al GPIO©, ecc.

Infine, è importante verificare se è meglio collocare la ventola per rimuovere l'aria o introdurla nell'involucro, questo dipenderà molto dalla "termodinamica" della scatola, per questo installiamo la ventola, lasciamo funzionare per alcuni minuti e il Raspberry© riproduzione di un video (per simulare un carico di lavoro) e osservare la temperatura indicata da Raspbian© aggiungendo quanto segue nella barra superiore (dettagliata anche nella sezione Software):

<pulsante destro sulla barra superiore> <aggiungi/ rimuovi elementi pannello> <aggiungi> <monitor temperatura>

6. **Cavi di collegamento:** sebbene non siano indispensabili, potremmo aver bisogno di cavi HDMI© per collegare Raspberry© con un monitor o una TV, qui dobbiamo vedere se hai bisogno di un normale HDMI© o mini HDMI© (dipenderà dal modello di Raspberry©).

Potremmo anche aver bisogno di un cavo USB per collegare un disco rigido, una memoria USB, ecc. e anche del cavo audio.

7. **Memoria USB:** questo articolo non è essenziale ma, per il prezzo attuale della memoria USB, non è male collegarne uno a una delle porte USB del Raspberry© e configurarlo come se fosse un disco esterno per fare una copia sicurezza di file pesanti: foto, diagrammi, video, ecc. e del nostro progetto.

In questa sezione dovremo formattare e preparare la memoria USB come un'altra unità di archiviazione, cioè come se fosse un disco rigido e lo vedremo nella sezione Software.

Non approfondirò ulteriormente in questa sezione perché tutti i tipi di informazioni su tutti i tipi di memoria USB, prezzi, velocità, ecc. sono disponibili sul Web. e come collegarli a un Raspberry©, ma se abbiamo un Raspberry© 4 abbiamo 2 porte USB 3.0 e quindi dovremmo usare memorie di questo tipo.

8. **In sintesi:** abbiamo bisogno di una serie di elementi hardware che dipenderanno dall'uso nel progetto attuale e in futuro che vogliamo dare al nostro dispositivo.

Personalmente e per gli utenti che stanno iniziando in questo mondo, raccomando di acquisire sul mercato, ad esempio su www.amazon.com o www.kubii.fr un kit che contiene tutti questi elementi, garantendo quindi la compatibilità tra di loro. e ci fa risparmiare molto tempo e forse un po 'di denaro nella scelta dei componenti separatamente.

ΘΘΘ

# *Il Raspberry©

Il circuito stampato Raspberry© include più componenti, come vediamo nella figura seguente, ma siamo interessati a quelli discussi di seguito. In questo libro è stato usato e descritto un Raspberry© 4 per avere, al momento della stesura di questo libro, le migliori caratteristiche ma gli altri modelli hanno una configurazione simile (tranne i modelli più elementari) che possiamo sempre consultare sul Web.

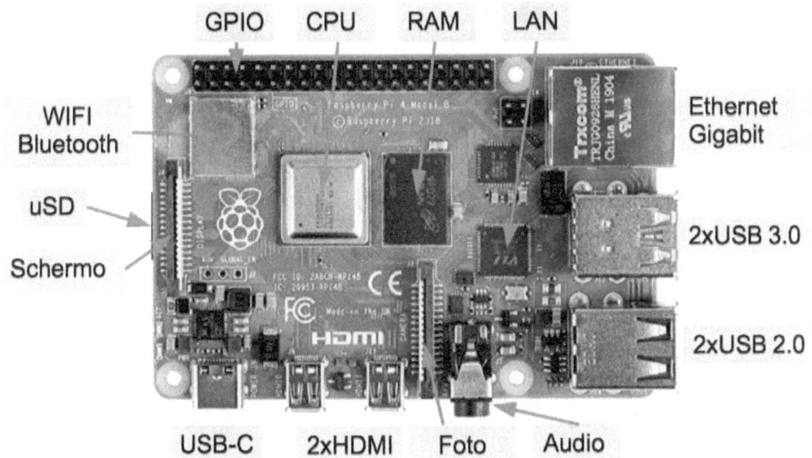


1. **CPU, RAM e LAN:** è qui che dobbiamo posizionare i dissipatori di calore poiché sono i componenti che si surriscaldano di più, in particolare la CPU, e dobbiamo raggiungere una temperatura di funzionamento media (non superiore a 50°C)

2. **uSD:** la memoria USB viene inserita in uno slot speciale per essa. È uno slot che si trova sul lato opposto del circuito principale di Raspberry© in

cui dobbiamo inserire la memoria uSD (micro SD) che contiene il sistema operativo (ad esempio Raspbian©).

Questa memoria deve essere gestita con cura a causa della sua fragilità e cercando di evitare di toccare i contatti con le dita per evitare possibili scariche elettrostatiche che lo danneggiano. È facile entrare perché ha solo una posizione e per estrarlo devi solo estrarlo (non è come in altri dispositivi in cui viene estratta la memoria spingendola prima dentro).

3. **USB-C:** connettore per collegare l'alimentazione dell'apparecchiatura e che ricordiamo che per il Raspberry© 4 è del tipo 220v/+5v 3A. Se l'alimentatore non è adeguato, ad esempio non ha energia sufficiente, è probabile che Raspberry© non si avvii o verrà visualizzato un messaggio sullo schermo che ci ricorda di utilizzare un altro caricabatterie. In altri modelli precedenti di Raspberry© il connettore è di tipo micro USB.

4. **HDMI©:** in realtà sono una coppia di connettori gemelli, del tipo micro HDMI© con capacità 4K fino a 60fps (immagini al secondo) ed è dove collegheremo il cavo HDMI© che ci permetterà di vedere cosa succede nel Raspberry© in un TV. Come abbiamo già visto, questo elemento non è essenziale poiché possiamo accedere al sistema tramite un accesso remoto di tipo VNC©. Nei precedenti modelli di Raspberry©, HDMI© può essere di tipo mini o normale.

5. **WIFI e Bluetooth:** questo componente è un chip che include la gestione della doppia connessione WIFI (2.4Ghz e 5.0Ghz) e Bluetooth© di tipo 5.0 e quindi a basso consumo e portata maggiore rispetto ad altre versioni.

6. **Gigabit Ethernet©:** in questa porta è necessario collegare un cavo Ehternet© con connettori RJ45© per accedere a Internet e VNC© via cavo se non si desidera accedere tramite WIFI.

Se vogliamo sfruttare tutta la velocità disponibile di questa porta Gigabit© (1 Gbps), è essenziale che il cavo sia di Categoria 5-e o superiore e connettori di qualità. Il libro contiene una sezione che tratta in dettaglio questo argomento. Versioni diverse di Raspberry© hanno velocità diverse su questa porta.

7. **USB**: qui possiamo collegare più dispositivi: chiavette USB, dischi rigidi con interfaccia USB, stampanti, tastiere cablate o wireless, ecc. Abbiamo 2xUSB 2.0 e 2xUSB 3.0 che possiamo usare in base alla velocità massima supportata dal dispositivo collegato. Le versioni precedenti di Raspberry© hanno solo connettori di tipo USB 2.0

8. **GPIO©**: questo è un connettore specifico di Raspberry©, configurabile tramite software e che ci consente di collegare direttamente più dispositivi che dispongono di questo connettore: schermi tattili, schede GPS, schede 4G/5G, ecc. ma usa anche i suoi pin, singolarmente o in gruppo (SPI©, $I^2C$©, 1-Wire©, protocolli UART©, ecc.), per eseguire esercizi e piccoli progetti. Quest'ultima opzione è quella di cui parleremo in questo libro.

ΘΘΘ

# *Il GPIO©

Come avevamo parlato, utilizzeremo il GPIO© per gestire i nostri esempi e progetti e per loro dobbiamo conoscere alcune cose **MOLTO IMPORTANTI:**

- I pin del GPIO© possono essere collegati solo a segnali +3,3v e mai a segnali +5v

- La corrente massima che un pin GPIO© è in grado di gestire è 16mA e l'intensità massima di tutti i pin utilizzati non supera 78mA. Questo è molto importante, se superiamo questa corrente "bruceremo" il Raspberry©. Useremo sempre resistenze, ben calcolate, per controllare questo problema e ancora meglio, quando possibile, isoleremo i pin del Raspberry© da altre tensioni con l'uso di accoppiatori ottici (ad esempio quando utilizziamo motori che generano molti parassiti elettrici).

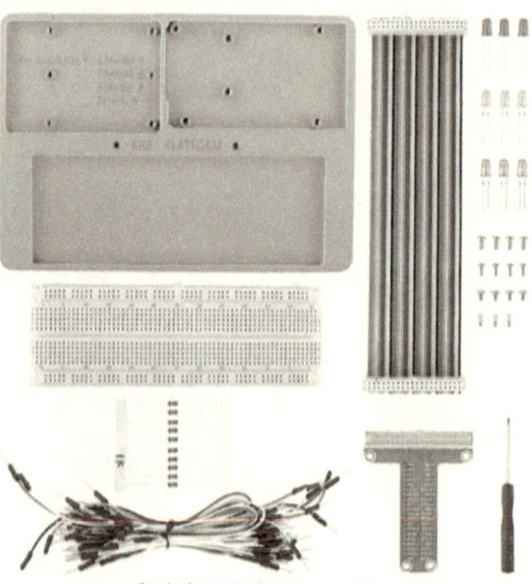

- I pin di Raspberry© sono delicati, questo significa che non dovremmo costantemente collegare e scollegare dispositivi o cavi. Per evitare questa situazione, è meglio utilizzare un cavo a nastro a 40 pin e un estensore GPIO© che possiamo facilmente collegare (tenendo conto della polarità del connettore) a una scheda di test.

**MOLTO IMPORTANTE:** assicurarsi che la connessione del GPIO© all'estensore sia corretta, verificare ad esempio che il pin 1 del GPIO© (+3.3v) corrisponda al pin 1 dell'estensore (+3.3v)

- Per eseguire tutti gli esercizi in questo libro, possiamo ottenere tutti gli elementi necessari separatamente ma ci sono molte opzioni nel mercato dei kit Raspberry© che hanno già tutto questo, vedi ad esempio quelli di www.amazon.com dove possiamo trovare vari modelli con tutti i tipi di elementi: alimentatore, dissipatori di calore, scatola, ventola, memoria uSD, memoria USB, cavi e anche: prolunga GPIO©, scheda di test, connettori, sensori, attuatori, LED, resistori, condensatori, circuiti integrati, tastiere , display, estensori GPIO©, cavi di collegamento, pulsanti, relè, manuale utente, software di base, ecc.

- La scelta del kit da utilizzare dipenderà da ciò che si desidera fare, da un semplice test per accendere/spegnere un LED fino gestire la Domotica con la voce con Google Assistant©, quindi la scelta è molto personale. Se la conoscenza del lettore è di base, raccomando di iniziare un kit di base, semplice ed economico.

- Se dobbiamo gestire molti elementi o alcuni che consumano più delle intensità sopra descritte (motori, trombe, riscaldatori, ecc.) dobbiamo sempre usare una fonte di alimentazione esterna con potenza sufficiente.

In questo libro è stato utilizzato un alimentatore esterno, del tipo compatibile con un MB-102© come allegato, che può essere collegato direttamente alla scheda di test.

Questo alimentatore può essere alimentata a 6-12v (con un caricabatterie mobile o simile) e dispone di 4 uscite che possono essere configurate (utilizzando i ponticelli) per uscite +3,3v o +5v e una corrente massima di 700mA che è sufficiente per gli esercizi descritti.

• Infine, abbiamo bisogno di una scheda di prova in cui possiamo inserire comodamente tutti gli elementi del nostro esercizio: estensore GPIO©, chip, condensatori, resistori, LED, pulsanti, sensori, display, ecc. e che interconnetteremo con cavi già predisposti per tale compito. Raccomando una scheda di test di almeno 17cm lunga poiché parte della sua estensione sarà occupata dall'estensione GPIO© che la collega al Raspberry©

• Sul mercato, ad esempio, su www.amazon.com o su www.aliexpress.com ci sono kit che includono parte o tutto ciò di cui abbiamo bisogno e che l'utente deve scegliere quello più adatto alle sue esigenze presenti e future, oppure al contrario, acquista gli articoli separatamente (personalmente raccomando di selezionare un buon kit che assicuri che tutto "si adatti")

⊙⊙⊙

# *Pin del GPIO©

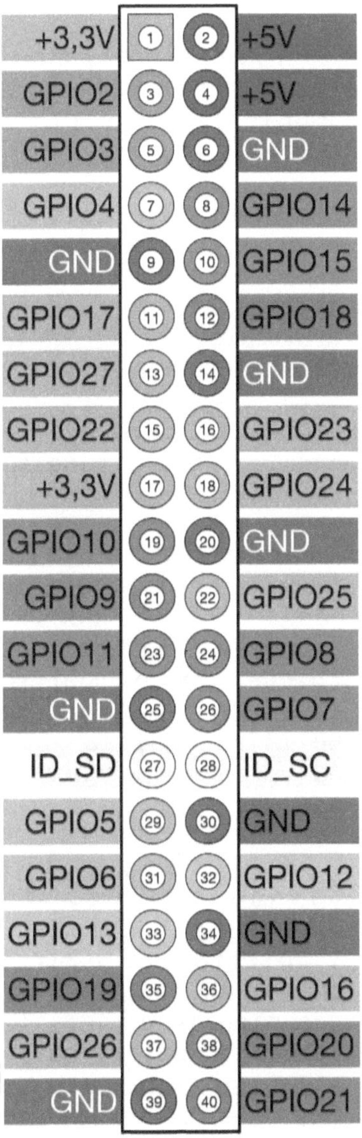

| | | | |
|---|---|---|---|
| +3,3V | 1 | 2 | +5V |
| GPIO2 | 3 | 4 | +5V |
| GPIO3 | 5 | 6 | GND |
| GPIO4 | 7 | 8 | GPIO14 |
| GND | 9 | 10 | GPIO15 |
| GPIO17 | 11 | 12 | GPIO18 |
| GPIO27 | 13 | 14 | GND |
| GPIO22 | 15 | 16 | GPIO23 |
| +3,3V | 17 | 18 | GPIO24 |
| GPIO10 | 19 | 20 | GND |
| GPIO9 | 21 | 22 | GPIO25 |
| GPIO11 | 23 | 24 | GPIO8 |
| GND | 25 | 26 | GPIO7 |
| ID_SD | 27 | 28 | ID_SC |
| GPIO5 | 29 | 30 | GND |
| GPIO6 | 31 | 32 | GPIO12 |
| GPIO13 | 33 | 34 | GND |
| GPIO19 | 35 | 36 | GPIO16 |
| GPIO26 | 37 | 38 | GPIO20 |
| GND | 39 | 40 | GPIO21 |

Una parte importante che dobbiamo conoscere in dettaglio è il GPIO© del Raspberry© e che è la porta di ingressi/uscite che lo comunica con il mondo esterno.

I pin di GPIO© sono elencati fisicamente in base al numero di pin, da 1 a 40 e anche dalla funzione, da GPIO2© a GPIO27©, come mostrato nella figura allegata, quindi ad esempio il pin fisico 19 è il pin GPIO10© e questi possono essere classificati in diversi gruppi (pin fisici):

1. **Alimentatore**

+3.3v: 1 e 17
+5.0v: 2 e 4
GND: 6, 9, 14, 20, 25, 30, 34 e 39

2. **Interfaccia UART©**

8 e 10 (TxD, RxD)

3. **Interfaccia I²C©**

3 e 5 (SDA, SCL)

4. **Interfaccia SPI©**

19,21,23,24,26 (MOSI, MISO SCLK, SPICE0, SPICE1)

5. **Per EPROM**
27 e 28

6. **Uso generale**
7, 11, 12, 13, 15, 16, 18, 22, 29, 31, 32, 33, 35, 36, 37, 38 e 40

Dove:

L'interfaccia **UART©** (Universal Asynchronous Receiver-Transmitter) viene utilizzata per collegare dispositivi che utilizzano comunicazioni seriali asincrone, ad esempio un dispositivo RS232©, ecc.

L'interfaccia **I$^2$C©** (Inter Integrated Circuit Serial Bus) consente la comunicazione seriale ad alta velocità tra vari dispositivi che hanno questo tipo di interfaccia (sensori, orologio in tempo reale, display LCD, convertitore analogico vs digitale, ecc.) o la comunicazione di circuiti integrati di bassa velocità a micro controllori, in grado di raggiungere con Raspberry© fino a 400kbit/s. Consente la comunicazione half duplex su due soli cavi (SDA=dati e SCL=orologio) a medie distanze.

L'interfaccia **SPI©** (Serial Peripheral Interface BUS) consente anche la comunicazione sincrona seriale ad alta velocità tra i dispositivi con questa interfaccia (sensori, display, ecc.). Consente la comunicazione full duplex e richiede tre o quattro cavi ed è più veloce dell'interfaccia I$^2$C© ma la sua portata è più breve.

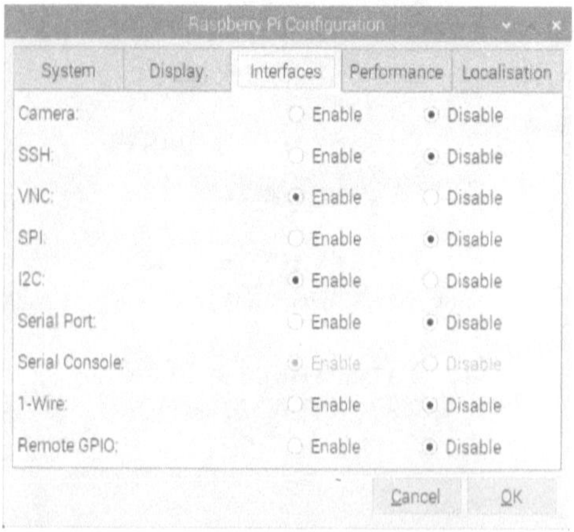

Inoltre, il Raspberry© ha, in alcuni pin, l'interfaccia **1-Wire©** che è un sistema di comunicazione seriale asincrono basato su un singolo pin e che vedremo in qualche esercizio.

Queste interfacce specifiche sono, per impostazione predefinita, disabilitate su Raspberry©

In linea di principio, se non diversamente indicato, non utilizzeremo le interfacce di cui sopra: UART© e SPI©, quindi i loro pin agiranno come input e output generali GPIO©. Useremo i bus I$^2$C© e 1-Wire©.

L'attivazione o la disattivazione di queste funzioni viene eseguita dall'opzione Raspbian©:

<menu> <preferenze> <Raspberry PI Configuration> <interfacce>

Nel software Python© è possibile utilizzare in modo intercambiabile i riferimenti fisici dei pin (da 1 a 40) o i riferimenti logici (da GPIO2© a GPIO27©). I riferimenti ai pin fisici sono usati nei programmi Python© in questo libro in quanto sono più facili da identificare. Per fare ciò, prima di utilizzare qualsiasi pin è necessario attivare le seguenti istruzioni in Python©:

```
GPIO.setmode(GPIO.BOARD)
```

ΘΘΘ

# *Attivazione HDMI©

Se il Raspberry© è collegato direttamente a una TV tramite HDMI© e si desidera utilizzare lo schermo del sistema operativo Raspbian© con il telecomando a infrarossi della TV (sistema CEC©) e non viene rilevato alcun segnale video, è necessario eseguire la seguente sequenza in questo ordine:

1. Scollegare fisicamente tutto il cavo HDMI© ad entrambe le estremità.
2. Spegnere la TV con il telecomando a infrarossi.
3. Scollegare la TV dall'alimentazione e attendere più di 1 minuto.
4. Accendi il Raspberry©
5. Collegare HDMI© al Raspberry©
6. Collegare HDMI© alla TV
7. Accendi la TV

Se, inoltre, l'HDMI© è del tipo CEC© (questo dipenderà dal modello e dalla marca del televisore o del monitor utilizzato), possiamo gestire comodamente il menu Raspbian© con il telecomando a infrarossi dalla TV senza dover utilizzare alcun tipo di mouse o una tastiera aggiuntiva.

Se ne abbiamo bisogno, possiamo anche aggiungere una tastiera e/o un mouse (cablato o wireless) utilizzando una qualsiasi porta USB del Raspberry©. Raspbian© li riconoscerà automaticamente e dovremo solo definire nella finestra di configurazione di Raspbian© il tipo di tastiera, la lingua e il paese di utilizzo in modo che tutti i caratteri di quella tastiera siano adeguatamente rappresentati.

Tuttavia, è più pratico e facile accedere al Raspberry© per VNC©, liberando così una porta HDMI© dalla TV e potendovi accedere, sia da casa che fuori (vedremo come è configurato) e con qualsiasi dispositivo connesso a Internet: mobile, tablet, PC©, MAC©, ecc.

# *Collegamento Gigabit Ethernet© 1Gbs

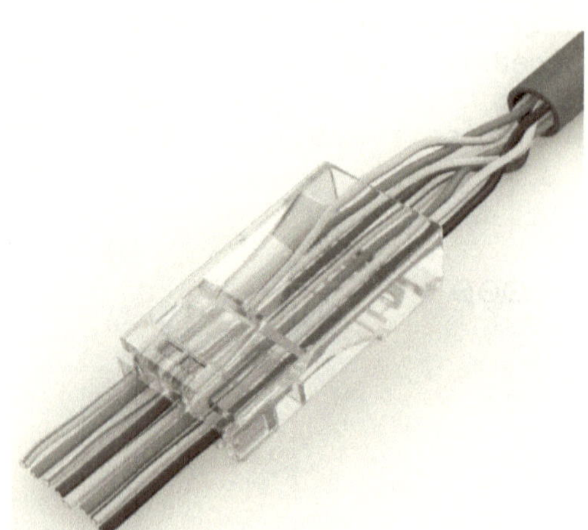

Per ottenere una connessione Ethernet© stabile e ad alta velocità di 1Gbs (100/1,000baseT), è necessario seguire in dettaglio le seguenti istruzioni:

1. Utilizzare cavi di qualità e Categoria **5e o superiore** (il cavo di categoria 5 non è valido).

2. Scegliere connettori compatibili Rj45© di qualità con la clip di chiusura corretta e in buone condizioni, in modo che non si allentino e causino disconnessioni indesiderate. Non vale la pena salvare a questo punto.

3. Il cavo di categoria 5e deve avere gli 8 cavi intrecciati nelle coppie da 2 a 2 e con la seguente configurazione:

La connessione delle coppie: **1-2, 3-6, 4-5 e 7-8**, deve essere in questo ordine ad entrambe le estremità, vedere la foto allegata. **NON SERVE** che siano in un altro ordine, pur essendo in parallelo.

Ad esempio con i seguenti colori: Bianco Arancio-Arancio, BiancoVerde-Blu, Bianco Blu-Verde, BiancoMarrone-Marrone.

Non è essenziale, sebbene sia consigliabile, collegare la rete metallica al connettore RJ45© alle due estremità.

Se questo ordine non viene rispettato nel collegamento delle coppie intrecciate, si otterrà una velocità massima di 10/100Mbs invece di 100/1,000Mbs (Gigabit© o 1Gbs).

4. Nelle rosette Ethernet© montate a parete, rispettare i colori indicati all'interno di ciascuna rosetta, non necessariamente nello stesso ordine dei pin esterni della rosetta.

5. Controllare la connettività estremo a estremo con un tester RJ45/RJ11©, ad esempio uno semplice come il tester TL-468© può aiutarci.

   **IMPORTANTE:** questi semplici tester rilevano solo la continuità del rame e il parallelismo del cablaggio, ma non l'ordine di treccia interno sopra descritto, né la velocità.

6. Se viene raggiunto 1Gbs, i 2 LED di stato situati esternamente lampeggeranno in arancione e verde sulla porta Ethernet©, altrimenti solo un LED lampeggerà in verde.

7. Se le coppie non sono attorcigliate e impilate correttamente, il router potrebbe riconoscere il segnale ma 1Gbs non verrà raggiunto.

⊝⊝⊝

# *Schermi tattili per il Raspberry©

Potremmo essere interessati a collegare il nostro Raspberry© direttamente a uno schermo tattile non a seconda della TV o dell'accesso remoto. Per questo, ci sono diversi tipi di schermo tattile sul mercato per connettersi a Raspberry©, ma fondamentalmente possono essere classificati in due tipi: quelli che si collegano al GPIO© e quelli che si collegano al HDMI©

Un esempio di connessione diretta a GPIO© è lo schermo Osoyoo© o simile, anche se non è raccomandato a causa della sua scarsa definizione sia nel display che nel tattile, ma soprattutto perché richiede una versione specifica del sistema operativo Raspbian©, che è molto difficile da usare, configurare e aggiornare.

Tuttavia, se si desidera utilizzare Osoyoo©, è molto economico, si adatta perfettamente al GPIO© e ha le stesse dimensioni della scheda del Raspberry©, eseguire le seguenti operazioni:

1. Scaricare l'ultima versione del software adatta allo schermo dal sito Web Osoyoo© (vedere la versione dello schermo sul retro).

2. Decomprimi il software con:

```
sudo tar xzuf LCD*.tar.gz
```

3. Cambiare la cartella:

```
cd LCD_show_v6_1_3
```

4. Esegui il programma di inizio:

```
./LCD35_v
```

5. Riavvia il Raspberry© con:

```
sudo reboot
```

6. Infine, per cambiare la visualizzazione dello schermo Osoyoo© al HDMI©:

```
cd LCD_show_v6_1_3
```

7. Esegui il programma di inizio:

```
./LCD_hdmi
```

Lo schermo Osoyoo© ha il grande vantaggio di collegarsi al Raspberry© tramite alcuni dei pin GPIO© che non sono comunemente usati (interfaccia SPI© sui pin da 19 a 26).

Inoltre, questo tipo di schermi ha le dimensioni "esatte" della scheda del Raspberry© stessa, che ci consente di avere un piccolo display, collegato alla scheda del Raspberry©, basso consumo, basso prezzo, tattile e che noi ci consente di visualizzare e gestire rapidamente ciò che accade sul Raspberry©.

Ma questo tipo di schermi o display via GPIO© non può competere con uno schermo HDMI©, poiché non consente di avere una ventola nella scatola del Raspberry©, il funzionamento dello schermo HDMI© è indipendente dalla versione del sistema operativo, ha molto più grande risoluzione, ha una migliore risposta tattile, molta più luminosità, è infinitamente più facile da configurare e più stabile, come controparte, lo schermo HDMI© è più costoso, più voluminoso e richiede cavi HDMI© e alimentazione USB che di solito occupano molto spazio.

Come in altre occasioni, la scelta del display per il Raspberry© spetterà all'utente.

ΘΘΘ

# 4.-SOFTWARE PRINCIPALE

Logicamente, oltre all'hardware, abbiamo bisogno di un sistema operativo per interagire con l'hardware in modo confortevole e le applicazioni di base per accedere alle varie funzioni che vogliamo che il nostro Raspberry© esegua.

Pertanto in questa sezione vedremo i seguenti elementi:

- Sistema operativo
- Linux© e Raspbian©
- Istruzioni di base
- Impostazioni di Raspbian©
- Aggiornamento del sistema operativo
- Installazione dei pacchetti
- Regole di allocazione delle IP
- IP fisso sul Raspberry©
- Accesso remoto tramite VNC©
- Installazione di VNC©
- Configurazione di inizio
- Creazione di file di script
- Impostazioni del salvaschermo
- Inizio dell'unità flash USB
- Impostazioni dello schermo tattile
- Utilizzo di dischi esterni

# *Sistema Operativo

Esistono diversi sistemi operativi che possiamo utilizzare sul Raspberry© a seconda dei gusti e delle conoscenze dell'utente: Ubuntu©, OSMC©, Raspbian©, ecc. Raspbian© è utilizzato in questo libro per la sua stabilità, facilità d'uso e per la maggiore esistenza di biblioteche e informazioni sul Web per realizzare vari progetti.

Per installare Raspbian© eseguiremo i seguenti passaggi:

1. Scarica il file [*].zip della versione che abbiamo selezionato da:

   www.raspberry.org

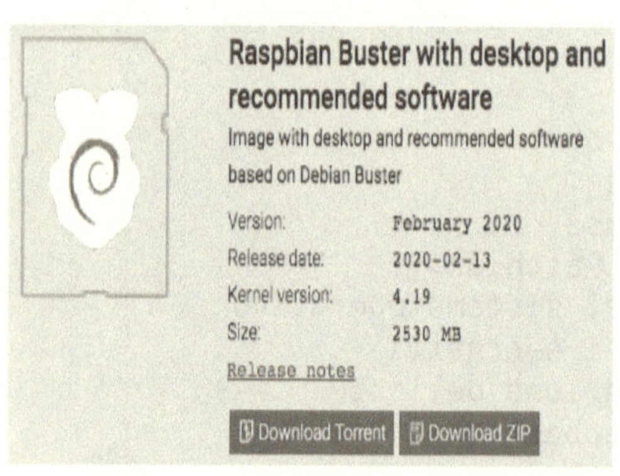


2. Fai un backup di questo file, quindi abbiamo sempre una copia originale nel caso in cui dovessimo tornare all'inizio.

3. Registrare il file [*].zip nella uSD con un'applicazione specifica, ad esempio balenaEtcher© o ApplePi-Baker©

4. Da qui abbiamo due opzioni: connessione diretta del Raspberry© per HDMI© a una TV e seguire i passaggi indicati o collegarlo senza HDMI© e attivare il software di controllo remoto VNC©.

Personalmente preferisco questa seconda opzione perché in questo modo non ipotechiamo l'uso di una TV e possiamo accedere al Raspberry© dal computer, da un tablet o da un cellulare.

5. Per attivare la connessione VNC© e poter accedere al Raspberry© dal computer (MAC© o PC©), procedi come segue:

- Crea un file vuoto chiamato **ssh** e inseriscilo in /boot della memoria uSD
- Collega il Raspberry© alla rete tramite cavo Ethernet© e accendilo.
- Conosci l'IP che la rete ha assegnato al nostro Raspberry© usando un'applicazione che scansione la rete, ad esempio Finger© o IP Scanner©
- Accedi a Raspberry© con:

```
ssh
pi@[IP]
```

Dove [IP] è l'indirizzo del nostro Raspberry©

- Se necessario, utilizzare:

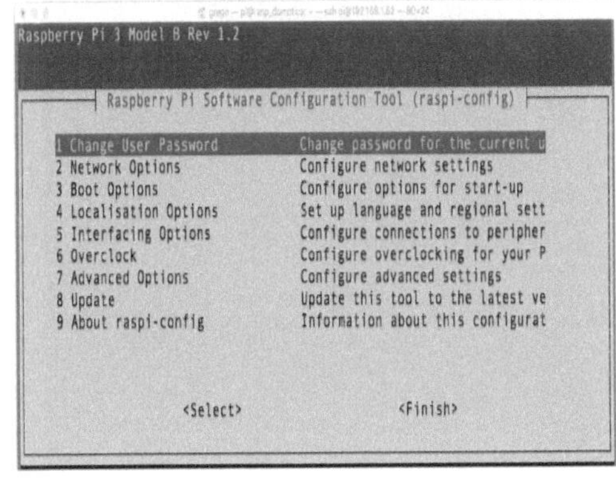


**[usuario] =pi**
**[password]=raspberry**

- A questo punto ci troveremo nello schermo LXTerminal© di Raspbian©, dalla quale entriamo nella configurazione con:

```
sudo raspi-config
```

<interfacing options> <vnc> <enable>

Con tutto ciò abbiamo avviato il Raspberry© e attivato VNC© per poterlo accedere in remoto senza dover essere collegato a un televisore tramite HDMI©

Questo accesso remoto può essere effettuato dalla rete domestica (LAN o WIFI), ma anche dall'esterno della casa (vedremo come).

ΘΘΘ

# *Linux© e Raspbian©

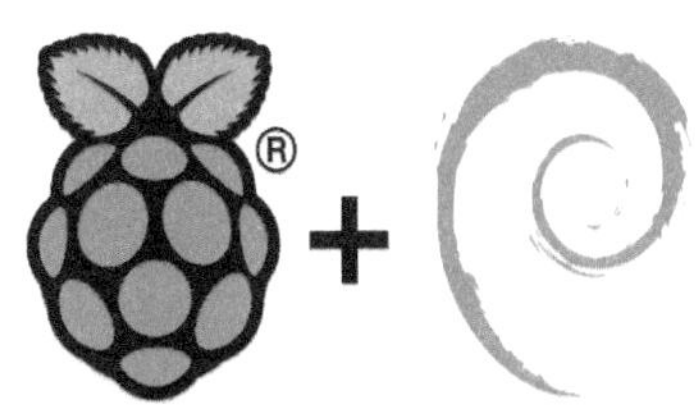


Il Raspberry© integra, tra le altre possibili opzioni di sistema, un eccellente e completo sistema operativo della famiglia Linux©, chiamato Raspbian© e di cui abbiamo già discusso in precedenza.

In più occasioni dovremo eseguire i comandi Linux© direttamente nell'applicazione Raspbian© Terminal chiamata LXTerminal© per agire direttamente con il sistema operativo.

**MOLTO IMPORTANTE:** poiché agiremo direttamente con il sistema operativo, dobbiamo sapere cosa stiamo facendo per evitare di alterare le informazioni critiche per il corretto funzionamento del sistema.

Come sempre, se stiamo per modificare molte informazioni importante o sospettosamente critica, la cosa migliore che possiamo fare è effettuare una copia di backup della uSD del Raspberry© prima di qualsiasi altra operazione (vedremo diverse applicazioni in seguito).

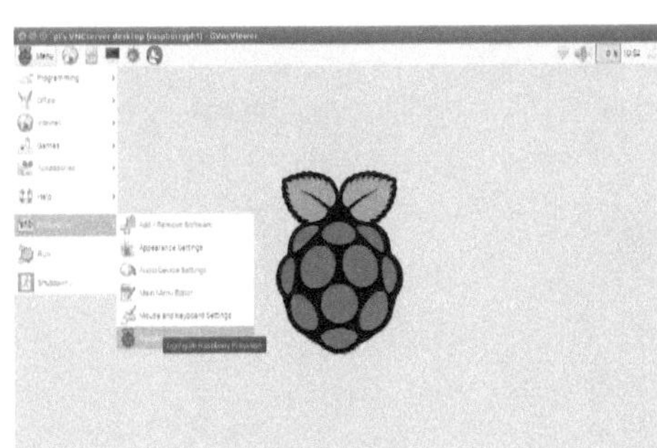

Alcune funzioni comuni di questo sistema operativo sono descritte di seguito, senza avere intenzione di essere una descrizione esaustiva di Linux© o Raspbian©, sebbene ci siano ampie informazioni sul Web su entrambi.

Maggiori informazioni in:

www.raspbian.org.

ʘʘʘ

# *Istruzioni di Base

Ricordare il [utente] e [password] che abbiamo personalizzato nella configurazione del Raspberry© e che per impostazione predefinita sono: **user: pi** e **password: raspberry**

| Comando Linux | Descrizione |
|---|---|
| sudo shutdown -h now | Chiudere il sistema |
| sudo reboot -f | Iniziare il sistema |
| sudo rpi-config | Modo de configurazione |
| cat /proc/version | Vedere version de Raspbian© |
| cat /proc/partitions | Vedere partizioni attive |
| cat /proc/cpuinfo | Vedere hardware |
| sudo ssh-keygen -r[ip] | Generare chiavi host [IP] |
| sudo ssh -vvv pi@[ip] | Iniziare chiavi Raspberry© |
| lsusb | Elencare USB collegati |
| sudo chmod 777 [file] | Assegnare permisi totali [file] |
| sudo chown pi [file] | Assegnare proprietà pi [file] |
| htop | Processi del sistema |
| rmdir | Eliminare cartella |
| rm | Eliminare file |
| ls | Elencare fili |
| cd | Cambiare alla cartella |
| mkdir | Creare cartella |
| cp | Copiare file |
| mv | Spostare file |
| clear | Pulire schermo |

# *Configurazione Raspbian©

Ora che abbiamo l'hardware e il software minimi pronti e quindi possiamo accedere al Raspberry©, è molto comodo configurare la scrivania di Raspbian© in modo da avere tutte le informazioni necessarie per avviare comodamente i nostri progetti. Andiamo nel dettaglio:

1. La prima cosa che dobbiamo fare è aggiornare il Raspberry© assicurandoci di disporre dell'ultima versione del sistema operativo Raspbian© e dei suoi componenti, per questo entreremo in LXTerminal© ed eseguiremo i seguenti comandi in attesa del tempo necessario.

```
sudo apt-get update
sudo apt-get upgrade
sudo apt-get autoclean
sudo apt-get autoremove
```

2. Riavviamo il Raspberry© e controlliamo che tutto sia andato bene, in caso contrario dovremmo ripetere il processo di installazione del file [*].iso originale. Se tutto è andato bene, continuiamo con i seguenti passi:

3. Configurazione della barra superiore:

Come abbiamo già visto nella sezione Hardware, accederemo alla barra superiore (facendo clic con

Barra delle applicazioni (Elenco finestre) Settings
Aggiungi/Rimuovi elementi pannello
Elimina «Barra delle applicazioni (Elenco finestre)» dal pannello
Impostazioni pannello
Crea nuovo pannello
Elimina questo pannello
Informazioni

il pulsante destro del mouse) e aggiungeremo, ad esempio, le seguenti applicazioni:

<aggiungi/rimuovi elementi del pannello>
<aggiungere> e aggiungiamo:

<barra delle applicazioni> accessi diretti(*)
<bluetooth> associare dispositivi
<monitor della temperatura> temperatura della CPU
<monitor CPU> velocità CPU
<wireless & wired network> impostazioni di rete
<monitor di rete> stato delle rete
<controllo volume (ALSA/BT)> controllo del volume
<orologio digitale> ora, settimana, giorno

(*) Qui è possibile aggiungere varie applicazioni, ad esempio: Chromium©, gestore di file, Python© 2.7, Python© 3.7, varie applicazioni personali, ecc.

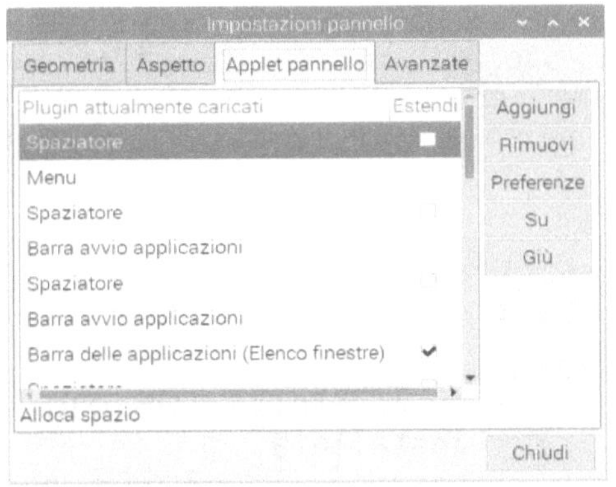


4. Infine possiamo modificare la posizione di ciascuna icona dell'applicazione nella barra superiore di Raspbian© accedendo nuovamente e utilizzando i pulsanti <up> e <down>.

⊝⊝⊝

# *Aggiornamento del Sistema

L'aggiornamento del sistema operativo e del firmware del Raspberry© (quest'ultimo con cautela e quando indicato dall'amministratore di www.raspberry.org) è essenziale per massimizzare la sicurezza, disporre dell'ultima versione delle informazioni, correggere gli errori che sono producono mentre si sviluppa un progetto, soprattutto a causa delle instabilità tipiche di una fase di progettazione, ecc.

È molto conveniente eseguire una precedente copia di backup della memoria uSD in cui risiedono il sistema operativo e il progetto prima di effettuare qualsiasi aggiornamento e seguire le istruzioni della persona responsabile per garantirne la corretta implementazione.

Per questo faremo quanto segue:

| Comando | Descrizione |
|---|---|
| hostnamectl | conoscere la versione installata |
| sudo apt-get update | scarica il software per l'aggiornamento |
| sudo apt-get upgrade | aggiorna la versione scaricata |
| sudo apt-get dist-upgrade | aggiorna la nuova versione del sistema |
| sudo apt-get autoclean | cancella fili temporali |
| sudo apt-get autoremove | cancella pacchetti non necessari |

ΘΘΘ

# *Istallazione dei Pacchetti

In più occasioni dovremo installare pacchetti software aggiuntivi e dobbiamo sapere come gestirli: installare, disinstallare, eliminare, visualizzare, ecc.

Se le installazioni che stiamo per eseguire sono di più pacchetti software e/o complessi, si consiglia vivamente di effettuare in precedenza una copia di backup della memoria uSD in cui risiedono il sistema operativo e il progetto che stiamo eseguendo.

Per questo ci sono più istruzioni che possiamo eseguire direttamente in LXTerminal© di Raspbian©.

Alcuni dei più importanti sono i seguenti comandi:

| Comando | Descrizione |
|---|---|
| sudo dpkg-get-selections | vedere quali pacchetti sono installati |
| sudo apt-get remove [package] | disinstallare il pacchetto [package] |
| sudo apt-get purge [package] | eliminare il pacchetto disinstallato [package] |
| sudo apt-get autoclean | eliminare pacchetti orfani |
| sudo apt-get autoremove | eliminare pacchetti non necessari |

ΘΘΘ

# *Regole di Assegnazione degli IP

Oggigiorno c'è una proliferazione di dispositivi collegati alle reti WIFI e LAN domestiche: TV, computer, tablet, cellulari, router, ponti, dispositivi di automazione domestica di tutti i tipi (dalle lampadine agli umidificatori con selezione di olii essenziali e con vari odori e colori), decodificatori TV, il Raspberry©, computer, NAS, prese e interruttori WIFI, termostati, console per videogiochi, apparecchiature multimediali, ebook, radio digitali, convertitori di infrarossi, smartwatch, smartclock, aspirapolvere, lavatrici, prodotti di intelligenza artificiale (Alexa©, Google Home©, Homekit©), ecc.

Per questo motivo, è essenziale applicare un certo ordine nell'assegnazione dell'IP di questi dispositivi, ad esempio quelli che hanno un IP fisso assegnato nel Router, quelli che hanno una variabile assegnata da DHCP©, classificazione per piani, per locali, per tipo dispositivo ecc.

Per garantire che i dispositivi dispongano di un IP fisso stabile e noto nella rete interna, configurare la tabella di assegnazione tra l'indirizzo IP e MAC nel Router principale (generalmente 192.168.1.1) come segue (dipende dal Router):

<configurazione della rete> <LAN>

<Static DHCP> <add new static lease>

E aggiungere, ad esempio, IP vs gli indirizzi MAC dei principali dispositivi connessi, che possono essere facilmente ottenuti scannerizzando la rete interna con app simili a Fing© o IP Scanner©

Per garantire la corretta allocazione degli indirizzi IP, sia fissi che dinamici, affinché le applicazioni di accesso remoto funzionino correttamente, affinché i dischi (fisici o virtuali) si avviino correttamente, ecc., si consiglia di rivedere i seguenti aspetti:

1. Spegnere e accendere la rete elettrica su ciascun dispositivo per acquisire l'IP assegnato.

2. Controllare gli IP nelle connessioni che effettuiamo tramite accesso remoto, ad esempio con VNC©

3. Rivedere gli IP assegnati nella tabella NAT© del Router principale (generalmente 192.168.1.1)

4. Se presenti, aggiornare gli IP dei dischi virtuali dichiarati in **/etc/fstab** del Raspberry©

5. Controllare gli IP nel sistema operativo Raspbian© su Raspberry© accedendo alla barra superiore con:

| <wireless & wired network settings> |
|---|

6. Controllare gli IP in Raspberry©, che il file di sistema: **/etc/dhcpcd.conf**, includa le seguenti informazioni alla fine:

```
interface wlan0
inform 192.168.1.[IP WIFI]
interface eth0
inform 192.178.1.[IP LAN]
```

**Nota sugli indirizzi MAC:**

Sono sequenze di numeri esadecimali, del tipo: **aa:aa:aa:bb:bb:bb**, in cui i primi tre blocchi **aa** di solito rappresentano il marchio e gli ultimi tre blocchi **bb** di solito rappresentano il tipo di dispositivo. Informazioni dettagliate su un indirizzo MAC sono disponibili sul seguente sito Web:

https://www.adminsub.net/mac-address-finder

# *IP Fisso nel Raspberry©

Per accedere facilmente al Raspberry©, ad esempio tramite accesso remoto con VNC© o SSH©, o per accedere dall'esterno dell'installazione, è necessario che l'IP del Raspberry© sia fisso e statico. Mantenere i Raspberry© con IP fisso consente di risparmiare molto tempo di ricerca ed evitare errori multipli nel suo accesso. Per fare questo facciamo il prossimo:

1. Fare clic con il tasto destro sulla barra in alto: <monitor di stato>

2. Wireless and Wired Networks Settings.

3. Configurare l'interfaccia (ad esempio):

   192.168.1. [aa]   IP di LAN  eth0
   192.168.1. [bb]   IP di WIFI wlan0

4. Può anche essere fatto accedendo ai file di configurazione come:

```
ifconfig                 vedere configurazione attuale
sudo cp /etc/network/interfaces interfaces.old
sudo nano -w /etc/network/interfaces e sumare:
auto eth0
iface lo inet loopback
iface eth0 inet static
address 192.168.1.[aa]
network 255.255.255.0
gateway 192.168.1.1
sudo reboot
```

5. Infine, verificare di accedere correttamente al Raspberry©, con questi IP fissi, tramite SSH© o VNC©

# *Accesso Remoto per VNC©:

Esistono diverse opzioni per l'accesso remoto al Raspberry©: SSH©, VNC©, ecc. VNC© è descritto in questo libro come facile da installare e da capire. Per questo faremo quanto segue:

1. Conoscere l'IP del Raspberry©
2. Installare VNC© su MAC© o PC©, scaricandolo da www.realvnc.com
3. Creare gli accessi al Raspberry© in VNC© avviando l'applicazione e:

Per connetterci facilmente al Raspberry© per VNC© dovremo conoscere l'IP che il nostro Raspberry© ha nella nostra rete locale.

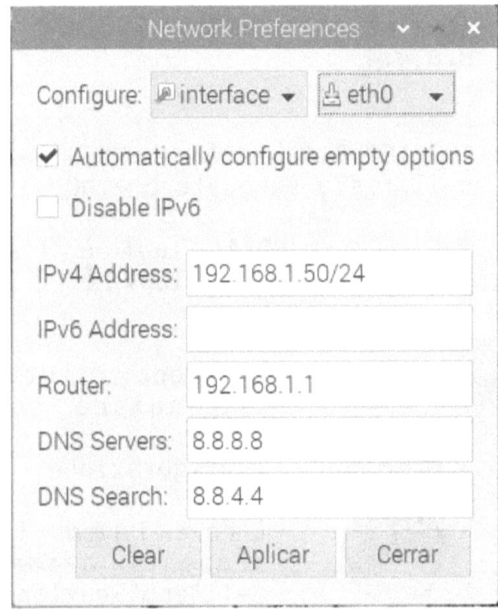


Ogni volta che si spegne e si accende, il Router gli assegna un indirizzo IP diverso, il che ci costringe a cambiare la connessione in VNC© Per evitare questa situazione, è meglio assegnare un indirizzo IP fisso al nostro Raspberry© in modo tale che ci collegheremo sempre ad esso in modo semplice e comodo.

Per effettuare questa assegnazione d'IP al Raspberry©

esistono diversi metodi, che possono essere consultati sul Web. Qui tre sono descritti:

a) Metodo che utilizza il sistema operativo Raspbian©
Vai a:

<pannello superiore di Raspbian©>
<wireless & wired network> <Network Preferences>

Aggiungere l'IP per ciascun tipo di connessione [eth0] per la connessione cablata (LAN) e [wlan0] per la connessione wireless (WIFI), ad esempio:

- **eth0**

| | |
|---|---|
| ipv4 | 192.168.1.[aa]/24 |
| ipv6 | lasciare vuoto |
| router | l'IP del Router principale o gateway, generalmente 192.168.1.1 |
| DNS Server | il DNS di un server di dominio, può essere l'operatore telecomunicazioni che ci dà il servizio o per esempio quelli di Google©: 8.8.8.8 |
| DNS search | idem sopra, per Google© la 8.8.4.4 |

- **wlan0**

| | |
|---|---|
| ipv4 | 192.168.1.[bb]/24<br>e il resto è uguale a eth0 |

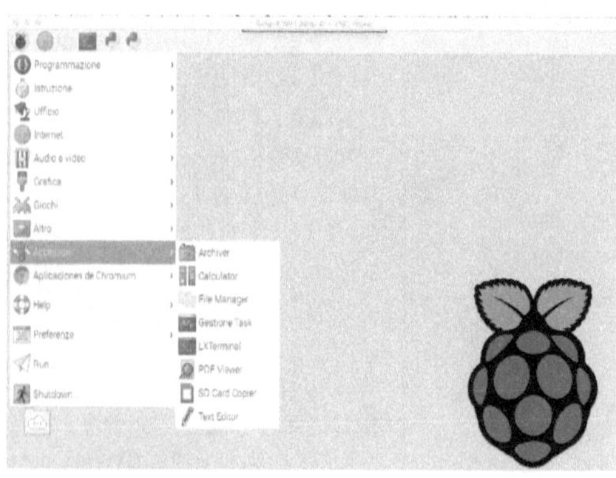

**NOTA:** [aa] è l'IP LAN e [bb] è l'IP WIFI

b)Metodo diretto che agisce sui file di configurazione:

Eseguiamo le seguenti azioni dall'applicazione

di emulazione terminale del sistema operativo Raspbian© chiamata LXTerminal© accessibile da:

<menu> <accessori> <LXTerminal©>

e qui facciamo:

```
cd /etc
sudo cp dhcpcd.conf dhcpcd.conf.old
sudo nano dhcpcd.conf
```

e aggiungere:

```
interface eth0
static ip_address=192.168.1.[aa]/24
static routers=192.168.1.1
static domain_name_servers=8.8.8.8
static domain_search=8.8.4.4
```

```
cd /etc/network/
sudo cp interfaces interfaces.old
sudo nano interfaces
iface eth0 inet manual
```

e aggiungere:

Qui quello che abbiamo fatto è andare nella directory /etc, fare una copia di backup del file di configurazione /etc/dhcpcd.conf e modificare tale file aggiungendo, alla fine, la configurazione di rete che vogliamo avere un IP fisso.

Idem per il file: /etc/network/interfaces

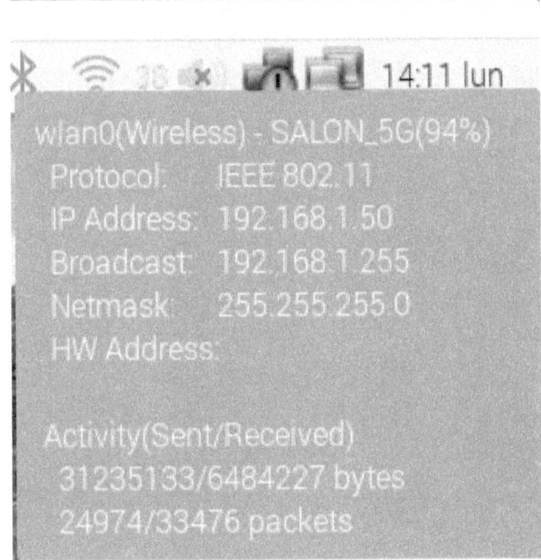


Riavviamo il Raspberry© e assegnerà automaticamente questo IP fisso nella connessione indicata nel file commentato nella directory:

/etc/dhcpcd.conf

c) Metodo di configurazione d'IP fisso nel Router principale:

In questa opzione aggiungiamo l'IP e il MAC (l'indirizzo che identifica il nostro Raspberry©) in una tabella speciale all'interno del Router.

Questa opzione è la più complessa e richiede conoscenze di base su come accedere al nostro Router principale (sul sito Web del produttore sono disponibili informazioni dettagliate su come accedere a questa opzione).

Per questo scopriamo prima il MAC del nostro Raspberry© passando il cursore del mouse sull'icona della connessione (WIFI o LAN) nella barra superiore di Raspbian© vedremo una finestra simile a quella allegata, dove in <HW Address> vediamo il tipo MAC aa:bb:cc:dd:ee:ff

Ora inseriamo il Router principale, accedendo da un browser Web (Chrome©, Safari©, ecc.) al Router digitando il suo indirizzo IP, ad esempio 192.168.1.1, inserendo il nome utente e la password (in generale "admin" e "admin" o "1234" e "1234" rispettivamente o ciò che indica il produttore) e accedere a <LAN> <Static DHCP> e aggiungere il MAC e l'IP che vogliamo associare (il modo di includere queste informazioni dipenderà dal marchio e il modello di Router).

Ora entriamo in VNC© e configuriamo la connessione con:

<file>
<new connection>

<VNC© server= Raspberry© IP>

<Name= nome di connessione>

<encryption= let VNC© server choose>

Questa operazione può essere ripetuta in VNC©, sia per l'accesso all'IP della LAN Raspberry© che al suo WIFI.

VNC© può essere installato su ciascuno dei dispositivi da cui vogliamo accedere al Raspberry©: MAC©, PC©, tablet, cellulare, ecc.

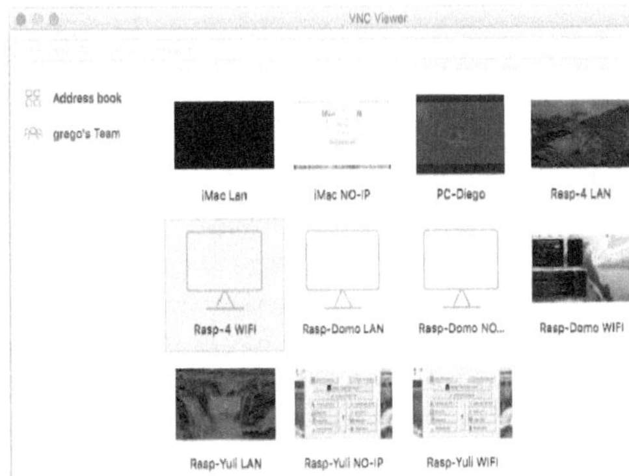


Con tutto ciò avremo già un facile accesso a Raspbian© per poter accedere a tutte le funzioni del Raspberry© e che vedremo di seguito

⊖⊖⊖

# *Installazione di VNC©

Per un maggiore comfort nell'accesso al sistema operativo Raspbian© del Raspberry© e non bloccare altre risorse come una TV (per HDMI-CEC©), la necessità di una tastiera, un mouse, che deve posizionare il Raspberry© molto vicino alla TV, ecc., si consiglia di utilizzare una connessione remota tramite il software VNC© (applicazione locale o plug-in Chrome©), che consente l'accesso al Raspberry© da cellulare, tablet, computer, ecc. e non solo dalla rete interna della casa, consente anche l'accesso dall'esterno della casa.

Per garantire la connessione dall'esterno, anche se l'IP pubblico viene riassegnato al spengere/accendere il Router principale, l'ambiente NO-IP© e alcune impostazioni vengono utilizzate sul Router principale e sul Raspberry©, il tutto con le seguenti impostazioni:

1. Installare l'APP VNC© Server sul Raspberry©. Nelle ultime versioni di Raspbian© questo software è già incluso e non è necessario fare altro.
2. Installare il plug-in VNC© per Chrome© sul computer (PC© o MAC©) e anche l'APP VNC© Viewer (client) su telefoni e tablet da cui verrà effettuato l'accesso remoto.
   Con l'installazione di VNC© Viewer sul cellulare possiamo avere varie icone per accedere ai diversi dispositivi: computer, Raspberry©, ecc. e con diversi tipi di accesso: LAN, WIFI (a casa) o NO-IP© (fuori casa)

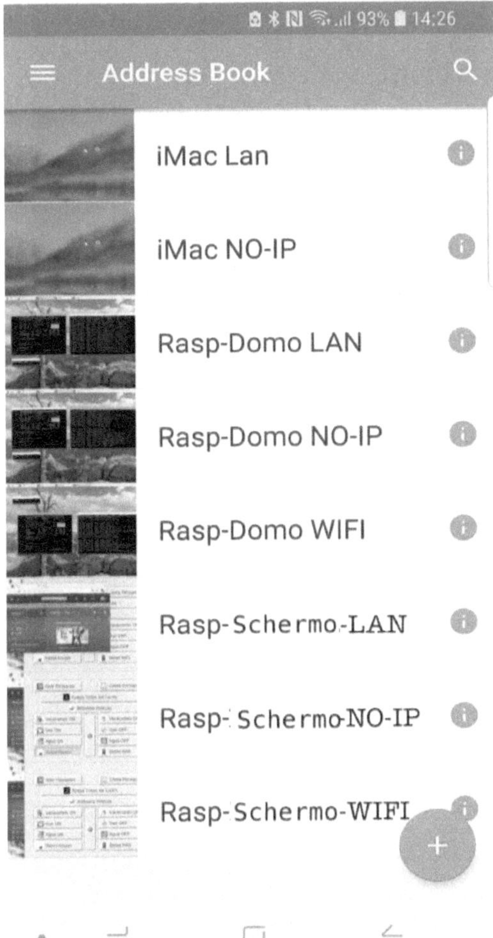


3. Aprire le porte sul Router principale: **5800, 5500 e 5900** nel servizio **TCP.**

4. Per eseguire l'operazione di apertura delle porte nel Router principale, seguire le istruzioni del produttore del Router o dell'operatore di tele comunicazioni che fornisce il servizio.

5. Per accedere dalla rete interna della casa sarebbe, ad esempio: **192.168.1.[IP]:5900**

Dove [IP] è l'IP assegnato al nostro Raspberry© a cui si desidera accedere, è quindi molto conveniente che detto IP sia fisso e noto.

6. Per accedere dalla rete esterna della casa, sarebbe ad esempio: **http://[url]:5900.** Dove [url] è l'IP pubblico del Router principale o un url assegnato da un servizio di allocazione dinamica di DDNS©, digitare NO-IP©, che descriveremo in seguito.

7. L'IP pubblico del Router principale è noto accedendo, dalla rete interna della casa, al motore di ricerca di Google© e cercando "my public ip", o da alcuni siti Web come:

   https://www.mio-ip.it
   https://www.cual-es-mi-ip.net/
   https://www.whatismyip.com/

ΘΘΘ

# *Configurazione del Inizio

Sicuramente vorremmo che quando viene avviato il nostro Raspberry©, ad esempio dopo un'interruzione di corrente o un inizio a causa di un aggiornamento, ecc., le configurazioni si avvieranno automaticamente (ad esempio, montano i dischi su una rete), verrà avviato uno script Python©, browser, ecc.

Esistono diverse opzioni, una delle quali è:

1. Creare un programma [*].sh per ciascun programma [*].py che si desidera iniziare.
2. Rendi eseguibile gli [*].sh con:
   sudo chmod +x [*].sh
3. Provali, eseguendoli con:
   bash [*].sh
   sudo nano ~/.config/lxsession/LXDE-pi/autostart
   e aggiungi:
   @/home/pi/[cartella]/[*].sh
4. Aggiungere gli @... necessari per ogni [*].sh

La struttura di [*].sh è la seguente:

**echo** visualizza un testo, **cd** cambia nella cartella in cui si trova [*].py e lo eseguiremo e Lxterminal© inizia una finestra terminale (Lxterminal© in Raspbian©) con dimensioni indicate in **–geometry**=CxF, dove **C** sono colonne e **F** righe e infine in **–title** viene specificato il titolo della finestra.

```
#!/bin/bash
echo 'Iniziando [script].py...'
cd /home/pi/[cartella]
lxterminal --command='sudo python [script].py'
--geometry=CxF –title='[Titolo]'
```

# *Creazione dei File Script

In molte occasioni, quando abbiamo bisogno di eseguire diversi comandi Linux© su Raspbian© su base regolare, è molto utile creare uno script che li includa e che possa essere eseguito. Questo metodo è utile, ad esempio, per creare copie di backup di alcuni file importanti nella configurazione del Raspberry©.

Esempio: creeremo uno script, chiamato **salva.sh** che crea una copia di backup di alcuni interessanti file di configurazione del Raspberry© e che andremo a trovare nella cartella [d]:

Creeremo: /home/pi/[d]/salva.sh facciamo:

```
sudo nano salva.sh
```

E aggiungeremo le seguenti righe:

```
#! / bin / bash
echo "Copiando fili..."

sudo cp ~/.config/lxsession/LXDE-pi/autostart
                              /home/pi/[d]/autostart
sudo cp /boot/config.txt /home/pi/[d]/config.txt
sudo cp /etc/fstab /home/pi/[d]/fstab
sudo cp /home/pi/.config/openbox/lxde-pi-rc.xml
                         /home/pi/[d]/lxde-pi-rc.xml
sudo cp /etc/rc.local /home/pi/[d]/rc.local
sudo cp /etc/samba/smb.conf /home/pi/[d]/smb.conf

echo "...copia fatta"
```

Ora abbiamo bisogno che lo script salva.sh sia eseguibile, per questo facciamo:

```
sudo chmod +x salva.sh
```

E per testarlo ed eseguirlo:

```
bash salva.sh
```

Verificare che funzioni correttamente controllando che i file:

- autostart
- config.txt
- fstab
- lxde-pi-rc.xml
- c.local
- smb.conf

sono stati copiati correttamente nella cartella: /home/pi/[d] dove [d] è la sotto cartella di destinazione in cui vogliamo salvare i file citati.

ϴϴϴ

# *Configurazione del Salvaschermi

Se abbiamo installato uno schermo HDMI© con il Raspberry© è possibile sfruttare la funzione salvaschermo inclusa in Raspbian© in modo che si trasformi in una cornice fotografica e possa essere utilizzata in questo modo mentre non utilizziamo lo schermo per un'altra applicazione.

Per questo useremo il salvaschermi Xscreensaver© del sistema operativo Raspbian© Per configurarlo facciamo quanto segue:

```
sudo apt-get install xscreensaver
```

E configurare:

1. Utilizzare la modalità salvaschermo RIPPLES©
2. Attivare dopo x minuti (configurabile).
3. Impostare la cartella con le foto da presentare nella sezione <avanzate>
4. Eliminare gli effetti nella configurazione di RIPPLES©
5. Aggiungere l'arresto dello schermo dopo xx minuti (configurabile).

È possibile utilizzare qualsiasi altro salvaschermo e qualsiasi modalità diversa da RIPPLES©, sebbene ciò sia raccomandato per la sua facilità di configurazione e perché consente l'integrazione della cornice digitale e l'arresto dello schermo in una singola applicazione.

# *Inizio della memoria USB

In questa sezione configureremo la memoria o il disco USB in modo che venga riconosciuto dal sistema operativo Raspbian© come unità di archiviazione.

Per evitare errori in questa attività, si propone di formattare previamente il disco o la memoria USB in formato Exfat©, ad esempio collegandolo in precedenza a un MAC© o a un PC© ed eseguire le seguenti operazioni sul Raspberry©:

Aprire una finestra LXTerminal© ed esegui:

```
sudo apt-get install exfat-utils -y
```

Con questa operazione installiamo l'ultima versione della gestione del sistema di file Exfat© e con essa, quando si collega il disco al Raspberry©, viene riconosciuto automaticamente dal gestore di file di Raspbian© senza dover fare altro.

Se disponiamo già di un disco formattato in altri sistemi (Fat32©, Ntfs©, ecc.), dobbiamo utilizzare altre procedimenti specifiche che non sono dettagliate qui perché non rendono questa sezione estesa e noiosa.

La bibliografia allegata al libro indica collegamenti al Web in cui viene spiegato in dettaglio come utilizzare i dischi esterni in formati diversi da Exfat©

Siamo già riusciti ad avere un Raspberry© e le sue periferiche: alimentatore, scatola, dissipatori, ventola, memoria uSD, memoria USB, cavi, ecc. e anche il software necessario: Raspbian©, Python©, ecc.

Ora, se vogliamo fare esercizi o piccoli progetti per principianti con tutto quanto sopra, dobbiamo approfondire tre argomenti molto importanti:

- Conoscere l'hardware di base del Raspberry©
- Conoscere i comandi di base di Raspbian© per accedere agli strumenti del sistema.
- Conoscere le istruzioni di base di Python© per progettare i programmi [*].py che gestiscono l'hardware commentato.

Questo libro ha lo scopo di aiutare un principiante a ottenere il massimo da un Raspberry© aggiungendo hardware di base aggiuntivo che consente loro di svolgere esercizi semplici e piccoli progetti, quindi non è affatto un manuale, un trattato, o un corso di Raspberry©, né Raspbian© né Python©, ma è stato strutturato in modo tale che i concetti vengano introdotti a poco a poco in modo che il lettore acquisisca le conoscenze necessarie in ogni momento.

⊝⊝⊝

# *Configurazione dello Schermo Tattile

Se vogliamo installare uno schermo di tipo HDMI©, ad esempio Waveshare© (modello da 7 pollici, 1024*600, con tecnologia capacitiva), dobbiamo configurare l'uscita HDMI© di Raspberry© come segue.

sudo nano /boot/config.txt e aggiungere:

```
# configurazione schermo 7"
      max_usb_current=1
      hdmi_group=2
      hdmi_mode=1
      hdmi_mode=87
      hdmi_cvt 1024 600 60 6 0 0 0
      hdmi_drive=1
```

Vedere: http://www.waveshare.com/wiki/

**Nota:** scartare l'uso di schermi tattile di tipo resistivo, non sono adatti per questo progetto.

⊝⊝⊝

# *Uso dei Dischi Esterni

Sebbene non sia essenziale eseguire esercizi di base con Raspberry©, è sempre interessante e conveniente avere un disco esterno (disco HD o memoria USB), collegato a una porta USB dello stesso Raspberry© in cui eseguire il backup o l'archiviazione di file multimediali pesanti: immagini, video, backup di varie versioni del sistema operativo o progetti, versioni di script Python©, ecc.

Le ultime versioni del sistema operativo Raspbian© hanno routine di configurazione del disco esterno molto semplici, praticamente plug & play, ma in caso contrario, per configurare un disco esterno, eseguiremo le seguenti operazioni:

| Comando | Descrizione |
|---|---|
| sudo fdisk -l | elenco delle partizioni |
| sudo mkfs.ext3 | formatta partizioni in ext3 |
| sudo mkdir /media/[disk] | crea [disk] in cartella: /media/ |
| sudo nano /etc/fstab | edita configurazione iniziale e aggiungere: |
| /dev/sdb/media/[disk] ext3 defaults 0 | |
| sudo chown pi /media/[disk] | asina permessi e padrone |
| sudo mount -a | monta il disco [disk] |
| df -h | vedere dimensione del disco |

⊝⊝⊝

# 5.-PYTHON 2.7©

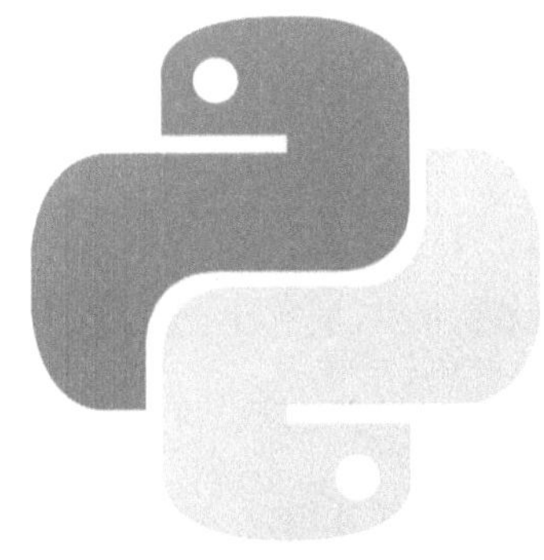

Per la programmazione degli esercizi in questo libro, il famoso linguaggio di programmazione Python 2.7© è stato utilizzato su Raspberry©, in esecuzione sul sistema operativo Raspbian©, soprattutto perché è un linguaggio moderno e potente, grazie alla sua facilità superiore di implementazione, dovuta all'esistenza di più librerie, manuali, tutorial, forum, integrazione con altri sistemi e progetti, facile sviluppo e gestione dell'hardware del Raspberry©, ecc.

Esistono altre versioni di Python© successive alla 2.7, ma questa, per la maggior parte degli script, è più che sufficiente per questo progetto.

Se viene utilizzata una versione successiva di Python©, ad esempio la versione 3.5 o successiva, è necessario riscrivere il codice degli script di esempio inclusi in questo libro (includere le parentesi nelle istruzioni PRINT, ecc.).

In alcuni script (condizionati dall'esistenza di librerie), verrà indicato quando è necessario utilizzare Python 3.7© e come accedervi.

L'accesso a Python 2.7© avviene tramite il software IDLE© incluso in Raspbian© e come segue:

**[menu][programmazione][Python©]** (scegli la versione 2.7)

Esistono altre versioni degli interpreti Python©, come Thonny© (incluso anche in Raspbian©) ma sono più lenti o più complessi da usare.

Una volta avviato Python 2.7©, carica il modulo corrispondente con:

**[file][open][*.py]** (*.py è lo script da eseguire)

E per eseguire lo script [*.py] usa il comando [Run] dal menu principale IDLE©. Allo stesso modo, in IDLE©, è possibile utilizzare altri comandi come:

**[File]** operazioni con script [*.py]
**[Edit]** modifica script [*.py]
**[Format]** formatta aree specifiche dello script.
**[Run]** già commentato.
**[Options]** impostazioni del interprete IDLE©.
**[Window]** passa tra vari script [*.py]
**[Help]** aiuta a conoscere l'uso di IDLE©

L'uso di IDLE © è semplice e intuitivo, tuttavia nella guida [Help] sono disponibili informazioni sufficienti per creare, modificare, editare, eseguire, ecc. gli esercizi inclusi in questo libro.

Se non hai una conoscenza di base di Python©, puoi fare un semplice apprendimento online sull'ambiente di formazione **www.codecademy.com** o altri, registrando e ottenendo il nome utente e la password corrispondenti.

Questo ambiente Web è molto facile da usare, ha teoria ed esempi molto pratici, entrambe le parti guidate e istruite molto bene dal Web stesso.

Per completare i moduli Python© progettati, sono necessarie librerie Python© di terze parti già configurate e testate.

I più utilizzati negli esercizi di questo libro sono indicati di seguito:

1. **rpi.gpio©**: gestione dei pin Raspberry© GPIO©

2. **time© e datetime©**: gestione di variabili temporanee, tempo, anno, settimana, ecc.

3. **os© e sys©**: accesso alla gestione del sistema operativo.

4. **commands©**: per la gestione degli script Python3.7©

5. **LCD©**: display manager LCD1602©

6. **rpi_time©**: gestione delle variabili dell'orologio in tempo reale o RTC

7. **ds1302©**: gestione del hardware del RTC DS1302©

8. **DHT©**: gestore del sensore DHT11©

9. **PCF8591©**: gestore del convertitore A/D

ΘΘΘ

# *Configurazione di Python© 2.7

Poiché i nostri progetti e/o esercizi con Raspberry© si basano sull'uso dell'interprete Python© (2.7 o 3.7) come linguaggio di programmazione per gli script e gli algoritmi che gestiscono l'hardware, è importante assicurarci di averlo installato e che il suo accesso è comodo, per questo facciamo quanto segue:

```
sudo apt-get install idle-python2.7 (*)
sudo cp /usr/bin/idle-python2.7 /usr/bin/idle
```

(*) idem per python3.7©

E già nella sezione precedente abbiamo visto come creare un collegamento all'interprete Python 2.7©, questo è IDLE© e individuarlo nella barra principale di Raspbian©

ΘΘΘ

# *Sintesi dei Comandi

Di seguito vengono descritti i comandi Python2.7© e Python3.7© più comuni utilizzati in questo libro. Questo elenco non intende essere un corso di Python© o una guida di riferimento o qualcosa di esaustivo sull'argomento, è solo un elenco di comandi con una descrizione molto breve e che può servire da promemoria quando si scrive un programma molto semplice .

Per informazioni più dettagliate, si consiglia di andare alla guida ufficiale:

https://www.python.org/

Puoi anche utilizzare uno qualsiasi dei siti Web di apprendimento online, molti dei quali gratuiti, tutorial, forum, video esplicativi, ecc.

| Comando | Descrizione |
|---|---|
| # | Commentare 1 linea |
| '''…''' | Commentare diverse linee |
| print text | Visualizza testo sullo schermo |
| print '%s'%var | Stampa var in formato %s |
| var=raw(input) | Immissione di testo, carica in var |
| = | Asina variabile intere, reali, logiche, ecc. |
| +,-,*,/ | Operazioni di base |
| ** | Esponente |
| % | Modulo, residuo |
| // | Divisione intera |

| Comando | Descrizione |
|---|---|
| \ | Carattere escape, esempio:<br>'\n' ritorno a capo |
| var[x] | Ottiene posizione x en variabile var, conta da 0 |
| len(x) | Lunghezza della catena x |
| string.isalpha() | Vedere se variabile è una catena |
| x.lower() | Diventa catena a minuscole |
| x.upper() | Diventa catena a maiuscole |
| str(x) | Diventa x a catena |
| x+y | Concatena le catene x e y |
| == | Comparazioni in sentenze if<br>non confondere con = |
| != | Non ugual in sentenze if |
| -=,+=,*= | Opera, asina nella stessa funzione |
| and, or, not | Operazioni logiche di base |
| a>>b | Sposta 1 bit a diritta |
| a<<b | Sposta 1 bit a sinistra |
| a&b | Operazione AND tra bytes |
| a\|b | Operazione OR tra bytes |
| a^b | Operazione XOR tra bytes |
| ~a | Operazione NOT |
| 0bx | Trasforma x a binario |
| bin(x) | Trasforma catena x a binario |
| oct(x) | Trasforma catena x a octal |
| hex(x) | Trasforma catena x a esadecimale |
| int(x) | Trasforma catena x a intero |
| int(x,s) | Trasforma catena x a intero in base s |
| if[exp]: | Se espressione [exp] è vera, si esegue la seguente |
| elif[exp]: | Caso contrario si esegue un'altra |

| Comando | Descrizione |
|---|---|
| else: | o si esigono le seguente |
| s[i:j] | Estrae della catena s da i a j-1. Conta da 0 |
| s[i:] | Catena s da i fino il finale |
| s[:j] | Catena s da il inizio fino j-1 |
| def fn(a,b): | Definisce la funzione fn con argomenti a e b |
| return(x) | Risponde con la variabile local x della funzione fn |
| fn(a,b,c) | Chiama la funzione fn con parametri a, b e c |
| import x | Importa libreria x |
| from m import f | Importa funzione f da libreria m |
| dir(m) | Vedere librerie in m |
| math.sqrt(x) | Invoca la radice quadrata di x |
| type(x) | Risponde con il tipo di dato di x |
| lista=[x,...,z] | Definisce lista come elenco di dati di x fino z |
| lista.append(e) | Aggiunge il elemento e a lista |
| lista.remove(e) | Elimina elemento e de lista |
| len(lista) | Numero degli elementi in lista |
| lista[a:b] | Tronca lista da la posizione a fino posizione b-1. Conta da 0 |
| lista.index(x) | Posizione di x in lista |
| lista.insert(x,s) | Inserisce la catena s nella posizione x in lista |
| lista.sort() | Ordina gli elementi di lista e crea un nuovo elenco ordinato |
| sum(lista) | Summa gli elementi di lista |
| zip(l_1,l_2) | Crea un elenco con i pari dei elenchi l_1 e l_2 |
| for x in lista: | Realizza ciclo sopra lista |

| Comando | Descrizione |
|---|---|
| while condizione: | Esegue mentre condizione è vera |
| break | Esce di un anello while |
| dic={x:a,...,z:n} | Crea il dizionario dic con chiavi x...z e valori a...n |
| dic[x] | Ritorna il valore della chiave x nel dizionario dic |
| del dic[a] | Cancella la chiave a e il suo valore nel dizionario dic |
| dic={} | Dizionario svuoto |
| dic[x]=a | Aggiunge chiave x e valore a a dic |
| dic.items() | Ritorna valore_chiave di dic de maniera disordinata |
| dic.keys() | Ritorna chiavi di dic |
| dic.values() | Ritorna valori di dic |
| print dic[x] | Visualizza chiave del valor x in dic |
| range(x) | Elemento x di un elenco |
| range(x,y) | Rango da x fino y e con incremento 1 di base |
| range(x,y,z) | Rango da x fino y e incremento z |
| import random | Importa gestore di numeri casuali |
| random.randint(x,y) | Genera numero casuali tra gli interi x fino y |
| round(x,y) | Arrotonda x a y decimali |
| s.split() | Trasforma catena s in elenco |
| pass | No fa niente |
| open([file],'w') | Apre file [file] per scrittura |
| open([file],'r') | Apre file [file] per lettura |
| open([file],'a') | Apre file [file] per aggiungere |
| open([file],'r+') | Apre file [file] per lettura e scrittura |
| [file].readline() | Legge una linea in file [file] |

| Comando | Descrizione |
|---|---|
| | ('\' incluso) |
| [file].close() | Chiude file [file] |
| with open([file],'r') as var | Apre/chiude automaticamente file [file] in oggetto var |

# *Gestione di Errori

Oltre alle istruzioni che gestiscono ingressi vs uscite secondo l'algoritmo descritto in ciascun programma Python©, con l'aumentare della complessità del programma e, soprattutto, quando si accede a dispositivi hardware esterni che possono causare errori, l'uso di un gestore di errori è essenziale, in modo che quando si verifica un errore, il programma non congela, al contrario, il flusso del programma viene reindirizzato a un modulo specifico in cui viene trattato e, se possibile, il flusso viene reindirizzato al punto in cui il eseguendo il programma principale.

Per questo includiamo nel nostro programma Python© una struttura simile a:

```
import logging
logging.basicConfig(filename='/home/pi/[file]'
                                   ,level=logging.INFO)
```

E un blocco **try** vs **except** come il seguente:

```
try:
   […]
except Exception as e:
   logging.exception(str(e))
   print sys.exec_info()
```

In questo modo vengono eseguite le istruzioni contenute nel **corpo try:**, e se si verifica un errore (un'eccezione), il flusso viene indirizzato al **corpo except:** e qua viene trattato di conseguenza.

Esistono più opzioni per la gestione delle eccezioni, ad esempio, a seconda del tipo di errore:

- Interruzione tastiera
- Errore di sistema
- Errore di input/output
- Errore di importazione
- Errore di valore
- Errore EOF (fine del file)
- Errore OS (sistema operativo)
- Eccezione generale
- Eccetera.

Il flusso può essere reindirizzato a un corpo specifico except: che in base al tipo di errore rilevato e lo tratta come desiderato.

Se si desidera indirizzare l'output del programma su un file, è possibile effettuare le seguenti operazioni:

```
sudo python /home/pi/[file].py & > [error].txt
```

Dove [file].py è lo script Python© ed [errore].txt è il file in cui verranno raccolti tutti gli errori che si verificano durante l'esecuzione dello script.

ⵙⵙⵙ

# 6.-ESERCIZI

Dopo aver visto, da un lato, i concetti di base dell'hardware Raspberry© e dei suoi componenti associati e, dall'altro, il sistema operativo Raspbian© e il software aggiuntivo necessario, siamo in grado di eseguire esercizi di elettronica usando Raspberry© come elemento di controllo.

L'obiettivo fondamentale di questo libro è duplice: da un lato, soddisfare le esigenze informative degli appassionati di elettronica e/o del mondo Raspberry© e, dall'altro, essere un documento di auto-apprendimento, auto-allenamento e studio. In quest'ultimo senso, gli esercizi contengono spiegazioni sufficienti per consentire al lettore di seguire passo dopo passo lo sviluppo dell'attività descritta, sia teorica che pratica.

Gli esercizi sono stati introdotti a causa della crescente complessità e ciascuno di essi descrive in modo più che sufficiente sia l'hardware che il software necessari per il corretto funzionamento del problema sollevato e, in ciascuno di questi esercizi, altri tre esercizi relativi al tematico trattato e anche con complessità incrementale in modo che il lettore possa risolverli da solo.

⊖⊖⊖

# *Esercizio 1: Accendere/spegnere un LED

Questo è l'esercizio più semplice, accendere e spegnere un LED dal Raspberry©, sembra semplice ma è molto importante gestire bene questo caso, che è la base di altri.

Spegniamo e accendiamo un LED ma questa azione potrebbe essere estesa a tutto ciò che deve spegnersi e accendersi: una lampadina, una tapparella, un apparecchio, la porta del garage, il riscaldamento, luci de Natale, il motore della piscina, un ventilatore, qualsiasi cosa, dobbiamo solo cambiare l'hardware che funge da interfaccia tra il Raspberry© e ciò che vogliamo spegnere/accendere.

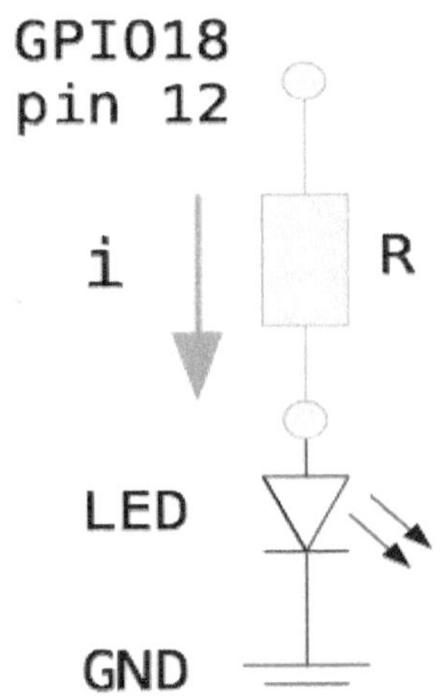


In questo primo esercizio molte informazioni sono dettagliate: concetti, i calcoli necessari, le formule, le leggi, ecc. e lo stesso nel software: librerie, funzioni, comandi, operazioni, ecc.

Man mano che il libro avanza, ci baseremo su questi concetti sin dai primi esercizi.

Dobbiamo considerare diverse domande:

1. La massima corrente, **i**, che un pin GPIO© del Raspberry© può commutare, per sicurezza, è di 16mA, quindi per limitare questa corrente useremo una resistenza calcolata secondo la **Legge di Ohm:**

$$R=\frac{V}{i}=\frac{3{,}3\ Volt}{0{,}016\ Ampere}=207\,ohm$$

questo è:

$$R=\frac{3{,}3v}{0{,}016A}=207\Omega$$

e commercialmente la resistenza più vicina è 220Ω che, usando la codifica a colori, è una resistenza con linee: rosso-rosso-marrone.

Se vogliamo sapere quale potenza o dimensione dovrebbe essere la resistenza, possiamo farlo con:

$$P=i^2*R=(\frac{16}{1000})^2*220=0{,}06\ \text{watt}$$

pertanto è sufficiente una normale resistenza di 1/4w.

2. Il circuito può essere simulato in precedenza con un simulatore di circuiti digitali e analogici, ad esempio con il software iCircuit©

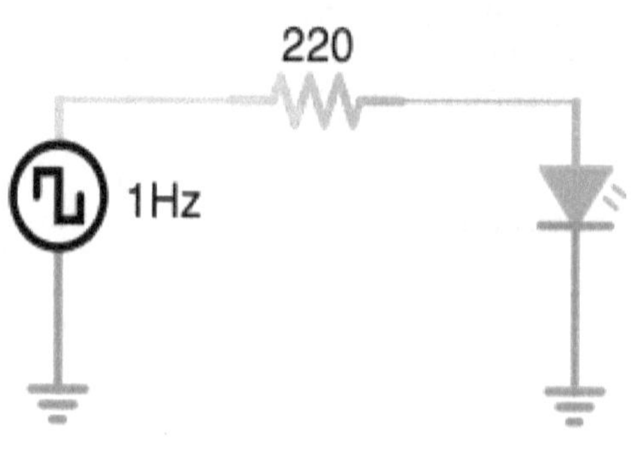


Questo caso è molto semplice ma serve come esempio dell'utilizzo di iCircuit©, che è molto utile per testare circuiti complessi prima di implementarli fisicamente e quindi evitare errori, evitare di danneggiare qualsiasi componente, regolare i valori, ripetere il disegno fisico, ecc.

iCircuit© è molto facile da usare: apriamo l'applicazione, aggiungiamo componenti già pre-configurati: resistenza, LED e Raspberry© lo simuliamo con un generatore di un'onda quadra o un impulso, regoliamo i valori dei componenti, uniamo i componenti con cavi virtuali, aggiungiamo le terre, ecc. e... pronto.

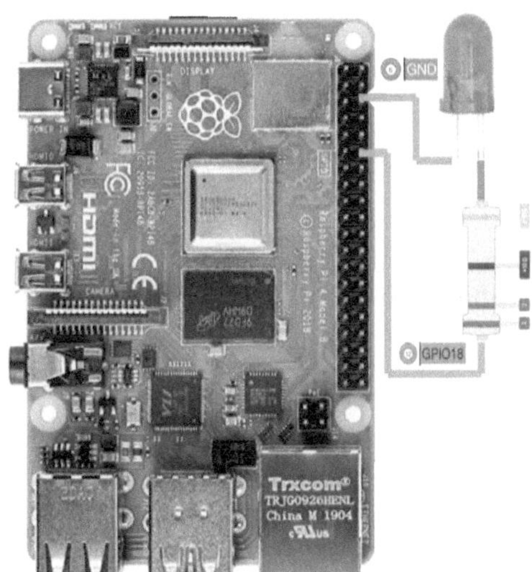


3. Non possiamo collegare alcun pin del Raspberry© a più di +3.3v perché altrimenti corriamo il rischio di "bruciare" irreversibilmente alcuni dei GPIO©.

4. Assembliamo il circuito precedente come segue:

5. Come vediamo nelle figure precedenti, in circuiti semplici e con un consumo così ridotto, è possibile collegare i componenti direttamente al Raspberry©, ma è molto più comodo e chiaro utilizzare una scheda di test.

6. Il LED ha polarità indicata da un bordo piatto sulla sua circonferenza plastica inferiore (terminale -) o da un pin più corto.

Se utilizziamo tensioni non superiori a +3,3v saremo in grado di controllare la polarità del LED semplicemente scambiando i terminali.

7. Come funziona?

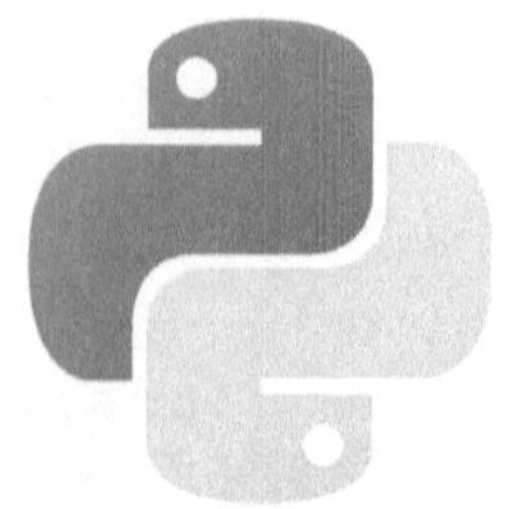

Quando il Raspberry© imposta il pin fisico 12 (GPIO18©) su OFF (livello LOW su GND) il LED si spegne e viceversa, quando lo si accende (livello HIGH su +3,3 v) il LED si accende.

8. Infine, abbiamo bisogno di uno script Python© che gestisca questo hardware con l'algoritmo di cui abbiamo bisogno: accenderlo, spegnerlo, lampeggiare, sequenze, ecc.

Una volta installato, possiamo creare più algoritmi cambiando solo il software, questo è il grande vantaggio di gestire l'hardware con il software.

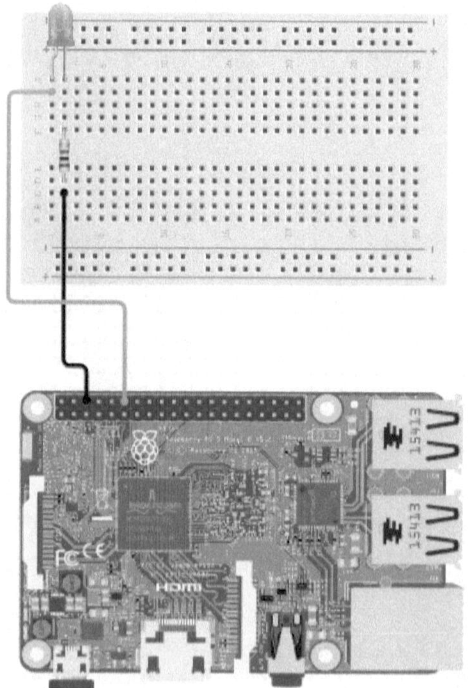

Questo ed i seguenti esercizi descrivono un esempio di un programma Python© che è abbastanza semplice e include abbastanza spiegazioni, tuttavia in questo libro c'è un capitolo che riassume i comandi Python© più comuni che possono essere usati come aiuto aggiuntivo per chiarire come funzionano questi programmi.

9. Ora scriviamo il codice Python© per gestire questo circuito, per questo inseriamo in IDLE© dal menu principale di Raspbian© come:

<programmazione> <Python2.7> <file> <newfile>

E scriviamo il seguente programma, lo salviamo e lo eseguiamo con <run>

Puoi anche scaricare il programma dal seguente indirizzo. Vai al blog, accedi alla scheda Python©, scarica lo script che ti interessa e usalo in IDLE©:

https://gregochenlo.blogspot.com/

```
#-------------------------------------------------------------------
# 01_LED.PY: Lampeggia un LED in pin 12 (GPIO18©)
#-------------------------------------------------------------------
# Ingressi: tempo di lampeggio te=tempo acceso,
#           ta=tempo spento
# Uscite:   lampeggia un LED
# Azioni:   se pin 12=LOW, il LED si spegne, se pin 12=HIGH,
#           il LED si accende
#-------------------------------------------------------------------
# -*- coding: utf-8 -*-       #questa istruzione permette includere
                              #caratteri speciali
#!/usr/bin/env python         #indica a Python© dove è
                              #situato il interprete

import RPi.GPIO as GPIO       #importa libreria per gestire il
                              #GPIO©
import time                   #importa libreria di gestione di tempo
pin=12                        #pin 12 (pin fisico)
te=.5                         #tempo LED acceso
ta=.5                         #tempo LED spento

def setup():                  #FUNZIONE: inizia il GPIO©
  GPIO.setmode(GPIO.BOARD)    #numeri di pin secondo ordino fisico
  GPIO.setup  (pin,GPIO.OUT)  #mette pin come pin de output
  GPIO.output (pin,GPIO.LOW)  #mette pin LOW (GND) così si spegne

def apaga(tiempo):            #FUNZIONE: spegne il LED
  print '...spegne'
  GPIO.output(pin,GPIO.LOW)   #LED spento
  time.sleep(tiempo)          #aspetta un tempo

def enciende(tiempo):         #FUNZIONE: accende il LED
  print 'accende...'
  GPIO.output(pin,GPIO.HIGH)  #aspetta un tempo
  time.sleep(tiempo)
```

```
def parar():                   #FUNZIONE: ferma il programma
  GPIO.output(pin,GPIO.LOW)    #spegne il LED
  GPIO.cleanup()               #libera le risorse del GPIO©
if __name__ == '__main__':     #il programma si inizia da qui
  setup()                      #esegue la funzione setup()
  try:                         #esegue la seguente istruzione
                               #tranne eccezione
    while True:                #inizia questo loop infinito
      apaga(ta)                #esegue la funzione spegne (tempo
                               #spento)
      enciende(te)             #esegue la funzione accende (tempo
                               #accento)
  except KeyboardInterrupt:    #se si premi 'Ctrl+C' si esegue
    parar()                    #la funzione fermare() che ferma il
                               #programma
```

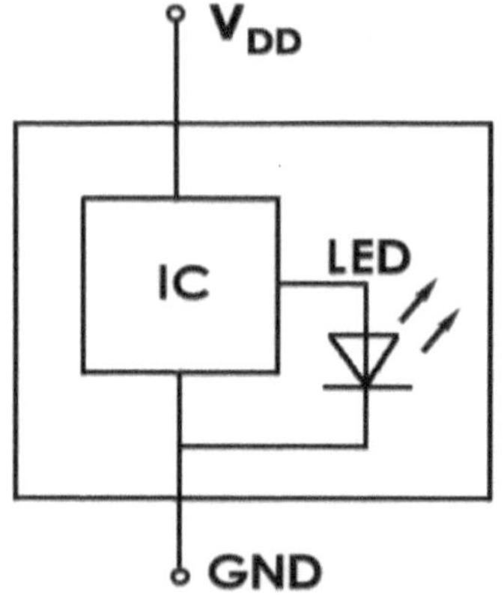


Una variante interessante di un LED “normale” consiste nell'utilizzare un LED del tipo “auto-flash”, ad esempio il KY-034©, che include all'interno di un circuito integrato un oscillatore che cambia il colore del LED.

Questo dispositivo può essere collegato direttamente all'alimentatore (+3,3v o +5v), ad esempio per visualizzare quando un dispositivo è acceso o possiamo anche collegarlo a un GPIO© sul Raspberry© per visualizzare che un determinato programma funziona correttamente.

Esercizi proposti:

1. Fare lampeggiare il LED un numero n di impulsi e durata un numero z di secondi ciascuno, secondo un dizionario Python© del seguente tipo:

   {pulso_1: z_1 ... pulso_n: z_n}

2. Il LED dovrebbe lampeggiare in una sequenza di numero crescente e quindi decrescente di impulsi.

3. Fare lampeggiare il LED in base al codice Morse, impulsi lunghi e brevi, ad esempio S-O-S. Per renderlo più realistico, vedi sul Web come è il rapporto temporale tra impulsi lunghi e brevi e la separazione tra le lettere.

⊝⊝⊝

# *Esercizio 2: On/off un Relè

Un esercizio simile al precedente in filosofia, ma molto diverso nell'applicazione, è quello di potere di commutare dal Raspberry© un relè di una certa potenza che ci consente di gestire la potenza di un'apparecchiatura a medio consumo fino a 250v e 10A di corrente alternata, si tratta di 2,500w, quindi possiamo accendere/spegnere una piccola stufa, la illuminazione, la caldaia di riscaldamento, la macchina di aria condizionata, le luci di Natale, un motore, ecc.

Per questo useremo un relè, ad esempio SRD-05VDC© che consiste in un dispositivo che, usando una piccola corrente (circuito di controllo), può interrompere una corrente di alta potenza o intensità (circuito di potenza).

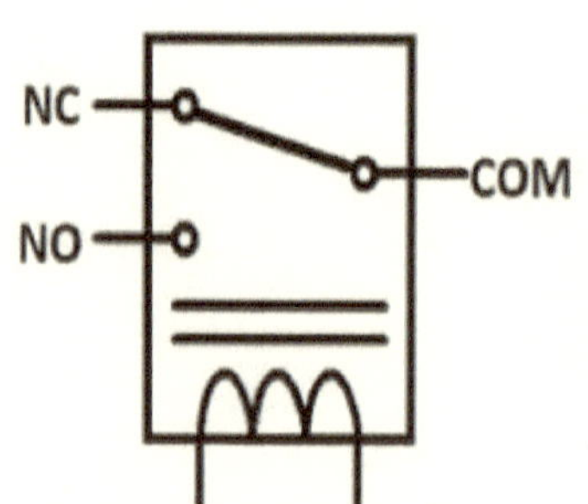


Tutti i relè hanno 2 pin di ingresso, in cui il segnale viene applicato al circuito di controllo a bassa intensità e/o bassa tensione (nel nostro caso quello generato da GPIO17© del Raspberry©) e 3 pin di uscita: comune **C**, normalmente aperto **NO** e normalmente chiuso **NC** in cui viene commutato il segnale del circuito di potenza e/o alta corrente e/o tensione.

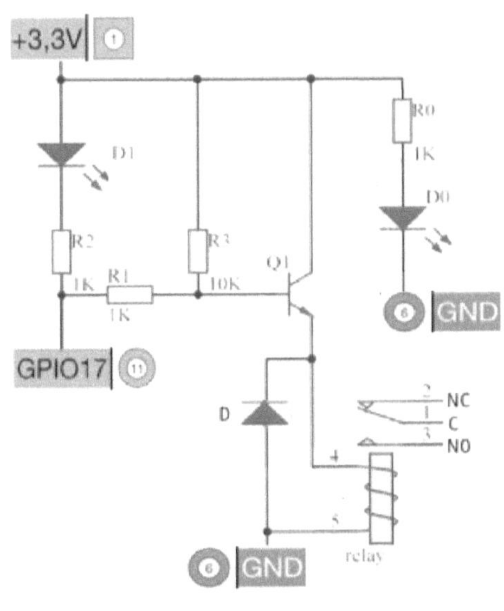


Con il relè che utilizziamo dobbiamo tenere conto della tensione a bassa intensità (nel nostro caso +3,3v) e della potenza massima supportata dal circuito di potenza (nel nostro caso: 250v*10A=2,500w)

I relè sono generalmente accompagnati da un circuito di controllo elettronico che esegue varie operazioni: isolamento con accoppiatori ottici, controllo della polarità e amplificazione del segnale a bassa intensità, LED di visualizzazione dello stato, ecc.

Tutte queste caratteristiche dipendono dalla marca e dal modello del relè e del suo circuito associato, quindi lo schema fornito dal produttore dovrebbe essere rivisto e i suoi parametri specifici devono essere presi in considerazione.

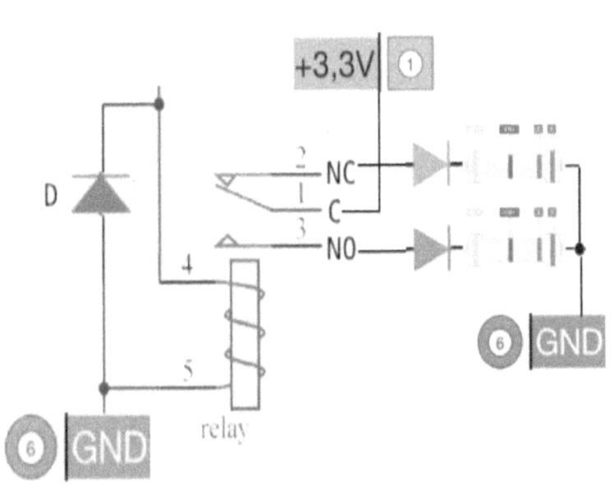


Nel nostro caso il GPIO17© attiva l'ingresso, questo il transistor Q1 e questo il relè, quindi i contatti del relè vanno da **C+NC** a **C+NO**, chiudendo il circuito di potenza.

I resistori R0 e R2 limitano la corrente nei LED e i resistori R1 e R3 regolano la corrente attraverso di essi e la tensione necessaria alla base del transistor Q1.

I LED D0 e D1 indicano il funzionamento del circuito e il diodo D lo protegge dalle correnti indotte dalla bobina del relè.

Quando si attiva e disattiva il relè sentiremo il suono prodotto dalle sue parti mobili quando si contatta il terminale C con NC e NO, ma per testare meglio il circuito possiamo collegare un LED alla sua uscita simulando il carico (come sempre, aggiungere i corrispondenti resistori).

```
#--------------------------------------------------------------------
# 02_RELE.PY: Attiva on/off un relè in pin 11 (GPIO17©)
#--------------------------------------------------------------------
# Ingressi: tempi di apertura e chiusura
# Uscite:   relè on/off tra C-NC e C-NO
# Azioni:   se pin 11 HIGH, unisce C+NO (logica diretta)
#--------------------------------------------------------------------
# -*- coding: utf-8 -*-          #gestisce caratteri speciali
#!/usr/bin/env python            #posizione interprete Python©
import RPi.GPIO as GPIO          #importa libreria gestione GPIO©
import time                      #libreria di gestione di tempo
pin=   11                        #pin 11
tiempo=.5                        #tempo apertura e chiusura del relè
def setup():                     #FUNZIONE: inizia il GPIO©
  GPIO.setmode(GPIO.BOARD)       #numeri pin secondo ordino fisico
  GPIO.setup  (pin,GPIO.OUT)     #mette pin come pin di uscita
  GPIO.output (pin,GPIO.LOW)     #mette pin LOW (GND) così è OFF

def loop():                      #loop principale del programma
  print 'relè on...'
  GPIO.output(pin, GPIO.HIGH)    #attiva relè
  time.sleep(0.5)
  print 'relè off...'
  GPIO.output(pin, GPIO.LOW)     #disattiva relè
  time.sleep(0.5)

def parar():                     #premendo CTRL+C si ferma programma
  GPIO.output(pin, GPIO.LOW)     #disattiva il relè
  GPIO.cleanup()                 #libera GPIO©

if __name__ == '__main__':       #il programma si inizia da qui
  setup()                        #inizia GPIO© e pin
  try:                           #esegue la seguente istruzione
                                 #tranne eccezione
    while True:                  #inizia questo loop infinito
      loop()                     #loop principale del programma
  except:                        #se si preme 'Ctrl+C' se esegue
```

```
parar()                    #la funzione parar() ferma il
                           #programma
```

Esercizi proposti:

- Aggiungere un pulsante collegato a un GPIO© in modo che premendolo si attivi o si disattivi il relè.

- Aggiungere una condizione aggiuntiva, ad esempio che una variabile, in un ciclo, superi una certa quantità o che vengano superati 100 cicli o che la temperatura della CPU superi un determinato valore.

- Aggiungere un sensore di vibrazioni (vedere altri esercizi) e aprire o chiudere il relè quando viene rilevata una certa vibrazione.

ϴϴϴ

# *Esercizio 3: Aumentare/diminuire la luce di un LED

Nell'esercizio precedente, il LED si è acceso al 100% o si è spento allo 0%, ma in questo esercizio **e con lo stesso hardware**, ma controllandolo tramite software, saremo in grado di modificare la luminosità di un LED.

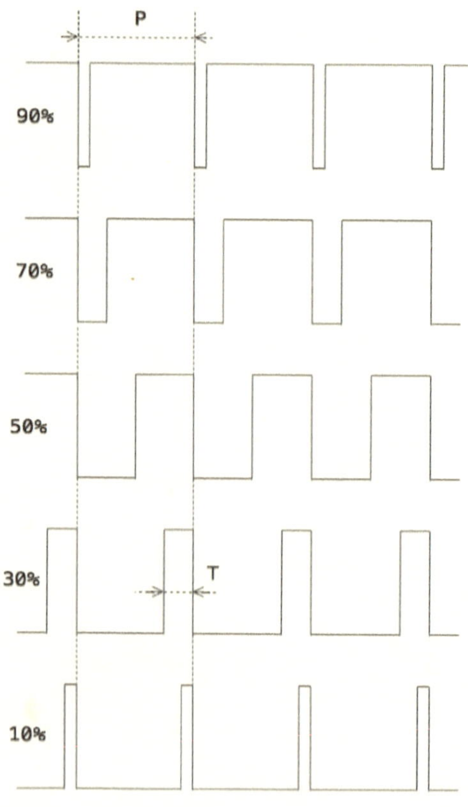


L'uscita di GPIO© è un segnale digitale, ovvero: o è a 1 (HIGH=+3,3v) o è a 0 (LOW=GND=0v), quindi sembra impossibile raggiungere valori intermedi.

Esiste una tecnica, chiamata **Modulazione dell'Ampiezza dell'Impulso**, in inglese Pulse Width Modulation o **PWM©**, che consente di risolverlo, come?: generando una catena di impulsi, di ampiezza +3,3v e di larghezza variabile.

Se ci sono molti impulsi di +3.3 v al secondo, il LED si accenderà più che se ci sono pochi o nessuno impulsi.

Nella figura allegata vediamo un segnale quadrato del periodo **P**.

Quando, entro questo periodo, l'impulso è più lungo (la larghezza dell'impulso **T** è modulata), il LED sarà più lungo acceso, ad esempio il 90%

Poiché l'impulso si accende per meno tempo, ad esempio, passando dal 90% al 70%, 50%, 30% o 10%, la luminosità del LED diminuisce. Questa % si chiama **Duty Cycle** o Ciclo de Lavoro ed è espressa come:

$$D=\frac{T}{P}x100\%$$

Dove **P** è la durata totale dell'impulso e **T** è il tempo in cui l'impulso è attivo.

In questo modo possiamo assimilare che per un segnale del periodo **P**, e per esempio una tensione V=+5v, se applichiamo un Duty Cycle del 90% avremmo $V_{90\%}=4,5v$ o con uno del 10% avremmo $V_{10\%}=0,5v$

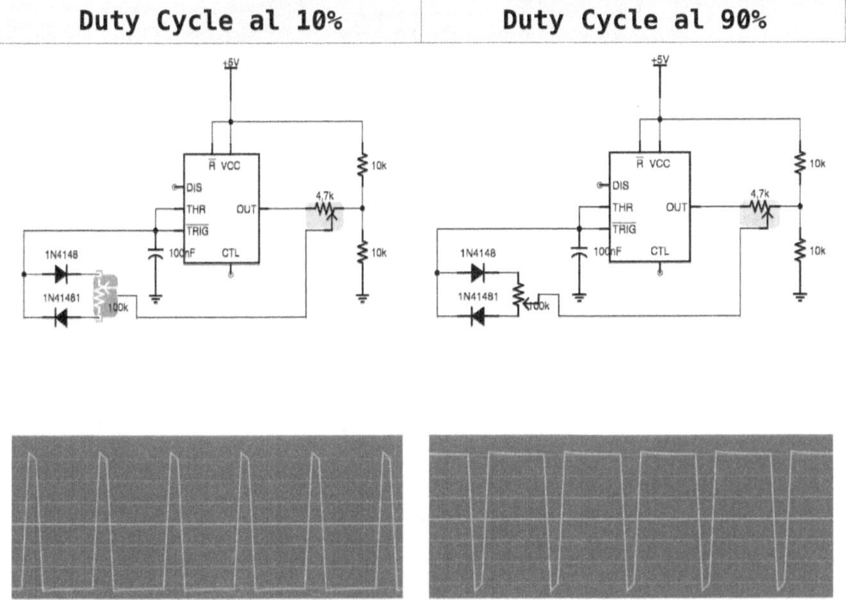

Possiamo simulare in iCircuit© un circuito generatore di una segnale PWM© con Duty Cycle variabile, con un circuito integrato tipo timer NE555© e alcuni componenti aggiuntivi come segue:

Modificando il potenziometro di 100kΩ è possibile modificare il Duty Cycle.

Nel software che controlla questa opzione dobbiamo definire la frequenza del segnale quadrato, ovvero, la durata dell'impulso **P** e del Duty Cycle o il tempo in cui il segnale è ON (o in OFF).

I GPIO© del Raspberry© (12, 13, 18 e 19) con pin fisici (32, 33, 12 e 35), rispettivamente, consente a questa opzione di essere eseguita dall'hardware (e il resto di GPIO© anche dal software) un modo molto semplice con i seguenti comandi:

**Configurare il PWM:**
p=GPIO.PWM(pin,frequenza)

**Iniziare il PWM:**
p.start(dc)      dove dc è il Duty Cycle (da 0 a 100)

**Cambiare la frequenza:**
p.ChangeFrequency(frequenza)      frequenza in Hertz

**Cambiare il Duty Cycle:**
p.ChangeDutyCycle(dc) dc è il Duty Cycle (da 0 a 100)

**Ferma il PWM:**
p.stop()

Con questo stesso software e questo stesso hardware potremmo controllare un piccolo motore CC (che funziona a +3,3v e 15mA di corrente massima) che ruoterà a più o meno giri a seconda del Duty Cycle applicato o di un servo, che per ruotare più o meno l'angolo (ad esempio per controllare un timone di una barca, una macchina, un aeroplano o un robot giocattolo) e poiché possiamo controllare la frequenza degli impulsi, possiamo creare un generatore di note musicali, ecc. Questo esercizio ha molte applicazioni.

È importante tenere in considerazione il tipo di logica utilizzata nel nostro circuito (logica diretta o logica inversa) per utilizzare Duty Cycle da 0 a 100 o da 100 a 0.

Nel seguente programma Python© abbiamo un esempio di un ciclo di incremento e decremento del Duty Cycle in cui viene utilizzato GPIO18© (pin 12), che genera il segnale PWM dall'hardware.

```
#---------------------------------------------------------------------
# 03_LED_PWM.PY: Modula la luminosità del LED in pin 12 (GPIO18)
#---------------------------------------------------------------------
# Ingressi: frequenza del PWM e passo del incremento/decremento
# Uscite:   modula la luminosità LED
# Azioni:   cambia il Duty Cycle (Ciclo di Lavoro) del pin
#---------------------------------------------------------------------
# -*- coding: utf-8 -*-        #istruzione permette includere
                               #caratteri speciali
#!/usr/bin/env python          #le indica a Python© dove è
                               #situato il interprete
import RPi.GPIO as GPIO        #importa libreria per gestire GPIO©
import time                    #importa libreria per gestire tempo
pin=12                         #pin 12 (pin fisico)
frequenza=100                  #frequenza della segnale PWM en Herz
paso=1                         #passo di incremento/decremento del
                               #Duty Cycle
def setup():                   #FUNZIONE: inizia il GPIO©
  global p                     #per p può usare fuori del
                               #setup()
  GPIO.setwarnings(False)      #per evitare messaggi non necessari
  GPIO.setmode(GPIO.BOARD)     #numeri dei pin secondo ordino fisico
  GPIO.setup(pin,GPIO.OUT)     #mette pin come pin di uscita
  GPIO.output(pin,GPIO.LOW)    #mette pin LOW (GND) così si spegne
  p=GPIO.PWM(pin,frequenza)    #il PWM è en pin y con questa
                               #frequenza
  p.start(0)                   #inizia con Duty Cycle=0

def bucle():                   #FUNZIONE: loop aumenta/diminuisce
  while True:
    print "aumenta..."
    for dc in range(0,101,paso):#Aumenta il Duty Cycle per passi
      p.ChangeDutyCycle(dc)    #cambia il Duty Cycle
      time.sleep(.01)
    time.sleep(.2)             #aspetta per diminuire
    print "diminuisce..."
    for dc in range(100,-1,-paso):#Diminuisce il Duty Cycle per x
                               #passi
      p.ChangeDutyCycle(dc)    #cambia il Duty Cycle
      time.sleep(.01)          #aspetta tra passi
    time.sleep(.2)             #aspetta per aumentare
```

```
def parar():                    #FUNZIONE: ferma il programma
  p.stop()                      #per la generazione dil PWM
  GPIO.output(pin,GPIO.LOW)     #spenge il LED
  GPIO.cleanup()                #libera i ricorsi del GPIO©

if __name__ == '__main__':      #il programma si inizia da qui
  setup()                       #esegue la funzione setup()

  try:                          #esegue la seguente istruzione
                                #tranne eccezione
    bucle()                     #esegue bucle() fine stop per
                                #tastiera
  except KeyboardInterrupt:     #se si preme 'Ctrl+C' si esegue
    parar()                     #la funzione parar() che ferma il
                                #programma
```

Esercizi proposti:

- Mescolare il lampeggiamento del LED con i cambiamenti nella sua luminosità secondo uno schema incluso in un dizionario del tipo:

  schema={lampeggio:numero, luminosità:modifiche}

- Modulare la luminosità del LED in base alla temperatura del microprocessore (vedi altri esercizi).

- Modulare la luminosità di un LED in base alla posizione di un decodificatore rotante (vedi altri esercizi)

ΘΘΘ

# *Esercizio 4: LED Duale

Una variante dell'esercizio precedente consiste nell'utilizzare un doppio LED di due colori, ad esempio rosso e verde, che è un LED che include i due colori all'interno e che può essere utilizzato indipendentemente in modalità on/off o ottenere una combinazione di entrambi i colori utilizzano un segnale PWM in ciascuno di essi. Possono anche essere collegati in parallelo (catodi o anodi legati) o in anti-parallelo (catodo con anodo e viceversa).

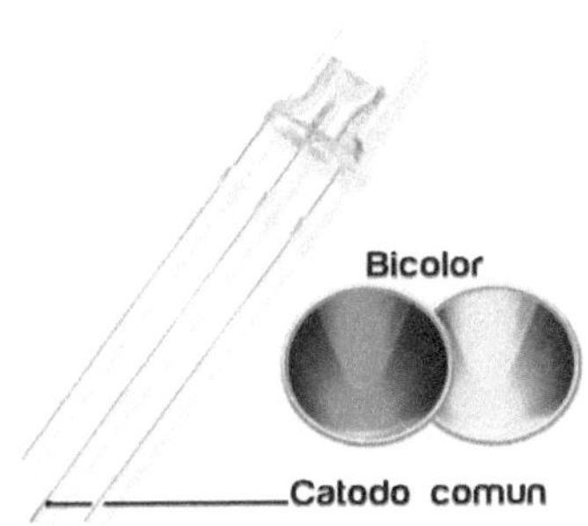


Nello stesso pacchetto, disponibile in 3mm e 5mm, coesistono i due LED, che possono essere configurati con un catodo comune o un anodo comune.

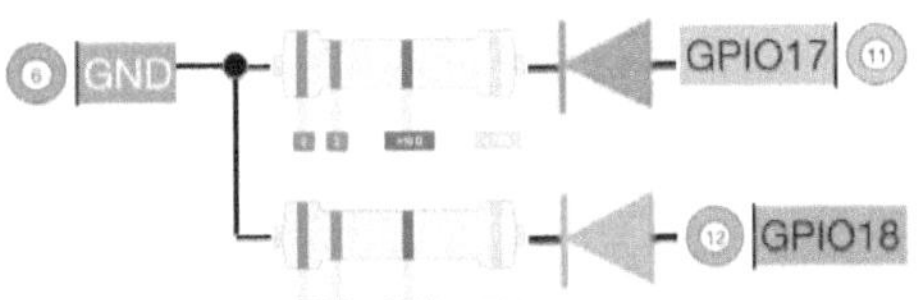


Vedremo questa stessa situazione in dettaglio nel funzionamento di un LED RGB con 3 LED. Adattando il programma Python© possiamo accendere/spegnere individualmente ogni LED o regolare la luminosità di ciascuno.

Questa configurazione è ampiamente utilizzata nelle apparecchiature elettroniche: televisori, registratori, telecamere, elettrodomestici, ecc. per conoscere lo stato on/off dell'apparecchiatura.

Il programma attiva/disattiva un loop entrambi i LED, quindi una sequenza di aumento/riduzione del Duty Cycle di ciascuno per ottenere la miscelazione di varie intensità.

Utilizzeremo questo dispositivo in molti altri esercizi per vedere lo stato del sistema.

```
#-------------------------------------------------------------------------
# 04_LED_DUALE.PY: gestisce un LED Duale (Rosso,Verde) on/off e PWM
#-------------------------------------------------------------------------
# Ingressi: tempo on/off e Duty Cycle di ogni LED
# Uscite:   on/off e cambio luminosità LED verde e rosso
# Azioni:   on rosso, attenua, on verde attenua e repete ciclo
#-------------------------------------------------------------------------
# -*- coding: utf-8 -*-          #per caratteri speciali
#!/usr/bin/env python            #ubicazione interprete Python©
import RPi.GPIO as GPIO          #importa libreria esegue GPIO©
import time                      #importa libreria esegue di tempo
pines  =(11,12)                  #11: rosso e 12: verde

def setup():                     #FUNZIONE: inizia il GPIO©
  global p_R,p_G
  GPIO.setwarnings(False)        #evita messaggi non necessari GPIO©
  GPIO.setmode(GPIO.BOARD)       #numeri pin secondo ordino fisico
  GPIO.setup  (pines,GPIO.OUT)   #pin come pin di uscita
  GPIO.output (pines,GPIO.LOW)   #i pin a LOW (GND) così si spegne
  p_R=GPIO.PWM(pines[0],200)     #attiva PWM in LED rosso
  p_G=GPIO.PWM(pines[1],200)     #attiva PWM in LED verde
  p_R.start(0)                   #inizia con Duty Cycle=0
  p_G.start(0)                   #si spengono i LED

def bucle():                     #loop principale
  for x in range(0,3):           #tre intermittente con Duty Cycle
    p_R.ChangeDutyCycle(100)
    p_G.ChangeDutyCycle(0)
    time.sleep(.5)
    p_R.ChangeDutyCycle(0)
    p_G.ChangeDutyCycle(100)
    time.sleep(.5)
  for x in range(0,100,10):      #va su il Duty Cycle rosso
    p_R.ChangeDutyCycle(x)       #e va giù il del verde
    p_G.ChangeDutyCycle(100-x)
    time.sleep(.5)

def parar():
  print 'Programma finalizzato...'
  p_R.stop()                     #spegne il PWM
  p_G.stop()
  GPIO.output(pines,GPIO.LOW)    #spegne i LED
  GPIO.cleanup()                 #libera il GPIO©
```

```
if __name__ == "__main__":      #qui inizia il programma
  print '\n'*80                 #inizia lo schermo
  print 'Cambiando colori di LED Duale'
  setup()                       #inizia parametri
  try:                          #esegue seguente istruzione
                                #tranne eccezione

  while True:
      bucle()                   #esegue bucle() fino stop
  except KeyboardInterrupt:     #se si preme 'Ctrl+C' si esegue
    parar()                     #funzione che ferma il programma
```

Esercizi proposti:

• Creare un dizionario in Python© con due ingressi: nome e colore e riproducilo sullo schermo accendendo il LED corrispondente.

sequenza={1:rosso,2:verde, ..., n:color}

• Con le indicazioni degli esercizi successivi, aggiungere un pulsante e fare accendere il LED rosso per le lunghe pressioni e il LED verde per le brevi pressioni. Utilizzare la funzione time()

• Idem indicare con il colore del LED Duale la direzione di rotazione di un motore DC.

ʘʘʘ

# *Esercizio 5: Generatore delle note musicali

Come abbiamo discusso in precedenza e sfruttando la possibilità di modificare la frequenza del segnale PWM, possiamo giocare a costruire un generatore di note musicali, non è molto preciso ne suona molto bene, ma ci aiuta a conoscere le possibilità e esercitarsi a scrivere programmi Python©.

Per questo sostituiamo il LED con un piccolo altoparlante da 8Ω e 0,2w e manteniamo la resistenza di 220Ω per limitare la corrente del GPIO©. Se vogliamo usare un altoparlante più potente, dovremmo aggiungere un amplificatore con un transistor collegato a +5v o anche una fonte di alimentazione esterna.

L'esempio seguente mostra una script di Python© che riproduce la musica di "Happy Birthday" sfruttando il fatto che oggi è proprio il mio compleanno.

Per questo abbiamo bisogno (c'è su Internet):

- Frequenze note di base: Do, Re ...
- Note di spartiti per "Happy Birthday"
- Un loop che modificando la frequenza del PWM
- Il Duty Cycle lo manteniamo fisso

```
#--------------------------------------------------------------------
# 05_MUSICA.PY: Emette musica usando PWM in pin 12 (GPIO18©)
#--------------------------------------------------------------------
# Ingressi: noti di una canzone PWM in notas{}
# Uscite:   emette il suono della canzone nel altoparlante
# Azioni:   modula suono cambiando frequenza per PWM
#--------------------------------------------------------------------
# -*- coding: utf-8 -*-      #questa istruzione permette i
                             #caratteri speciali
```

```
#!/usr/bin/env python           #le indica a Python© dov'e
                                #situato il interprete
import RPi.GPIO as GPIO         #importa libreria per gestire GPIO©
import time                     #importa libreria per gestire il tempo
notas= {'Do':523.25,'Re':587.33,'Mi':659.26,'Fa':698.46,
        'Sol':783.99,'La':880,'Si':987.77,'si':1017.14,'Di':1046.50}
cumple=['Do','Do','Re','Do','Fa','Mi',
        'Do','Do','Re','Do','Sol','Fa',
        'Do','Do','Di','La','Fa','Mi','Re',
        'si','si','La','Fa','Sol','Fa']
        #"si" è "Si" bemolle, "Di" è "Do" en scala superiore
pin=12                          #pin 12 (pin fisico)

def setup():                    #FUNZIONE: inizia il GPIO©
  global p                      #per che p può usare fuori del
                                #setup()
  GPIO.setwarnings(False)       #per evitare messaggi non necessari
  GPIO.setmode(GPIO.BOARD)      #numeri di pin secondo ordino fisico
  GPIO.setup(pin,GPIO.OUT)      #mette pin come pin di uscita
  GPIO.output(pin,GPIO.LOW)     #mette pin low (GND) così si disattiva
  p=GPIO.PWM(pin,100)           #per iniziare il hardware del PWM
  p.start(80)                   #con il Duty Cycle possiamo cambiare
                                #il timbro del suono

def bucle():                    #FUNZIONE: loop per ripetere canzone
  while True:
    i=0                         #i es un puntatore che percorre la
                                #canzone cumple[]
    for x in cumple:            #x percorre la posizione di ogni nota
                                #nella canzone
      p.ChangeFrequency(10)     #per separare un po' le note
      time.sleep(.05)
      p.ChangeFrequency(notas[x])#notas[x] cattura la frequenza di
                                #x en il dizionario notas{}
      i+=1                      #sposta il puntatore
      if i in [6,12,19,25]:     #è una nota lunga, cioè, una
                                #bianca
        time.sleep(.8)
      else:                     #è una nota corta, cioè, una nera
        time.sleep(.4)
    time.sleep(.5)              #separazione tra loop

def parar():                    #FUNZIONE: ferma il programma
  p.stop()                      #ferma il hardware del PWM
  GPIO.output(pin,GPIO.LOW)     #spegne il suono
  GPIO.cleanup()                #libera i ricorsi del GPIO©

if __name__ == '__main__':      #il programma si inizia da qui
  setup()                       #esegue la funzione setup()
  try:                          #esegue la seguente istruzione
                                #tranne eccezione
    bucle()                     #esegue bucle() fino stop per
                                #tastiera
  except KeyboardInterrupt:     #se si preme 'Ctrl+C' se esegue
    parar()                     #la funzione parar() che ferma il
                                #programma
```

Esercizi proposti:

- Scrivere il codice per altre canzoni, ad esempio: “we are de champions” o l'inno nazionale del tuo paese.

- Simulare il suono di un codice Morse. Per renderlo più realistico, vedendo sul Web la proporzione della durata delle linee, dei punti, degli spazi tra i tasti premuti, tra le lettere, tra le parole, ecc. ..., si tratta di esercitarsi, è l'unico modo per imparare.

- Creare un elenco di tipi di codice [“questo è il testo”,”questo è un altro testo”,”ecc.”] che genera il codice Morse di un testo e lo riproduce con i suoni.

ΘΘΘ

# *Esercizio 6: Ventilatore e temperatura Raspberry©

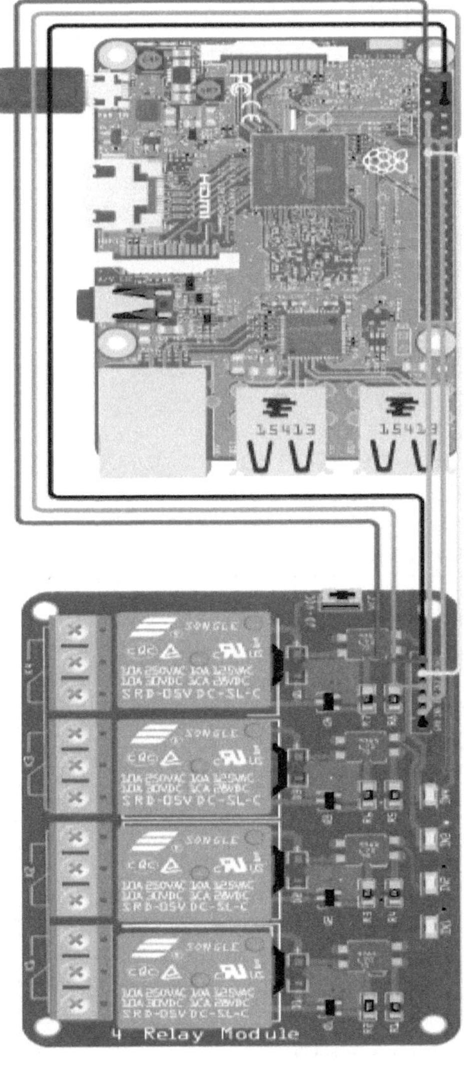


Sfruttando la possibilità di modificare il Duty Cycle di un segnale PWM, possiamo costruire un controller di velocità della ventola del Raspberry© in base alla temperatura della sua CPU.

Poiché una ventola del Raspberry© consuma tra 150-200 mA, non è possibile alimentarla direttamente da un GPIO© del Raspberry© poiché ciò ci dà solo circa 16mA, quindi abbiamo bisogno di un alimentatore esterno e un adattatore tra GPIO© e il ventilatore.

Qui abbiamo diverse opzioni:

1. Un semplice transistor collegato al GPIO18© che fornisce la ventola a una sorgente esterna di +5v o ai pin 2 o 4 del Raspberry©

2. Aggiungere un foto accoppiatore tra GPIO18© e il transistor per fungere da isolatore elettrico tra i due circuiti.

3. Sostituire il transistor per un relè a basso consumo come un relè reed (vedere altri esercizi), collegando il suo ingresso all'uscita dell'accoppiatore ottico e i suoi contatti di uscita: comune e normalmente aperto (C-NA) alla ventola e al fonte.

Una soluzione più comoda consiste nell'utilizzare un modulo relè (con 2, 4, 8, ecc.) che include già i corrispondenti accoppiatori ottici, essendo in grado di utilizzare gli altri relè per gestire altri dispositivi: luci, persiane, valvole, iniziare apparecchiature, ecc.

In questo esercizio è stata utilizzata la prima opzione in cui sono disponibili:

La base del transistor **T** (del tipo **NPN**), ad esempio un S8050© che supporta fino a 700mA, è collegata al GPIO18© attraverso un resistore **R** di 470Ω (giallo-viola-marrone), che protegge la base **b** del transistor e che invia il segnale da questo GPIO© alla base, facendo funzionare **T** come un interruttore e quindi facendo passare la corrente di alimentazione attraverso la ventola **V**, attraverso il collettore **c** e l'emettitore **e** collegato al pin 6 o GND

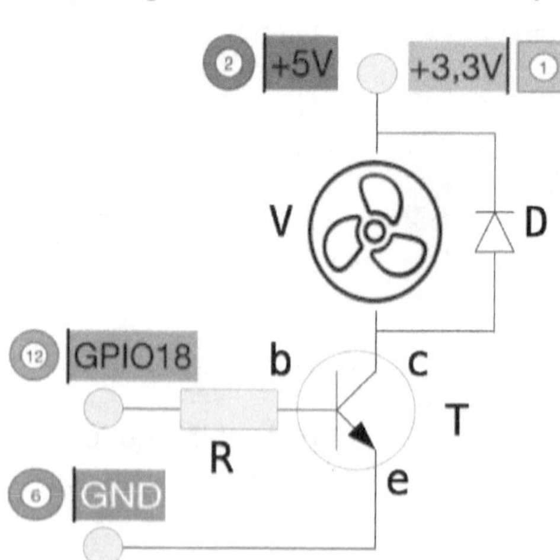

Pertanto il transistor **T** fornisce alla ventola **V** il +5v (pin 2 o 4) del Raspberry© che può fornire fino a 200mA, potrebbe anche essere collegato al +3.3v (pin 1) che fornisce fino a 50mA.

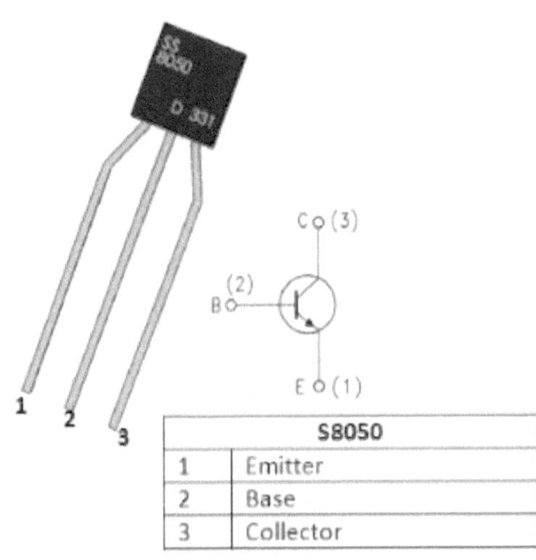


| S8050 | |
|---|---|
| 1 | Emitter |
| 2 | Base |
| 3 | Collector |

Queste opzioni verranno scelte in base al consumo della ventola (quelle fornite nei kit Raspberry© possono essere alimentate a +5v o +3.3v in modo intercambiabile).

**IMPORTANTE:** rispettare la polarità dei ventilatori poiché, in generale, internamente includono un motore DC senza spazzole e dispongono di un controller elettronico che richiede la corretta polarità.

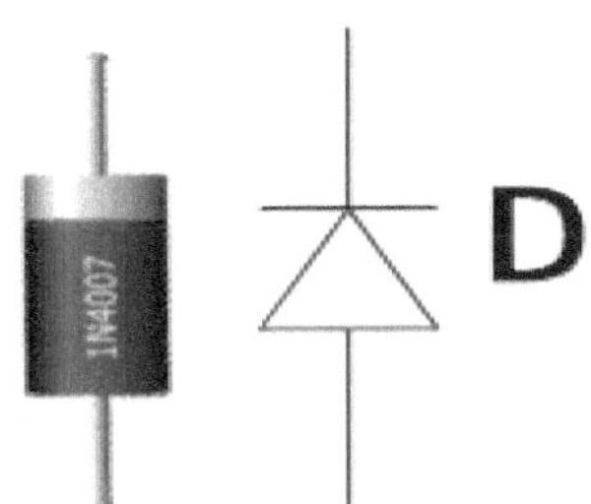


Per deviare le correnti parassite causate dalla rotazione del ventilatore, un diodo **D** viene posizionato parallelamente ad esso, ad esempio un **1N4007©** che supporta fino a 1A di corrente (importante rispettare la sua polarità).

D'altra parte abbiamo bisogno di un sensore di temperatura della CPU del Raspberry©, ma qui siamo fortunati perché il Raspberry© stesso ha uno accessibile dal software con la seguente funzione:

```
tempFile=open("/sys/class/thermal/thermal_zone0/temp")
cpu_temp=tempFile.read()
tempFile.close()
cpu_temp=round(float(cpu_temp)/1000)
```

Quindi nella variabile cpu_temp abbiamo la temperatura interna della CPU del Raspberry©, in gradi centigradi, che ci consente di modificare il Duty Cycle del PWM del GPIO© che attacca il circuito che gestisce la velocità della ventola.

L'esempio seguente utilizza 3 livelli:

| Temperatura ºC | %Duty Cycle | LED acceso(*) |
|---|---|---|
| <40 | 50 | verde |
| >=40<50 | 75 | giallo |
| >=50 | 100 | rosso |

(*) In un altro esercizio vedremo come vengono gestiti diversi LED, sia on/off che PWM

```
#-----------------------------------------------------------------------
# 06_CPU_FAN.PY: Modula velocità in ventilatore per temperatura CPU
#-----------------------------------------------------------------------
# Ingressi: temperatura della CPU
# Uscite:   modulazione della velocità del ventilatore
# Azione:   cambia Duty Cycle secondo temperatura e tabella
#           de attuazione
#-----------------------------------------------------------------------
# -*- coding: utf-8 -*-       #questa istruzione permette includere
                              #caratteri speciali
#!/usr/bin/env python         #le indica a Python© dove'è
                              #situato il interprete
import RPi.GPIO as GPIO       #importa libreria per gestire GPIO©
import time                   #importa libreria per gestire il tempo
pin=12                        #pin 12 (pin fisico)
frecuencia=100                #frequenza della segnale PWM en Herz
tramo=''                      #visualizzare tranche di temperatura

def setup():                  #FUNZIONE inizia il GPIO©
  global p                    #p se può usare fuori del setup()
  GPIO.setwarnings(False)     #per evitare messaggi no necessari
  GPIO.setmode(GPIO.BOARD)    #numeri di pin secondo ordino fisico
  GPIO.setup(pin,GPIO.OUT)    #mette pin come pin di uscita
  GPIO.output(pin,GPIO.HIGH)  #HIGH perché inizia ventilatore
  p=GPIO.PWM(pin,frecuencia)  #frequenza della segnale PWM
  p.start(100)                #inizia con Duty Cycle=100%

def bucle():                  #FUNZIONE: aggiusta velocità ventola
  while True:                 #vedere la temperatura della CPU
    tempFile=open( "/sys/class/thermal/thermal_zone0/temp" )
    cpu_temp=tempFile.read()
    tempFile.close()
```

```
    cpu_temp=round(float(cpu_temp)/1000)
    if cpu_temp<40:          #<40ºC          ventola al 50%
      tramo='<40 verde'
      p.ChangeDutyCycle(50)
    elif cpu_temp<50:        #>=40ºC e <50% ventola al 75%
      tramo='>=40<50 giallo'
      p.ChangeDutyCycle(75)
    else:
      tramo='>=50 rosso'
      p.ChangeDutyCycle(100) #>50%           ventola al 100%
    time.sleep(.01)          #per non caricate la CPU analizza ogni
                             #0.01 secondi
    print cpu_temp,tramo

def parar():                 #FUNZIONE: ferma il programma
  p.stop()                   #per il PWM
  GPIO.output(pin,GPIO.HIGH) #per sicurezza non spegner ventilato
  GPIO.cleanup()             #libera i ricorsi del GPIO©

if __name__ == '__main__':   #il programma inizia da qui
  setup()                    #esegue la funzione setup()
  try:                       #esegue la seguente istruzione
                             #tranne eccezione
    bucle()                  #esegue bucle() fino stop per
                             #tastiera
  except KeyboardInterrupt:  #se si preme 'Ctrl+C' si esegue
    parar()                  #la funzione parar() che ferma il
                             #programma
```

## Esercizi proposti:

- Cambiare la tabella delle temperature da 3 sezioni a 4 sezioni.

- Mostrare la temperatura della CPU anche in gradi Fahrenheit, effettuando la conversione corrispondente.

- Vedere i seguenti esercizi e attivare un LED del colore che corrisponde alla situazione della temperatura della CPU specificata nella tabella.

ΘΘΘ

# *Esercizio 7: Eseguendo programmi dal Web

In questo esercizio e anche con lo stesso hardware degli esercizi precedenti, accenderemo o spegneremo il LED da una pagina Web ma accedendo dalla stessa rete su cui è acceso il Raspberry© (vedremo come viene fatto dall'esterno).

Logicamente questo esercizio può essere applicato a tutti gli altri che vedremo in questo libro, in questo modo abbiamo un telecomando molto pratico.

L'accesso da Internet è più complesso e è necessario disporre di un IP pubblico statico, ovvero, un IP pubblico del nostro Router principale che sia fisso per sapere a che punto dobbiamo accedere, una protezione nell'accesso a questo IP e una gestione dell'allocazione di questo IP quando si inezie il Router e questo IP cambia.

A causa della sua complessità, il dettaglio dell'opzione precedente non è incluso in questo libro ma è nel mio libro “Domotica con Raspberry©, Google© e Python©” (versioni spagnole o inglesi disponibili su Amazon©), che consiglio agli utenti avanzato o che desidera continuare a studiare.

Faremo quanto segue:

1. Server Apache©: per accedere via Web è necessario installare un Web Server, ovvero, un programma residente nel Raspberry© che indirizzi i comandi ricevuti dal Web al nostro script Python©

Le ultime versioni del Raspbian© hanno già installato Apache© Web Server, ma se così non fosse, possiamo fare quanto segue da LXTerminal©:

```
sudo apt install apache2 -y
```

2. Il server Apache@ indirizza i comandi al file: /var/www/html/index.html quindi dobbiamo cambiare questa situazione modificando il nome di questo file con:

```
cd /var/www/html
sudo mv index.html inizio.html
```

3. Apache© indirizzerà l'esecuzione a un programma del tipo [*].php e per questo dobbiamo installare il gestore degli script PHP© con:

```
sudo apt-get install php libapache2-mod-php -y
```

4. Creiamo un file [*].php per ogni programma Python© che vogliamo eseguire dal Web, con:

```
cd /var/www/html
sudo nano p_led_on.php
```

e aggiungiamo:

```
GNU nano 2.7.4                    Fichero: p_led_on.php

<?php
echo ("Accendo il LED...");
$result = exec("sudo python /home/pi/eserzici/programmi/p_led_on.py");
?>
```

Il programma p_led_on.py dovrebbe essere uno script Python© simile all'esercizio 01_LED.PY che abbiamo già visto ma adattandolo in modo che accenda solo il LED, lo lascio al lettore per eseguire l'esercizio. Ugualmente potremmo anche ripetere il processo per p_led_off.php e p_led_off.py

Per testare gli [*].php che facciamo, dalla patella in cui si trovano:

```
sudo php [*].php
```

5. Permessi: dobbiamo dare il pieno permesso di esecuzione alla file [*].py che si trovano nella patella /home/pi/[d] e a tutti i file [*].php che dovrebbero essere nella patella /var/www/html per fare questo facciamo il prossimo:

```
sudo chmod 777 [*].php oppure [*].py
```

[d] è la patella in cui si trovano gli [*].php, in questo esempio: /esercizi/programmi/

6. Dobbiamo anche fornire le autorizzazioni necessarie affinché il gestore PHP possa eseguire i programmi Python©, per questo:

```
cd /etc/
sudo nano sudoers
```

e aggiungere alla fine:

```
www-data ALL=(root) NOPASSWD:ALL
```

7. Per accedere via Web entriamo da un computer o dal cellulare in un browser come Safari©, Chrome©, ecc. che sono connessi alla stessa rete interna del Raspberry© o dallo stesso Raspberry© con Chromium©, digitando il suo IP (quello che abbiamo assegnato come IP fisso del dispositivo) e vedremo i file situati in /var/www/html e lì facendo clic su [*].php corrispondente e su [*].py a cui punta verrà eseguito e con esso il LED si spegne o si accende.

# Index of /

| Name | Last modified | Size | Description |
|---|---|---|---|
| inicio.html | 2020-03-27 22:20 | 10K | |
| p_led_off.php | 2020-03-28 10:16 | 109 | |
| p_led_on.php | 2020-03-28 09:58 | 111 | |
| p_led_pwm.php | 2020-03-28 10:23 | 158 | |

*Apache/2.4.38 (Raspbian) Server at 192.168.1.51 Port 80*

Con questo sistema è persino possibile creare un'icona sul cellulare che simula un'APP per eseguire alcune di queste azioni in modo comodo e automatico.

Per fare ciò non ci resta che fare clic su [*].php ha commentato e scegliere l'opzione "Aggiungi alla schermata iniziale" in iOS© o Android© rispettivamente da Safari© e Chrome©.

**Nota:** quando tagliamo un ciclo infinito in Python© all'interno di uno script PHP, sullo schermo potrebbe apparire un errore del tipo: "sys.excepthook is missing", che possiamo ignorare o evitarlo in modo semplice, eliminare le istruzioni di stampa all'interno del programma Python©

Esercizi proposti:

- Verificare l'accesso a [*].php da un browser per PC.
- Generare gli [*].php di alcuni esercizi in questo libro.
- Creare varie icone per accedere alle routine [*].php da un cellulare.

# *Esercizio 8: Gestione di un LED con un pulsante

In questo esercizio gestiremo diverse azioni di un LED con un semplice pulsante.

Sembra uno strano esercizio, perché avremo bisogno di accendere e spegnere un LED o un dispositivo usando un Raspberry©?, perché non usiamo semplicemente il pulsante e il dispositivo per accenderlo o spegnerlo?

Sembra molto più semplice collegare direttamente il pulsante al LED e quando lo si preme, il LED si spegne o si accende come se fosse una normale lampadina, ma... se vogliamo che quando il pulsante è attivato, il LED si accende una volta e un altro si spegne o la sua illuminazione varia a seconda che il pulsante venga tenuto premuto per più di x secondi o se lampeggia più volte... allora dovremmo complicare molto di più l'hardware.

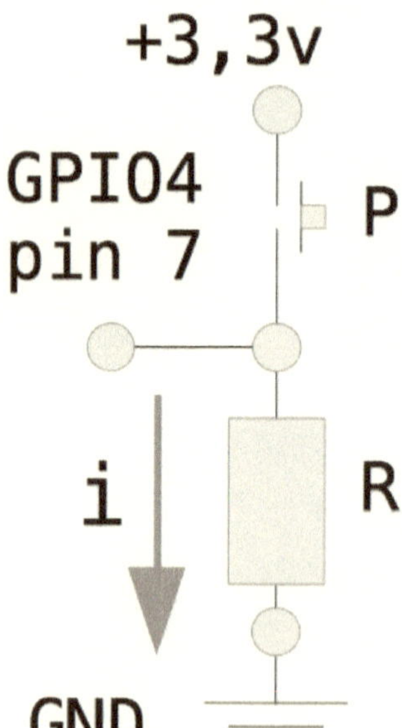


Usando il Raspberry© e alcuni circuiti molto semplici con il LED (usando l'hardware dell'esercizio 1) e aggiungendo un pulsante come indicato, le opzioni di gestione sono infinite senza cambiare nulla nell'hardware, sarà solo necessario modificare il software.

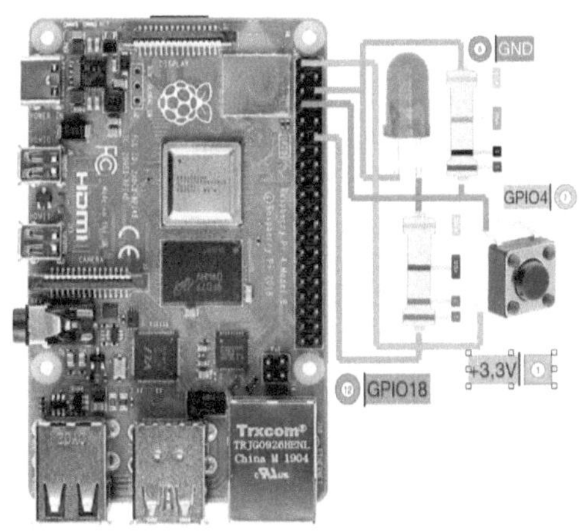


Ci sono molte alternative quando si collega un pulsante al GPIO©, qui ne viene usato uno che elimina le pulsazioni fittizie, per questo c'è una resistenza R di 10kΩ (marrone-nero-arancio), che collega GPIO4© (pin 7) a GND e funge da "pull-down".

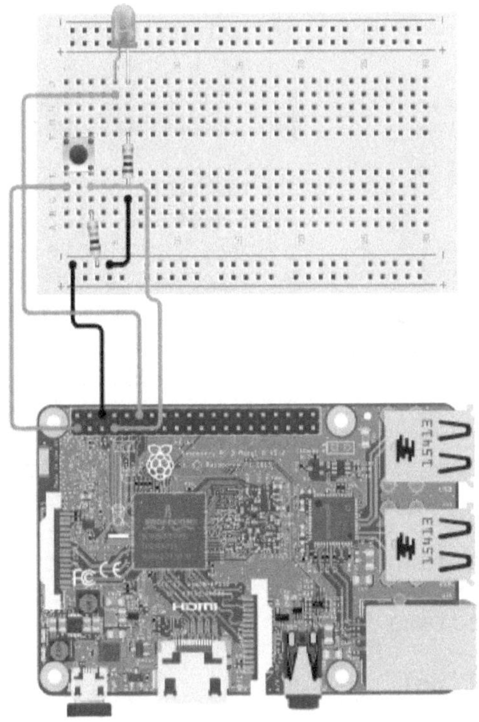

Quando il pulsante **P** è aperto, una corrente minima **i** circola attraverso la resistenza **R** fornita della GPIO4© (pin 7) e quindi il livello logico di GPIO4© è LOW. Quando si preme **P**, GPIO4© si collega a +3.3 v e quindi il suo livello logico passa su HIGH.

Quando installiamo il pulsante **P** sul circuito e, a seconda del modello, tieni presente che ha 4 pin e internamente sono uniti 2 per 2 (1-2 e 3-4), osserva con un multimetro come sono collegati prima dell'installazione per evitare cortocircuiti indesiderati.

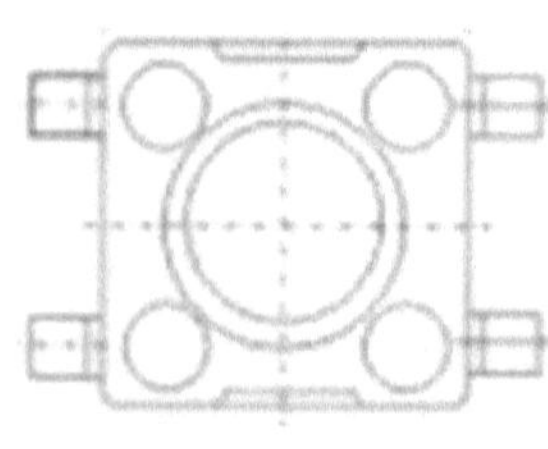

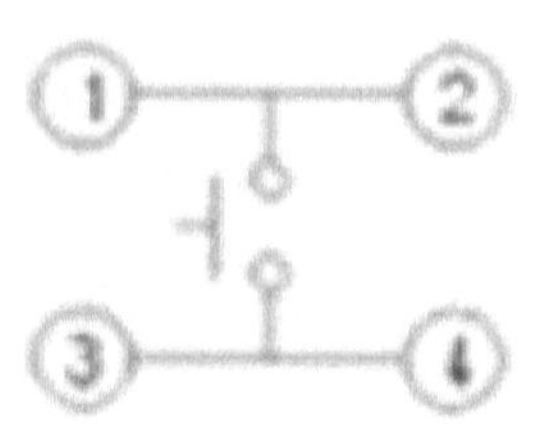


Saremo anche in grado di utilizzare pulsanti più complessi che includono LED per visualizzare il loro stato. Qui, il LED D0 si illumina quando il circuito è collegato, per indicare che c'è alimentazione e D1 quando viene premuto il pulsante S1. I resistori R1 e R0 controllano la massima corrente che scorre attraverso i LED.

Esistono due modi per acquisire lo stato di un pulsante: il facile e il difficile, e come quasi tutto in questo mondo, il facile è meno efficace del difficile.

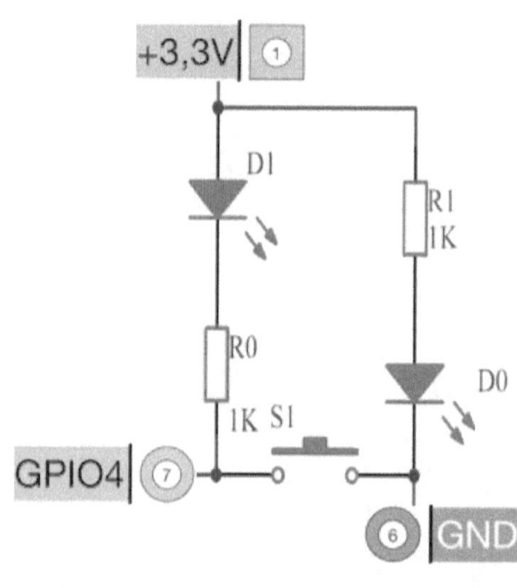


Chiameremo la soluzione di **polling** semplice e la difficile **cattura per interruzione.**

Esamineremo entrambe le opzioni, anche se parleremo di più della cattura per interruzioni in questo libro. Per maggiori dettagli ed esempi pratici sull'uso della cattura per interruzione nella gestione degli allarmi Domotici, raccomando il mio libro "Domotica con Raspberry©, Google© e Python©" disponibile sul sito Web di Amazon©. Vediamo di cosa tratta ogni caso:

1. **Cattura per polling:** in questa modalità, il programma principale esegue il polling della posizione del pulsante, GPIO4© (pin 7) in ciascun ciclo di esecuzione e agisce di conseguenza come

indicato nel software, inoltre il software principale stesso deve controllare i rimbalzi pulsante, tasti fittizi, ecc. per esempio aspettando un po', sondando più volte, ecc. Mentre il software controlla il pulsante, non sta eseguendo altre operazioni.

2. **Cattura per interruzione:** in questa modalità il programma principale NON esegue il polling dello stato del pulsante in ciascun ciclo di esecuzione ma, d'altra parte, tramite il software, il Raspberry© viene informato che quando riceve un cambio di stato (modifica configurabile) in GPIO4© (pin 7), ovvero, quando riceve un'interruzione, l'esecuzione del ciclo principale viene momentaneamente interrotta, il software definito in quell'interruzione verrà eseguito e, al termine, il ciclo principale continua dal punto in cui si è verificata l'interruzione.

Per Polling        Per Interruzione

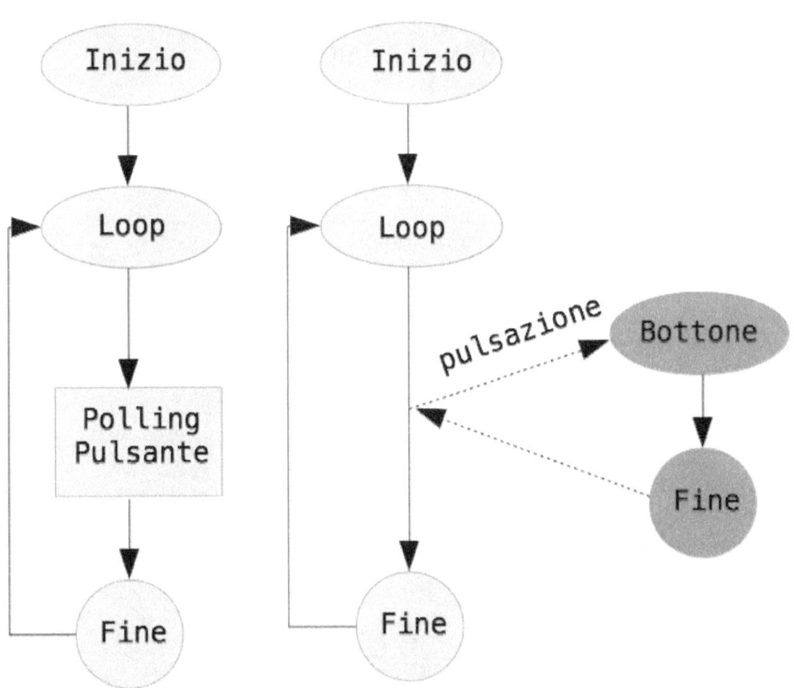

Inoltre, rimbalzi fittizi e sequenze di tasti sono controllati dal sistema di gestione degli interruzioni stesso, liberando l'utente da questa attività.

Come puoi vedere, quest'ultima opzione è più complessa ma è anche molto più efficace, poiché il programma principale non si ferma ad ogni ciclo per sondare come è il pulsante e solo quando viene premuto, cioè quando si verifica l'interruzione, è quando si tratta del software definito per l'azione del pulsante, garantendo che sia sempre correttamente gestito.

Faremo un primo test, in modo che premendo il pulsante (pressione breve o lunga) si accenda il LED, se è spento, o spento se è acceso.

È importante configurare il GPIO4© , pin 7 (pulsante) come INPUT e il GPIO8©, pin 12 (LED) come OUTPUT.

In questa prima opzione gestiamo la pressione del pulsante per **CATTURA PER POLLING.**

```
#------------------------------------------------------------------
# 08_BOTON_LED_POLLING.PY: Gestisce un LED (GPIO18©, pin 12) con un
# pulsante (GPIO4©, pin 7) CATTURA PER POLLING
#------------------------------------------------------------------
# Ingressi: pulsante ON (+3.3v), OFF (0v) logica diritta
# Uscite:   accende o spegne il LED
# Azioni:   se pin 7=HIGH, il LED si accende, se LOW si spegne
#------------------------------------------------------------------
# -*- coding: utf-8 -*-
#!/usr/bin/env python          #indica a Python© dov'e
                               #situato il interprete

import RPi.GPIO as GPIO        #importa libreria per gestisce GPIO©
import time                    #importa libreria per gestisce tempo
pin_led=12                     #pin 12 (pin fisico del LED)
pin_pul=7                      #pin  7 (pin fisico del pulsante)
estado_led=False               #stato del LED: True=acceso,
                               #False=spento

def setup():                   #FUNZIONE inizia il GPIO©
  GPIO.setwarnings(False)      #para evitare messaggi non necessari
  GPIO.setmode(GPIO.BOARD)     #numeri di pin secondo ordino fisico
  GPIO.setup(pin_led,GPIO.OUT) #il pin del LED è uscita
```

```
  GPIO.setup(pin_pul,GPIO.IN, pull_up_down=GPIO.PUD_DOWN)
                             #il pin del pulsante è ingresso
                             #con un resistore a GND en modo
                             #"pull down"
  GPIO.output(pin_led,GPIO.LOW) #inizia il pin del LED in LOW per
                             #spento

def cambia_led(ev=None):     #FUNZIONE: cambia il stato dil LED
  global estado_led
  estado_led=not estado_led #se estado_led è True lo cambia a
                             #False e viceversa
  if estado_led:
    accion()                 #FUNZIONE: realizza azioni con il LED
  else:
    GPIO.output(pin_led,estado_led)
  if estado_led==1:          #visualizza il stato ON o OFF
    print 'LED on....'
  else:
    print 'LED off...'

def accion():                #FUNZIONE: qui si possono definire
                             #tutte le azioni
  for j in range (0,4):      #che voliamo che faccia il LED
    GPIO.output(pin_led,True) #in questo esempio lampeggia 3 volte
    time.sleep(.1)
    GPIO.output(pin_led,False)
    time.sleep(.1)
  GPIO.output(pin_led,True)

def parar():                 #FUNZIONE: ferma il programma
  GPIO.output(pin_led,GPIO.LOW) #spegne il LED
  GPIO.cleanup()             #libera gli ricorsi del GPIO©

if __name__ == '__main__':   #il programma si inizia da qui
  setup()                    #esegue la funzione setup()
  try:                       #esegue la seguente istruzione
                             #tranne eccezione

#QUI SI GESTISCE IL STATO DEL PULSANTE PER POLLING

    while True:              #Simula il programma principale
      if GPIO.input(pin_pul)==1: #cerca il stato del pulsante
                             #1=premuto
        cambia_led()         #esegue con il LED se c'era pulsazione
      time.sleep(.1)         #simula il resto del programma
                             #principale

  except KeyboardInterrupt: #se si pulsa 'Ctrl+C' si esegue
    parar()                  #la funzione parar() che ferma il
                             #programma
```

In questa seconda opzione gestiamo la pressione del pulsante con **CATTURA PER INTERRUZIONE.**

```
#----------------------------------------------------------------------
# 08_BOTON_LED_INTERRUZIONE.PY: Gestisce un LED (GPIO18©, pin 12)
# con un pulsante (GPIO4©, pin 7) CATTURA PER INTERRUZIONE
#----------------------------------------------------------------------
# Ingressi: pulsante ON (+3.3v), OFF (0v) logica diritta
# Uscite:   accende o spegne il LED
# Azioni:   se pin 7=HIGH, il LED si accende, se LOW si spegne
#----------------------------------------------------------------------
# -*- coding: utf-8 -*-
#!/usr/bin/env python           #indica a Python© dove'è
                                #situato il interprete

import RPi.GPIO as GPIO         #importa libreria per gestire GPIO©
import time                     #importa libreria per gestire tempo
pin_led=12                      #pin 12 (pin fisico dil LED)
pin_pul=7                       #pin  7 (pin fisico dil pulsante)
estado_led=False                #stato del LED: True=acceso,
                                #False=spento

def setup():                    #FUNZIONE: inizia il GPIO©
  GPIO.setwarnings(False)       #per evitare messaggi non necessari
  GPIO.setmode(GPIO.BOARD)      #numeri di pin secondo ordino fisico
  GPIO.setup(pin_led,GPIO.OUT) #il pin del LED è uscita
  GPIO.setup(pin_pul,GPIO.IN, pull_up_down=GPIO.PUD_DOWN)
                                #il pin del pulsante è ingresso
                                #con una resistore a GND in modo
                                #"pull down"


# Qui si definisce la interruzione, se il pin_pul alza (rising) di
# GND a HIGH se esegue la funzione cambia_led(). Aggiunge
# bouncetime per evitare lettura falsa del pulsante
  GPIO.add_event_detect(pin_pul,GPIO.RISING,callback=cambia_led
                                          ,bouncetime=1000)


GPIO.output(pin_led,GPIO.LOW) #inizia il pin del LED in LOW per
                                #spegnerlo

def cambia_led(ev=None):        #FUNZIONE: cambia il stato del LED
  global estado_led
  estado_led=not estado_led     #se stato_led è True lo cambia a
                                #False e viceversa
  if estado_led:
    accion()                    #FUNZIONE: realizza azioni con il LED
  else:
    GPIO.output(pin_led,estado_led)
  if estado_led==1:             #visualizza il stato ON oppure OFF
    print 'LED on....'
  else:
    print 'LED off...'

def accion():                   #FUNZIONE: qui si possono definire
                                #tutte le azioni
  for j in range (0,4):         #che vogliamo che faccia il LED
```

```
    GPIO.output(pin_led,True) #in questo esempio lampeggia 2 volte
                              #al accenderci
    time.sleep(.1)
    GPIO.output(pin_led,False)
    time.sleep(.1)
  GPIO.output(pin_led,True)

def parar():                  #FUNZIONE: ferma il programma
  GPIO.output(pin_led,GPIO.LOW) #spegne il LED
  GPIO.cleanup()              #libera i ricorsi del GPIO©

if __name__ == '__main__':    #il programma si inizia da qui
  setup()                     #esegue la funzione setup()
  try:                        #esegue la seguente istruzione
                              #tranne eccezione

#QUI NON SI FA NESSUNO POLLING DEL PULSANTE

    while True:               #simula il programma principale
      time.sleep(.5)          #non si fa polling del pulsante, se
                              #se esegue per interruzione


  except KeyboardInterrupt:   #se si preme 'Ctrl+C' si esegue
    parar()                   #la funzione parar() che ferma il
                              #programma
```

## Esercizi proposti:

- Combinare questo esercizio con altri già visti e fai avviare o interrompere una sequenza LED con il pulsante.
- Generare un codice che distingue una pressione breve da una pressione lunga e attiva il LED uno o due impulsi. Utilizzare le funzioni time().
- Scrivere un programma che lampeggi il LED se si preme il pulsante una volta o lo fa cambiare intensità se lo si preme due volte in successione e si arresta il programma se viene premuto tre volte.

⊝⊝⊝

# *Esercizio 9: Vari LED con on/off

In questo esercizio eseguiremo sequenze on/off con diversi LED. A causa della limitazione della corrente totale di tutti i GPIO© a un massimo di 78mA, non è consigliabile utilizzare più di 5 LED, ciascuno dei quali consuma 16mA, come detto.

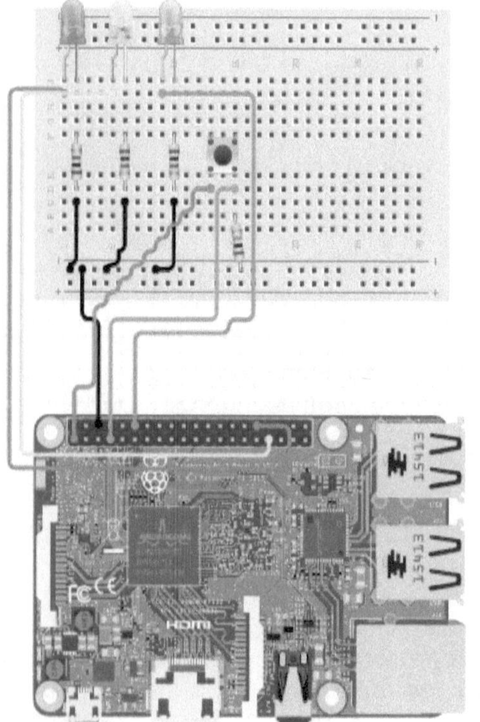

In questo esercizio sono stati utilizzati tre LED come semaforo: rosso, giallo e verde e un pulsante collegato come segue:

Logicamente e come abbiamo già commentato, ogni LED deve essere accompagnato dalla corrispondente resistenza in serie per limitare la corrente fornita da GPIO©.

Qui si suggerisce che quando si preme il pulsante, ad ogni pressione viene eseguita la seguente sequenza:

1. Accendi il LED Rosso,
2. Accendi il Giallo e disattiva il Rosso,

3. Attiva il Verde e disattiva il Giallo
4. Spegni il Verde e vai allo stato 1

| Elemento | GPIO© | PIN |
|---|---|---|
| LED_Rosso | 12 | 32 |
| LED_Giallo | 13 | 33 |
| LED_Verde | 18 | 12 |
| Pulsante | 4 | 7 |

Inoltre, l'uso del pulsante viene catturato dall'interruzione e non dal polling.

Nello script Python©, sono stati definiti i 4 stati precedenti e ognuno di essi è stato associato a una funzione, accion_x(), in cui è possibile configurare le modifiche che i LED devono subire, in questo modo l'operazione del sistema senza alterare la configurazione generale del programma.

```
# -----------------------------------------------------------------
# 09_VARI_LED.PY: On/off 3 LED rosso pin 32, giallo 33, verde 12
# secondo azioni con pulsante in pin 7 CATTURA PER INTERRUZIONE
#------------------------------------------------------------------
# Ingressi: pulsante
# Uscite:   on/off in LED
# Azione:   ogni clic accende: verde, giallo, rosso e
#           spegne il LED anteriore
#------------------------------------------------------------------
# -*- coding: utf-8 -*-       #questa istruzione permette includere
                              #caratteri speciali
#!/usr/bin/env python         #le indica a Python© dove'è
                              #situato il interprete


import RPi.GPIO as GPIO       #importa libreria per gestire GPIO©
import time                   #importa libreria per gestire tempo
                              #pin fisici
pin_r=32                      #LED rosso
pin_a=33                      #LED giallo
pin_v=12                      #LED verde
pin_pul=7                     #pulsante
pines=[pin_r,pin_a,pin_v]
estado=1
ver=['','Rosso','Giallo','Verde','']

def setup():                  #FUNZIONE: inizia il GPIO©
  GPIO.setwarnings(False)     #per evitare messaggi non necessari
  GPIO.setmode(GPIO.BOARD)    #numeri di pin secondo ordino fisico
```

```
  for x in pines:               #loop di inizio di pin del GPIO©
    GPIO.setup (x,GPIO.OUT)     #mette x come pin di uscita
    GPIO.output(x,GPIO.LOW)     #mette x LOW (GND) così si spegne
  GPIO.setup(pin_pul,GPIO.IN, pull_up_down=GPIO.PUD_DOWN)
                                #il pin del pulsante è ingresso
                                #con un resistore a GND in modo
                                #"pull down"

#Qui si definisce la interruzione, se il pin_pul alza (rising) di
#GND a HIGH si esegue la funzione cambia_led. Se aggiunge
#bouncetime per evitare rimbalzi e letture sbagliate o fittizie del
#pulsante
  GPIO.add_event_detect(pin_pul,GPIO.RISING,callback=cambia_led
                                                 ,bouncetime=500)

def cambia_led(ev=None):        #FUNZIONE: cambia il stato del LED
  global estado
  if estado==4:                 #visualizzo una linea in bianco
    print
  else:
    print 'LED: '+ver[estado] #visualizzo stato

  if estado==1:                 #stato 1 realizza accion_1
    accion_1()
  elif estado==2:               #stato 2 realizza accion_2
    accion_2()
  elif estado==3:               #stato 3 realizza accion_3
    accion_3()
  elif estado==4:               #stato 4 realizza accion_4
    accion_4()
  estado+=1                     #inizia stato
  if estado>4:
    estado=1

def accion_1():                 #accende rosso
  GPIO.output(pin_r,True)

def accion_2():                 #accende giallo, spegne rosso
  GPIO.output(pin_a,True)
  GPIO.output(pin_r,False)

def accion_3():                 #accende verde, spegne giallo
  GPIO.output(pin_v,True)
  GPIO.output(pin_a,False)

def accion_4():                 #spegne verde
  GPIO.output(pin_v,False)

def parar():                    #FUNZIONE: ferma il programma
  for x in pines:               #loop di chiusura di pin GPIO©
    GPIO.output(x,GPIO.LOW)     #spegne il LED x
  GPIO.cleanup()                #libera i ricorsi del GPIO©

if __name__ == '__main__':      #Il programma si inizia da qui
  setup()                       #esegue la funzione setup()
```

```
try:                          #esegue la seguente istruzione
                              #tranne eccezione
  while True:                 #simula il programma principale
    time.sleep(.5)            #NON si indaga il pulsante, si esegue
                              #per interruzione
except KeyboardInterrupt:     #se si pulsa 'Ctrl+C' se esegue
  parar()                     #la funzione parar() che ferma il
                              #programma
```

Esercizi proposti:

- Modificare le funzioni acciones_x() in modo che il LED rosso lampeggi 1 volta, il giallo 2 volte e il verde 3 volte.
- Definire una pressione prolungata del pulsante per iniziare il ciclo.
- Richiedere la variabile “start” sullo schermo per definire il primo LED che avvia il ciclo.

Aiutati con:

```
while True:
    inicio=raw_input('Inizio (r/g/v): ')
    if inicio in 'rgvRGV':
        break
    else:
        print 'opzione sbagliata'
```

ʘʘʘ

# *Esercizio 10: Vari LED con PWM

Con lo stesso hardware dell'esercizio precedente, possiamo usare i GPIO© per generare segnali PWM che modificano la luminosità dei LED e non ci limitiamo a spegnerli o accenderli.

Qui è importante utilizzare i pin del Raspberry© con gestione per PWM hardware: GPIO© (12, 13, 18 e 19) con pin fisici (32, 33, 12 e 35) rispettivamente.

In questo esercizio, si propone di modificare la luminosità dei tre LED in un ciclo breve, modificando il % di Duty Cycle di ciascun LED in modo annidato dallo 0% al 50% con incrementi del 5%.

```
#--------------------------------------------------------------------
# 10_VARI_LED_PWM.PY: Modula LED rosso=32, giallo=33 e verde=12
#--------------------------------------------------------------------
# Ingressi: frequenza, inizio, fine e passo di incremento del PWM
# Uscite:   modula la luminosità LED
# Azioni:   cambia il Duty Cycle (Ciclo di Lavoro) del pin
#--------------------------------------------------------------------
# -*- coding: utf-8 -*-       #questa istruzione permette includere
                              #caratteri speciali
#!/usr/bin/env python         #le indica a Python© dove'è
                              #situato il interprete

import RPi.GPIO as GPIO       #importa libreria per gestire GPIO©
import time                   #importa libreria per gestire tempo
                              #pin fisiche
pin_r=32                      #LED rosso
pin_a=33                      #LED giallo
pin_v=12                      #LED verde
pines=[pin_r,pin_a,pin_v]     #elenco con nomi di pin
frecuencia=100                #frequenza segnale PWM in 100Hz

def setup():                  #FUNZIONE: inizia il GPIO©
  global r,a,v                #per che r,a,v si possono usare fuori
                              #del setup()
```

```
  GPIO.setwarnings(False)     #per evitare messaggi non necessari
  GPIO.setmode(GPIO.BOARD)    #numeri di pin secondo ordino fisico

  for x in pines:             #loop di inizio di pin
    GPIO.setup(x,GPIO.OUT)    #mette pin come pin di uscita
    GPIO.output(x,GPIO.LOW)   #mette pin low (GND) così si spegne
  r=GPIO.PWM(pin_r,frecuencia)  #PWM in LED rosso
  a=GPIO.PWM(pin_a,frecuencia)  #PWM in LED giallo
  v=GPIO.PWM(pin_v,frecuencia)  #PWM in LED verde
  r.start(0)                  #inizia con Duty Cycle=0
  a.start(0)                  #che spegne i LED
  v.start(0)

def bucle():                  #FUNZIONE: loop aumenta Duty Cycle
  while True:                 #di 0% a 50% en passi di 5%
    for x in range (0,50,5):  #aumenta LED rosso
      r.ChangeDutyCycle(x)
      for y in range (0,50,5):  #aumenta LED giallo
        a.ChangeDutyCycle(y)
        for z in range(0,50,5): #aumenta LED verde
          v.ChangeDutyCycle(z)
          print x,y,z

def parar():                  #FUNZIONE: ferma il programma
  r.stop()                    #per la generazione dil PWM
  a.stop()
  v.stop()

  for x in pines:             #loop per fermare i pin
    GPIO.output(x,GPIO.LOW)   #spegne il LED x
  GPIO.cleanup()              #libera i ricorsi del GPIO©

if __name__ == '__main__':    #Il programma si inizia da qui
  setup()                     #esegue la funzione setup()

  try:                        #esegue la seguente istruzione
                              #tranne eccezione
    bucle()                   #esegue bucle() fino stop per
                              #tastiera
  except KeyboardInterrupt:   #se si preme 'Ctrl+C' si esegue
    parar()                   #la funzione parar() che ferma il
                              #programma
```

Esercizi proposti:

- Modificare la sequenza PWM dei LED in modo che aumentino/diminuiscano ogni LED in ordine rosso, giallo, verde.
- Richiedere la variabile “inizio” sullo schermo per definire il primo LED che avvia il ciclo.

Aiutarsi con:

```
while True:
    inicio=raw_input('Inizio (r/g/v): ')
    if inicio in 'rgvRGV':
        break
    else:
        print 'opzione sbagliata'
```

- Implementare la gestione PWM nell'esercizio LED con il pulsante e utilizzare il pulsante per iniziare una sequenza PWM su ciascun LED e per avviare e arrestare una sequenza.

ΘΘΘ

# *Esercizio 11: Diodo Laser

**IMPORTANTE: NON GUARDARE DIRETTAMENTE IL LASER**

In questo esercizio useremo un diodo laser a bassa potenza (5mW), cioè, un diodo che emette luce coerente, di una frequenza specifica, quindi di un colore specifico, creato dall'emissione di radiazione elettronicamente stimolata.

È un laser a bassa potenza, ma **NON deve essere focalizzato sugli occhi,** poiché può causare danni irreversibili. L'autore di questo libro declina ogni responsabilità derivata dai possibili danni prodotti da questo elemento ottico ed elettronico.

La coerenza della luce laser consente di focalizzarsi su un piccolo punto e dirigerlo comodamente come se fosse un puntatore.

Altri laser di potenza superiore sono utilizzati per altri scopi industriali, qui lo useremo solo per motivi di addestramento per emettere impulsi basati su un algoritmo implementato in un programma.

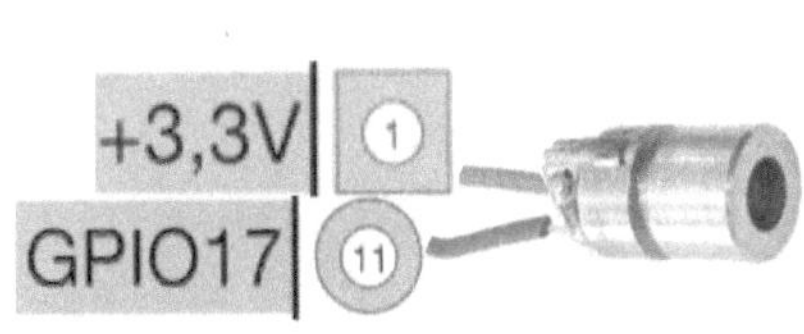


Il circuito è molto semplice, dal momento che dobbiamo solo collegarlo a un GPIO© che lo alimenta direttamente creando gli impulsi necessari.

L'esempio di programma genera approssimativamente il codice Morse del segnale di soccorso internazionale SOS, ovvero: ... --- ...

Per farlo realistico, il script tiene conto dei tempi relativi di un punto, una linea, separazione tra segni, separazione tra lettere, ecc.

```
#----------------------------------------------------------------------
# 11_LASER.PY: Lampeggia un diodo LÁSER LED in pin 11
#----------------------------------------------------------------------
# Ingressi: sequenza di lampeggio codice Morse SOS
# Uscite:   lampeggia un LÁSER
# Azioni:   GPIO17© LOW on, HIGH off (logica inversa) secondo Morse
#----------------------------------------------------------------------
# -*- coding: utf-8 -*-         #per caratteri speciali
#!/usr/bin/env python           #ubicazione interprete Python©
import RPi.GPIO as GPIO         #importa libreria gestire GPIO©
import time                     #importa libreria gestire tempo
laser=11                        #LASER in pin 11
punto=.2                        #simula il ponto Morse (0)
linea=punto*3                   #simula la linea Morse (1)
espacio_pulso=punto             #spazio tra pulsi      (2)
espacio_letra=punto*3           #spazio tra lettere    (3)
espacio_palabra=linea*3         #spazio tra parole     (4)
texto=[0,2,0,2,0,3,1,2,1,2,1,3,0,2,0,2,0,4] #codice Morse di
                                            #SOS ...---...

def setup():                    #FUNZIONE: inizia il GPIO©
  GPIO.setwarnings(False)
  GPIO.setmode(GPIO.BOARD)      #numeri pin secondo ordino fisico
  GPIO.setup  (laser,GPIO.OUT)  #mette pin come pin di uscita
  GPIO.output (laser,GPIO.HIGH) #mette pin HIGH (+3.3v) così spegne

def loop():                     #loop principale
  for x in texto:               #ricorre il testo a presentare
    if x==0:                    #è un ponto?
      GPIO.output (laser,GPIO.LOW)
      time.sleep(punto)
      GPIO.output (laser,GPIO.HIGH)
    if x==1:                    #è una linea?
      GPIO.output (laser,GPIO.LOW)
      time.sleep(linea)
      GPIO.output (laser,GPIO.HIGH)
    if x==2:                    #è un spazio tra pulsi?
      time.sleep(espacio_pulso)
    if x==3:                    #è un spazio tra lettere?
      time.sleep(espacio_letra)
    if x==4:                    #è un spazio tra parole?
      time.sleep(espacio_palabra)

def parar():
  print 'Programma finito'
  GPIO.output(laser,GPIO.HIGH)  #spegne il LASER
  GPIO.cleanup()                #libera i ricorsi del GPIO

if __name__ == '__main__':      #il programma si inizia da qui
  setup()                       #esegue la funzione setup()
```

```
print 'Trasmettendo codice'
try:                          #esegue la seguente istruzione
                              #tranne eccezione
  while True:
    loop()
except KeyboardInterrupt:     #se si preme 'Ctrl+C' si esegue
  parar()                     #parar() che ferma il programma
```

Esercizi proposti:

- Scegliere un testo, codificalo in Morse ed emettilo dal Laser.
- Aggiungere un pulsante ed emettere punti o trattini in Morse a seconda della durata della pulsazione (breve o lunga). La durata dell'impulso deve essere impostata sulla durata corretta del punto o della linea, non sulla durata esatta dell'impulso.

ΘΘΘ

# *Esercizio 12: LED RGB con un pulsante

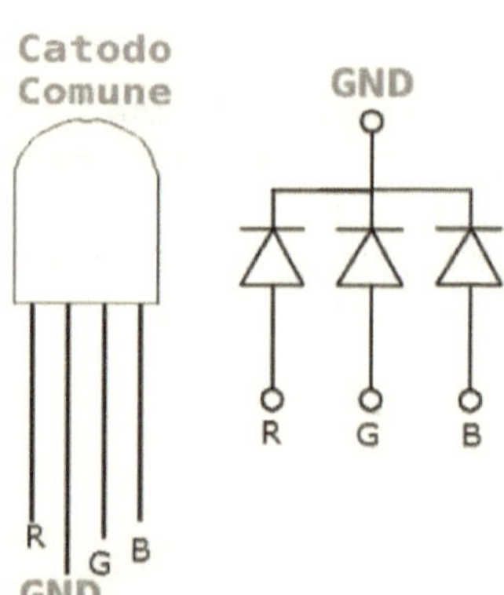


Una variante interessante e divertente dell'esercizio dei LED è quella di sostituire i 3 LED: rosso, giallo e verde con un singolo LED, di tipo **RGB**, che include in un unico pacchetto tre LED molto vicini, con i colori di base: rosso, verde e blu, in modo che con una combinazione di questi colori, l'occhio umano lo interpreterà come un colore unico e diverso.

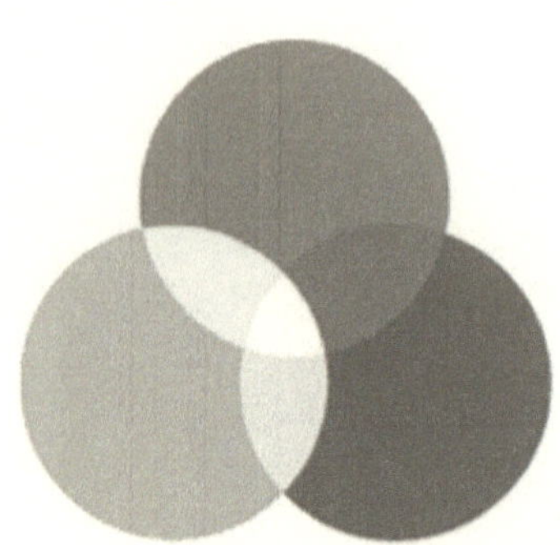

Per ottenere questo effetto dobbiamo illuminare i 3 colori ma con un'intensità diversa, in modo che la somma delle luminosità di quei tre colori di base generi teoricamente uno qualsiasi degli altri colori (fino a $100^3$=1 un milione di colori).

Esistono due tipi di LED RGB:

- con **catodo comune** (quello usato in questo esercizio), in cui i 3 catodi dei 3 LED si collegano a GND
- con **l'anodo comune** in cui i 3 anodi dei 3 LED si collegano all'alimentazione.

In questo esercizio abbiamo utilizzato un LED RGB a catodo comune di KingBright© o simile e viene anche discusso come utilizzare un altro LED RGB a anodo comune.

Vedere che il pin più lungo del LED RGB è il catodo comune o l'anodo comune a seconda del tipo di LED RGB utilizzato. Inoltre, il LED rosso (pin R) di solito richiede meno tensione rispetto agli altri due per ottenere la stessa luminosità, quindi è conveniente aumentare la resistenza che lo alimenta dal GPIO© o modificare il segnale PWM abbassando il suo ciclo di lavoro.

Successivamente, vengono effettuati calcoli su come regolare questa situazione se si desidera disporre di un sistema bilanciato per generare i colori desiderati.

Per esercitarsi con questo dispositivo, il circuito dell'esercizio precedente dei 3 LED è utile così com'è, ma se vogliamo "mettere a punto" il mix di colori, dobbiamo regolare molto bene le luminosità di ogni colore del LED RGB, quindi dobbiamo prendere in considerazione tre fattori:

- **Luminosità di ciascun LED**: sebbene la potenza consumata da un LED RGB sia la stessa, la sua emissione luminosa non lo è. I valori tipici, per una corrente di 20mA sono: R=1.200mcd (mini candele), G=1.700mcd e B=800mcd, regolando a 16mA della corrente massima gestita da un GPIO©, per eguagliare la luminosità che dovremmo usare: R=11mA, G=8mA e B=16mA (eseguire il calcolo applicando la Legge di Ohm)

- **Caduta di tensione in ciascun LED**: sebbene la corrente che fluisce attraverso un LED RGB sia la stessa, la sua caduta di tensione non lo è. I valori tipici sono: R=2v, G=B=3.2v, quindi le resistenze necessarie sono:

$R=\frac{V-V_c}{i}$ dove **V** è la tensione che li fornisce,

$V_c$ la caduta nel LED e **i** la corrente che deve circolare attraverso detto diodo LED.

Per avere una maggiore luminosità usiamo V=+5v e quindi, dobbiamo usare un LED RGB con **anodo comune,** rimanendo come segue nella tabella seguente.

Pertanto, riassumendo:

| LED | Luminosità (mcd) | i(mA) | $V_c(v)$ | $R(\Omega)$ |
|---|---|---|---|---|
| R | 1.200 | 11 | 2 | 220 |
| G | 1.700 | 8 | 3.2 | 220 |
| B | 800 | 16 | 3.2 | 100 |

- **Segnale PWM:** la regolazione finale della luminosità di ciascun LED può essere effettuata regolando un differenziale del Duty Cycle di ciascun LED.

**IMPORTANTE:** se il LED RGB è un catodo comune o un anodo comune, influisce sull'intervallo di valori del ciclo di funzionamento, potendo andare rispettivamente da 0 a 100 o da 100 a 0 (analizzare il perché).

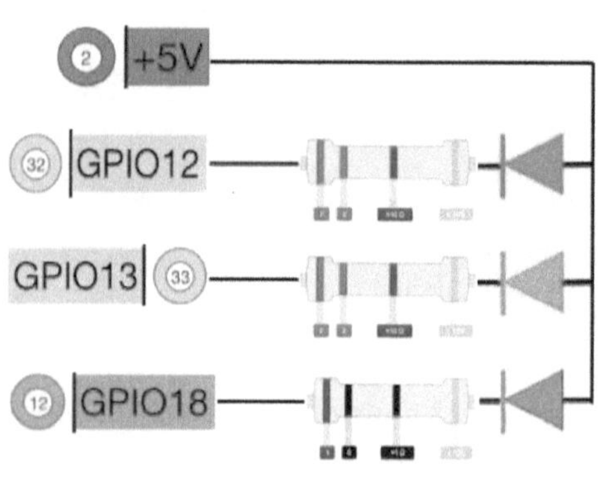


Un esempio di utilizzo del LED RGB è allegato, che utilizza un elenco con colori predefiniti e li presenta quando si preme il pulsante. Per questo utilizziamo il software per l'utilizzo del pulsante con 3 LED già visti.

L'elenco dei colori predefiniti può essere creato conoscendo i valori del mix RGB necessario, ad esempio consultare il seguente sito Web:

www.w3schools.com/colors/colors_rgb.asp

Ogni colore è memorizzato in questo elenco che include: [nome, valore R, valore G, valore B] e che viene presentato quando si preme il pulsante.

```
#------------------------------------------------------------------
# 12_LED_RGB.PY: Modula un LED RGB con i pin rosso=32, verde=33,
# blu=12 e con pulsante=7
#------------------------------------------------------------------
# Ingressi: valori RGB di ogni color
# Uscite:   modula la luminosità LED secondo valori
# Azioni:   cambia Duty Cycle (Ciclo di Lavoro) dei pin RGB
#------------------------------------------------------------------
# -*- coding: utf-8 -*-      #questa istruzione permette includere
                             #caratteri speciali
#!/usr/bin/env python        #indica a Python© dove'è
                             #situato il interprete
import RPi.GPIO as GPIO      #importa libreria per gestire GPIO©
import time                  #importa libreria de gestire tempo
                             #pin fisiche
pin_R=32                     #LED colore R
pin_G=33                     #LED colore G
pin_B=12                     #LED colore B
pin_pul=7                    #pulsante
pines=[pin_R,pin_G,pin_B]    #elenco con nomi di pin
frecuencia=500               #frequenza di la segnale PWM in 500Hz

#elenco di colori in formato nome,R,G,B (0 a 255)
#che c'è che convertire a Duty Cycle di (0 a 100)
colores=[['rosso',255,0,0],      ['verde',0,255,0],
         ['blu'  ,0,0,255],      ['giallo',255,255,0],
         ['fuscia',255,0,255],   ['turchese',0,255,255],
         ['mostarda',167,167,45],['cielo',77,209,253],
         ['arancia',250,160,30]]
pos=0                        #posizione entro del elenco di
                             #colores[nome,R,G,B]

def setup():                 #FUNZIONE: inizia il GPIO©
  global r,g,b               #perché r,g,b si possono usare fuori
                             #del setup()
  GPIO.setwarnings(False)    #per evitare messaggi non necessari
  GPIO.setmode(GPIO.BOARD)   #numeri de pin secondo ordino fisico
  for x in pines:            #loop di inizio di pin
    GPIO.setup(x,GPIO.OUT)   #mette pin come pin di uscita
    GPIO.output(x,GPIO.LOW)  #mette pin low (GND) così si spegne
    GPIO.setup(pin_pul,GPIO.IN, pull_up_down=GPIO.PUD_DOWN)
                             #il pin del pulsante è ingresso con un
                             #resistore a GND in modo "pull down"

#Qui si definisce la interruzione, se il pin_pul alza (rising) di
#GND a HIGH si esegue la funzione cambia_led(). Si aggiunge
#bouncetime para evitare letture sbagliate dil pulsante
```

```
  GPIO.add_event_detect(pin_pul,GPIO.RISING,callback=cambia_color
                                                  ,bouncetime=500)
  r=GPIO.PWM(pin_R,frecuencia)  #PWM in LED R
  g=GPIO.PWM(pin_G,frecuencia)  #PWM in LED G
  b=GPIO.PWM(pin_B,frecuencia)  #PWM in LED B
  r.start(0)                   #inizia con Duty Cycle=0
  g.start(0)                   #che spegne i LED del RGB
  b.start(0)

def cambia_color(ev=None):     #inizia al pulsare il pulsante
  global pos                   #posizione del colore in colores[]
  nombre=colores[pos][0]       #nome del colore
  R=int (colores[pos][1]/2.55)  #valore di R passato di (0,255)
                               #a (0,100)
  G=int (colores[pos][2]/2.55)  #valore di G passato di (0,255)
                               #a (0,100)
  B=int (colores[pos][3]/2.55)  #valore di B passato de (0,255)
                               #a (0,100)
  print nombre+' ['+str(R)+','+str(G)+','+str(B)+']'
  r.ChangeDutyCycle(R)         #mette Duty Cycle del pin_R a valore R
  g.ChangeDutyCycle(G)         #mette Duty Cycle del pin_G a valore G
  b.ChangeDutyCycle(B)         #mette Duty Cycle del pin_B a valore B
  if pos==len(colores)-1:      #se arriva al finale del elenco
    pos=0                      #re inizia il puntatore
    print                      #lascia una linea in bianco
  else:
    pos+=1                     #aumenta in 1 la posizione del
                               #puntatore in colores[]

def parar():                   #FUNZIONE: ferma il programma
  r.stop()                     #per la generazione del PWM
  g.stop()
  b.stop()
  for x in pines:              #loop per fermare i pin
    GPIO.output(x,GPIO.LOW)    #spegne il LED
  GPIO.cleanup()               #libera i ricorsi del GPIO©

if __name__ == '__main__':     #il programma se inizia da qui
  setup()                      #esegue la funzione setup()
  try:                         #esegue la seguente istruzione
                               #tranne eccezione
    print 'Premere il tasto...'
    while True:                #simula un programma principale
      time.sleep(.5)
  except KeyboardInterrupt:    #se si preme 'Ctrl+C' si esegue
    parar()                    #la funzione parar() che ferma il
                               #programma
```

Esercizi proposti:

- Scrivere un programma che cambia continuamente il colore del LED RGB, combinando i 3 LED con i segnali PWM dallo 0% al 50% di Ciclo di lavoro con incrementi del 10%

- Nell'esercizio precedente, aggiungere che premendo il pulsante si inizia il ciclo PWM di R, G e B con successive pressioni.
- Nell'esercizio del generatore di note musicali, fare che si accenda un LED del RGB diverso o una combinazione di essi con PWM, a seconda della nota.

ΘΘΘ

# *Esercizio 13: Sensore di inclinazione

Un altro modo per controllare un LED è utilizzare un qualche tipo di sensore aggiuntivo. In questo esercizio vedremo come utilizzare un sensore di inclinazione o “tilt-switch”, ad esempio il SW-200D©. È un sensore meccanico non molto preciso o molto veloce ma facile da usare, economico e che rileva un certo angolo di inclinazione.

Consiste in un piccolo cilindro con all'interno una piccola sfera che quando subisce un'inclinazione fa rotolare la sfera e attiva un contatto meccanico, potendo, ad esempio, rilevare la rotazione o il ribaltamento di un oggetto, movimento, colpo, ecc.

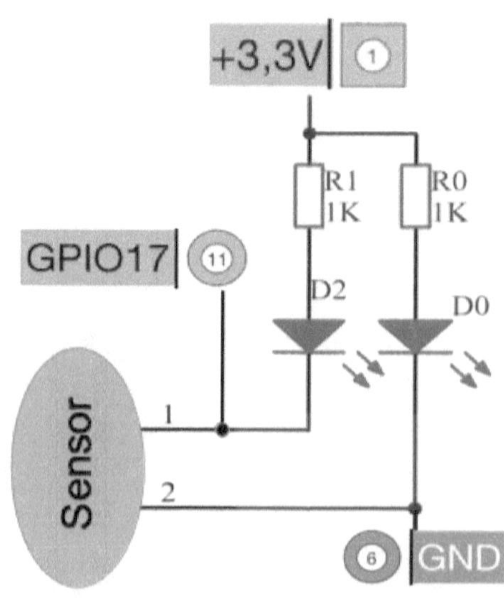


Il sensore di inclinazione o tilt-switch, nella maggior parte dei casi, è solitamente accompagnato da un circuito di controllo molto semplice come quello collegato.

In questo circuito, R0 e R1 controllano la corrente che passa attraverso i LED D0 (indicatore di alimentazione) e LED D2 (indicatore di attivazione).

Quando il sensore tilt-switch è inclinato, l'interruttore incorporato imposta il GPIO17© su GND e quindi D2 si illumina.

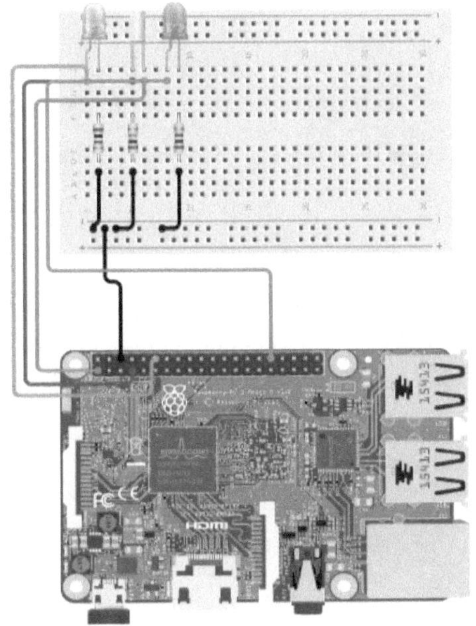

Esistono circuiti con sensore tilt-switch più precisi incorporando circuiti integrati che fungono da comparatori e assegnano stati più affidabili all'interruttore.

Questa attivazione è quella che cattureremo con il Raspberry© e dal software attiveremo un LED rosso o verde a seconda di un algoritmo.

Logicamente potrebbe funzionare con un relè, un amplificatore o qualsiasi altro tipo di attuatore. Come abbiamo detto questo sensore non è molto preciso, in seguito vedremo un accelerometro a tre assi molto preciso, anche se più difficile da gestire.

```
#---------------------------------------------------------------------
# 13_SENSORE_INCLINAZIONE.PY: on/off LED Duale secondo inclinazione
#---------------------------------------------------------------------
# Ingressi: inclinazione del interruttore gestisce per interruzione
# Uscite:   colore LED DUALE Rosso o Verde
# Azioni:   on/off LED rosso/verde secondo inclinazione
#---------------------------------------------------------------------
# -*- coding: utf-8 -*-          #per caratteri speciali
#!/usr/bin/env python           #ubicazione interprete Python©
import RPi.GPIO as GPIO         #importa libreria gestisce GPIO©
import time                     #importa libreria gestisce tempo
pin_tilt= 11                    #ingresso interruttore inclinazione
```

```
pin_rojo= 12                    #uscita per LED Duale verde
pin_verde=13                    #uscita per LED Duale rosso

def setup():                    #FUNZIONE: inizia il GPIO
  GPIO.setwarnings(False)       #evitare messaggi non necessari
  GPIO.setmode(GPIO.BOARD)      #GPIO© secondo ordino fisico
  GPIO.setup(pin_verde,GPIO.OUT)   #LED verde è uscita
  GPIO.setup(pin_rojo, GPIO.OUT)   #LED rosso è uscita
  GPIO.output(pin_rojo,GPIO.LOW)   #spegne LED rosso
  GPIO.output(pin_verde,GPIO.LOW)  #spegne LED verde
  GPIO.setup(pin_tilt, GPIO.IN, pull_up_down=GPIO.PUD_UP) #tilt è
                                   #ingresso con pull_up a +3.3v

#Qui si definisce la gestione per interruzione quando pin_tilt alza
#o bassa (BOTH), si esegue la funzione detectado()
  GPIO.add_event_detect(pin_tilt,GPIO.BOTH,callback=detectado
                                              ,bouncetime=200)

def detectado(Ev=None):         #questa funzione esegue quando si
                                #rileva cambio in pin_tilt
  x=GPIO.input(pin_tilt)        #c'era interruzione pin_tilt è:
  if x == 1:                    #a 1 accende rosso, spegne verde
    GPIO.output(pin_rojo,GPIO.HIGH)
    GPIO.output(pin_verde,GPIO.LOW)
    print 'Rilevato, accende rosso'
  if x == 0:                    #a 0 accende verde, spegne rosso
    GPIO.output(pin_rojo,GPIO.LOW)
    GPIO.output(pin_verde,GPIO.HIGH)
    print 'Rilevato, accende verde'

def loop():                     #loop principale
  while True:
    time.sleep(.001)            #non eliminare, riduce consumo CPU

def parar():                    #ferma il programma
  GPIO.output(pin_rojo, GPIO.LOW) #spegne LED rosso
  GPIO.output(pin_verde,GPIO.LOW) #spegne LED verde
  GPIO.cleanup()                #libera ricorsi del GPIO©

if __name__ == '__main__':      #il programma inizia qui
  print '\n'*80                 #inizia schermo
  print 'Control de un tilt-switch'
  setup()                       #inizia GPIO©

  try:
    loop()                      #inizia loop principale programma
  except KeyboardInterrupt:     #fino si preme CTRL+C
    parar()
```

Esercizi proposti:

- Gestire l'interruttore di inclinazione eseguendo il polling anziché gestendola per interruzione.

- Aggiungere un pulsante che attiva o inibisce, tramite software, il segnale proveniente dall'interruttore di inclinazione.

- Attivare o disattivare un relè con il sensore di inclinazione. Aggiungere un LED all'uscita del relè per simulare un carico. Ricordare la resistenza e la polarità del LED.

ΘΘΘ

# *Esercizio 14: Sensore di vibrazione, impatto

Una variante dell'interruttore di inclinazione è l'interruttore di vibrazione, de molla o de impatto. Quando si verificano vibrazioni o urti, la molla contatta un elemento interno dell'interruttore attivando la sua uscita.

In questo esercizio vedremo un sensore di vibrazione simile a SW-18010P© o equivalente, che richiede anche un semplice circuito di controllo aggiuntivo come quello nella figura allegata.

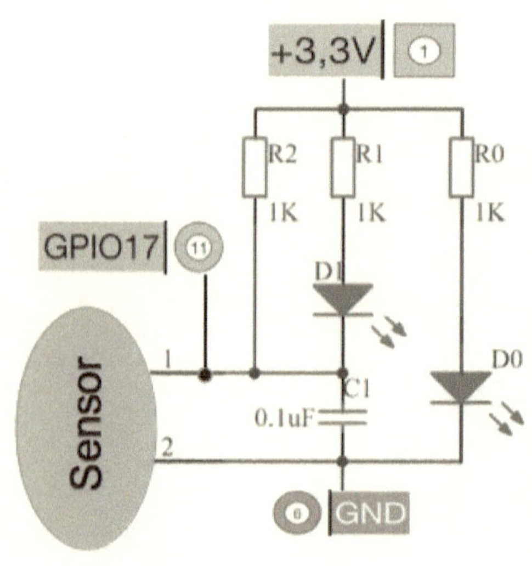


Al suo interno, il diodo LED D0 si illumina durante l'alimentazione del circuito e il LED D1 si illumina quando l'interruttore di vibrazione rileva un movimento o un impatto poiché imposta GPIO17© su GND (LOW)

I resistori R0 e R1 limitano la corrente che fluisce attraverso i LED D0 e D1 rispettivamente, il resistore R2 agisce come un pull-up sull'ingresso di GPIO17© per stabilizzare il suo livello quando il sensore non è attivato e il condensatore C1 filtra i segnali da alta frequenza generata dall'interruttore di vibrazione, evitando false attivazioni (che possiamo anche rafforzare la sua soppressione tramite software). Quando GPIO17© è su LOW, rileverà le vibrazioni (logica inversa).

Per completare l'esercizio, aggiungiamo un LED Duale in modo che quando viene rilevata la vibrazione o l'impatto, il LED rosso si accende, nella vibrazione successiva il LED verde si accende e il rosso si spegne, e così è come se fosse un circuito di tipo “flip-flop"o bi-stabile (circuito a due stati).

```
#-----------------------------------------------------------------------
# 14_SENSORE_VIBRAZIONE.PY:Rileva vibrazione,cambia stato LED Duale
#-----------------------------------------------------------------------
# Ingressi: attivazione del sensore di vibrazione
# Uscite:   cambia stato di un LED duale de rosso a verde
# Azioni:   se pin 11=LOW rosso o verde successivamente
#-----------------------------------------------------------------------
# -*- coding: utf-8 -*-
#!/usr/bin/env python              #ubicazione interprete Python©

import RPi.GPIO as GPIO            #importa libreria gestisce GPIO©
import time                        #importa libreria gestisce tempo
v_pin=11                           #pin 11 sensore vibrazione
r_pin=12                           #pin 12 LED rosso
g_pin=13                           #pin 13 LED verde
pines=(r_pin,g_pin)                #elenco di pin
estado=False                       #stato del flip-flop (bandiera)
                                   #attivato/disattivato

def setup():                       #FUNZIONE: inizia il GPIO©
  GPIO.setwarnings(False)          #evita messaggi non necessari
  GPIO.setmode(GPIO.BOARD)         #numeri di GPIO© posizione fisica
  GPIO.setup(pines,GPIO.OUT)       #i LED sono uscita
  GPIO.output(pines,0)             #vi spenge
  GPIO.setup(v_pin,GPIO.IN, pull_up_down=GPIO.PUD_UP)    #v_pin è
                                   #ingresso con pull-up a +3.3v

def LED(x):                        #accende il LED e presenta stato
  if x:                            #se x è True
    GPIO.output(r_pin,1)           #accende LED rosso
    GPIO.output(g_pin,0)           #spegne  LED verde
    print 'Rosso...'
  else:                            #se x è False
    GPIO.output(r_pin,0)           #spegne   LED rosso
    GPIO.output(g_pin,1)           #accende  LED verde
    print 'Verde...'
```

```
def loop():                     #rileva la vibrazione per
                                #polling, no per interruzione
  global estado                 #stato del flag True/False
  while True:                   #loop infinito di polling
    if GPIO.input(v_pin)==False:#c'è vibrazione (logica inversa)
      estado= not estado        #cambia stato al stato contrario
      LED(estado)               #accende il LED corrispondente
    time.sleep(.0001)           #aspetta per non caricare al micro

def parar():                    #al pulsare CTRL+C
  GPIO.output(pines,0)          #spegne i LED
  GPIO.cleanup()                #libera il GPIO©
  print 'Programma finito'

if __name__ == '__main__':      #Programma inizia qui
  print '\n'*80                 #inizia lo schermo
  print 'Spostare il sensore di vibrazione'
  setup()                       #esegue la funzione setup()
  try:                          #esegue la seguente istruzione
                                #tranne eccezione
    loop()                      #fa il loop di polling
  except KeyboardInterrupt:     #se si preme 'Ctrl+C' si esegue
    parar()                     #la funzione parar() che ferma il
                                #programma
```

Esercizi proposti:

- Cambiare il LED Duale per due LED normali che cambiano alternativamente la loro luminosità, per PWM, a seconda del rilevamento degli impatti.
- Aggiungere un relè che si attiva quando il sensore di vibrazioni rileva un impatto. Includere nel relè alcuni carichi come un cicalino.
- Fare che il sensore di impatto attiva o disattiva la musica riprodotta sull'altoparlante per esercizi musicali con PWM.

⊝⊝⊝

# *Esercizio 15: Codificatore rotativo

In questo esercizio vedremo cos'è un codificatore rotativo, come programmarlo e come integrarlo in uno degli esercizi precedenti.

Un codificatore rotativo non è altro che un sensore che codifica la posizione angolare di una manopola su un dispositivo, ad esempio: il controllo del volume o la ricerca della stazione radio di un'autoradio, il controllo del condizionamento dell'aria, il selettore del microonde o una lavatrice moderna, il comando del Bimby©, lo scorrimento del mouse, ecc. In questo modo questi sensori misurano angolo, velocità angolare, lunghezza, posizione, accelerazione, ecc.

Quando lo si utilizza, un circuito integrato al suo interno invia una serie di impulsi elettronici per aumentare, diminuire una variabile, cambiare pagina, alzare/abbassare una finestra con il mouse del computer, regolare i suoni, cambiare le temperature, ecc.

Pertanto, un codificatore rotativo è un dispositivo sensore molto utile e molto interessante da integrare in qualsiasi dei nostri esercizi o progetti.

Esistono fondamentalmente due tipi di codificatori rotativi:

- **Assoluti:** In essi il codificatore indica la posizione corrente del selettore, quindi si comportano come trasduttori angolari.

- **Relativi o incrementali:** In essi il codificatore indica il movimento del selettore.

La maggior parte degli codificatori rotativi ha 5 pin ed esegue fisicamente 3 funzioni di base: svolta a sinistra, svolta a destra e accensione/spegnimento premendo il selettore.

Ci sono molti modelli sul mercato, qui abbiamo usato il modello Keyes© KY-007© o simile, con i seguenti pin:

| Pin | Segnale | Funzione |
|---|---|---|
| 1 | GND | Terra |
| 2 | +3,3V | Alimentazione |
| 3 | SW | Terminale normalmente aperto (NO) del interruttore del pulsante, collegare a GND |
| 4 | DT | 0 (LOW) implica che la manopola ruota |
| 5 | CLK | 1 in senso orario, 0 in senso antiorario |

Qui verificheremo la funzione di commutazione (pin SW collegato al pin 13 del Raspberry©) e la funzione "destra, sinistra" (pin DT e CLK collegati rispettivamente al pin 11 e al pin 7).

| *Stati Codificatore Rotativo* | | DT | |
|---|---|---|---|
| | | H | L |
| CLK | H | – | ↻ |
| | L | – | ↺ |

In stand-by il decodificatore è con DT=H. Se si verifica una svolta, DT passa allo stato L e se CLK=H la svolta è in senso orario e se CLK=L la svolta è in senso antiorario.

D'altra parte, se SW=L è stato premuto il pulsante e se SW=H, il pulsante è a riposo.

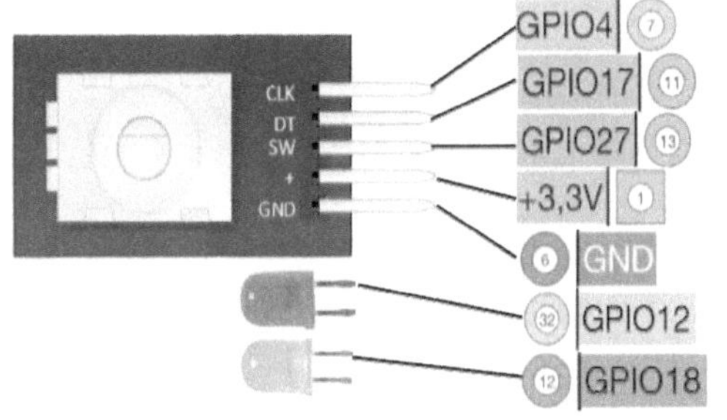


In questo esercizio l'operazione generale è la seguente:

Quando si preme il pulsante del decodificatore, il LED verde si illumina.

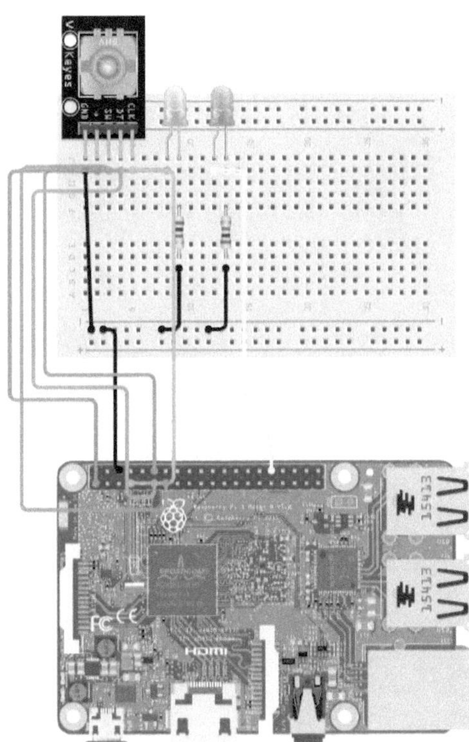

Se questo LED è acceso e se si gira in senso orario il decodificatore rotativo aumenta la luminosità del LED rosso.

Se si ruota il decodificatore rotativo in senso antiorario, abbassa la luminosità del LED (tutto compreso nell'intervallo Duty Cycle dallo 0% al 100%). Se il pulsante del decodificatore viene nuovamente premuto in qualsiasi momento, entrambi i LED si spengono e il sistema viene posto nello stato iniziale.

```
#-----------------------------------------------------------------------
# 15_CODIFICATORE_ROTATIVO.PY:gestisce codificatore rotativo Keyes©
#-----------------------------------------------------------------------
# Ingressi: svolta del comando rotativo o premere nel pulsante
# Uscite:   indicazioni nello schermo e LED rosso e verde
# Azioni:   svolta oraria alza, svolta antioraria abbassa, pulsante
#           spegne LED per interruzione, rotazione per polling.
#-----------------------------------------------------------------------
```

```
# -*- coding: utf-8 -*-
#!/usr/bin/env python          #indica a Python© dov'è
                               #situato il interprete
import RPi.GPIO as GPIO        #importa libreria per gestire GPIO©
import time                    #importa libreria de gestire tempo
pin_DT =11                     #pin 11 (GPIO17©) DT  (mantenere a H)
pin_CLK=7                      #pin  7 (GPIO04©) ClK (constatare:H/L)
pin_SW= 13                     #pin 13 (GPIO27©) SW  (pulsante de
                               #inizio a zero)
led_r=  32                     #pin 32 (GPIO12©) LED Rosso
led_v=  12                     #pin 12 (GPIO18©) LED Verde
leds=[led_r,led_v]             #elenco di LED
contador=0                     #posizione del codificatore rotativo
flag=0                         #indicatore di cambio
ultimo_estado_CLK=0            #ultimo  stato di CLK
actual_estado_CLK=0            #attuale stato di CLK
estado_verde=False
paso=5                         #incremento/decremento del Duty Cycle

def setup():                   #FUNZIONE: inizia il GPIO©
  GPIO.setwarnings(False)      #per evitare messaggi non necessari
  GPIO.setmode(GPIO.BOARD)     #numeri di pin secondo ordino fisico
  GPIO.setup(pin_DT, GPIO.IN)  #DT e CLK sono ingressi
  GPIO.setup(pin_CLK,GPIO.IN)
  GPIO.setup(pin_SW, GPIO.IN,pull_up_down=GPIO.PUD_UP) #pulsante di
                               #pressione con pull-up di 10k interno

#Qui si definisce la interruzione, se preme il pulsante (FALLING)
#di aperto a GND, si esegue la funzione clear(). Con bouncetime
#se avrebbe rimbalzi del pulsante

  GPIO.add_event_detect(pin_SW,GPIO.FALLING,callback=clear
                                                   ,bouncetime=500)
  for x in leds:
    GPIO.setup(x, GPIO.OUT)    #x è uscita
    GPIO.output(x,GPIO.LOW)    #spegne x

  global r
  r=GPIO.PWM(led_r,1000)       #controllo LED rosso per PMW a 1kHz
  r.start(0)                   #Duty Cycle 0, LED rosso spento

def giratorio():               #FUNZIONE: polling al stato del
                               #codificatore rotativo
  global flag,contador,ultimo_estado_CLK,actual_estado_CLK
                               #variabili globali
  ultimo_estado_CLK = GPIO.input(pin_CLK) #polling stato CLK
  while not GPIO.input(pin_DT): #polling stato di DT
    actual_estado_CLK=GPIO.input(pin_CLK) #polling CLK per vere
                               #verso dove gira
    flag=1                     #e indica che qualcosa ha cambiato

  if flag==1 and estado_verde:  #se verde=ON e se qualcosa ha
                               #cambiato guarda cosa è
    flag=0                     #inizia il avviso di cambio
    if ultimo_estado_CLK==0 and actual_estado_CLK==1: #giro
                               #orario, incrementa contatore
```

```
      contador=contador+paso
      if contador>=100:       #riduce il Duty Cycle tra 0% e 100%
        contador=100
      if contador<0:
        contador=0
      r.ChangeDutyCycle(contador)    #alza Duty Cycle del LED rosso
      print 'contatore = %d' % contador

    if ultimo_estado_CLK==1 and actual_estado_CLK==0: #giro anti
                              #orario, decrementa contatore
      contador=contador-paso
      if contador<0:          #riduce il Duty Cycle tra 0% e 100%
        contador=0
      if contador>=100:
        contador=100
      r.ChangeDutyCycle(contador)    #abbassa il Duty Cycle del LED
                              #rosso
      print 'contatore = %d' % contador

def clear(ev=None):           #FUNZIONE: si ha premuto il pulsante
  global contador,estado_verde
  print '\n'*80               #inizia schermo scrivendo 80 linee
                              #in bianco
  r.start(0)                  #spegne il LED rosso
  estado_verde=not estado_verde #cambia stato del LED verde
  GPIO.output(led_v,estado_verde)
  print 'Sistema iniziato'
  print 'Girare mandola o pulsare bottone...'
  contador=0                  #mette contatore a zero
  print 'Contatore = %d' % contador

def loop():
  print '\n'*80               #inizia schermo con 80 linee in
                              #bianco
  print 'Girare mandola o pulsare bottone...'
  global contador
  while True:                 #polling il stato del codificatore
    giratorio()
    time.sleep(.01)           #riduce il consumo della CPU al 3%

def parar():                  #FUNZIONE: ferma il programma
  r.start(0)                  #spegne il LED rosso
  GPIO.output(led_v,False)
  GPIO.cleanup()              #libera i ricorsi del GPIO©
  print 'Programma finito per l'utente...'

if __name__ == '__main__':    #il programma si inizia da qui
  setup()                     #esegue la funzione setup()
  try:                        #esegue la seguente istruzione
                              #tranne eccezione
    loop()                    #esegue il loop principale del
                              #programma
  except KeyboardInterrupt:   #se si preme 'Ctrl+C' si esegue
    parar()                   #la funzione parar() che ferma il
                              #programma
```

Esercizi proposti:

- Aggiungere un LED giallo collegato a un GPIO© che gestisce PWM in modo che una pressione del pulsante cambi tra la gestione della luminosità del LED rosso o il LED giallo.

- Utilizzare la rotazione del codificatore per modificare i colori del LED RGB tra i colori definiti in un elenco o in modo continuo.

- Modificare del polling del movimento del codificatore, sia la manopola che il pulsante, per la gestione per interruzione.

⊖⊖⊖

# *Esercizio 16: Frequenzimetro con NE555©

In questo esercizio costruiremo un frequenzimetro, cioè un misuratore di frequenza con un circuito NE555©. Sarà un frequenzimetro di prova e non molto preciso perché per migliorarlo sarebbe necessario disporre di componenti calibrati, con tolleranza molto ridotta e temperatura compensata, collegati ad un alimentatore di precisione, ecc. ma comunque l'esercizio è valido per esercitarsi con questi elementi.

Utilizzeremo il circuito integrato NE555© che è un generatore di timer o di impulsi (da 0 a +5v), molto economico, facile da ottenere, che può essere utilizzato in più esercizi e che può essere sostanzialmente configurato in tre modalità molto interessante:

**Mono stabile:** quando l'ingresso del circuito è attivato, la sua uscita cambia per un certo tempo ma ritorna allo stato iniziale, cioè il sistema ha un solo stato.

**Bistabile:** quando l'ingresso del circuito è attivato, la sua uscita cambia e non ritorna allo stato iniziale fino a quando l'ingresso viene nuovamente attivato, quindi il circuito ha due stati.

**Astabile:** quando l'ingresso del circuito è attivato, la sua uscita cambia periodicamente tra lo stato iniziale e quello finale, quindi genera un'onda quadra che varia tra i due stati. Questa è l'opzione che useremo in questo esercizio.

Sono necessari i seguenti componenti (altri con altri valori possono essere utilizzati per ottenere un'altra frequenza di uscita):

1 NE555©
2 condensatori da 100nF
2 resistori da 10kΩ
1 resistore da 1kΩ

I pin del NE555© sono i seguenti:

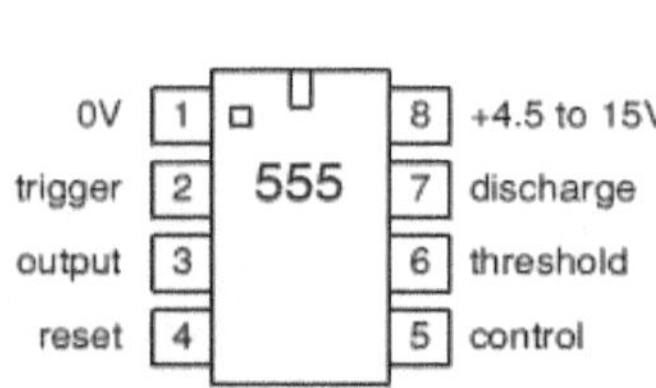


**[1]GND o 0v**
**[2]trigger:** sparo o comparatore inferiore.
**[3]output:** 0 o + 5v
**[4]reset:** attiva il circuito a +5v
**[5]control:** modifica i livelli di sparo o confronto.
**[6]threshold:** comparatore superiore.
**[7]discharge:** necessaria per scaricare il condensatore
**[8]potenza:** tra +4.5v e +15v

E il circuito che useremo è il seguente:

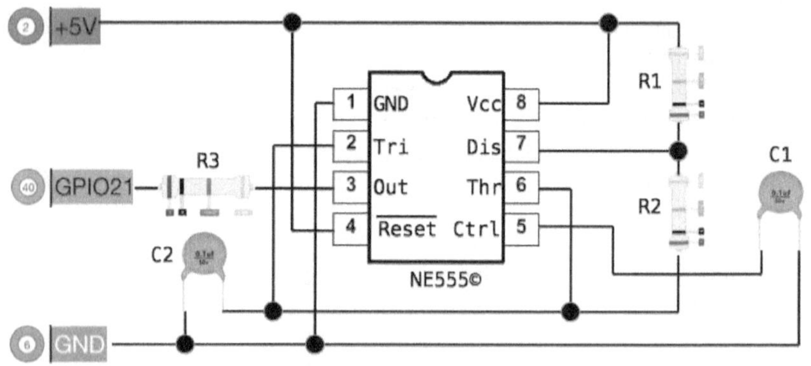


Se lo testiamo con l'applicazione iCircuit©, osserviamo come un'onda simile a un'onda “quadrata” della frequenza calcolata con:

$$f=\frac{1}{\ln(2)*C2*(R1+2*R2)}$$ dove:

ln(2)=0,69315 (Logaritmo Naturale)
C2=100nF= $10^{-7}$ F
R1=R2= 10K$\Omega$ , quindi:

$$f=\frac{1}{0{,}693*10^{-7}*(10^4+2*10^4)}\cong 481\text{Hz}$$

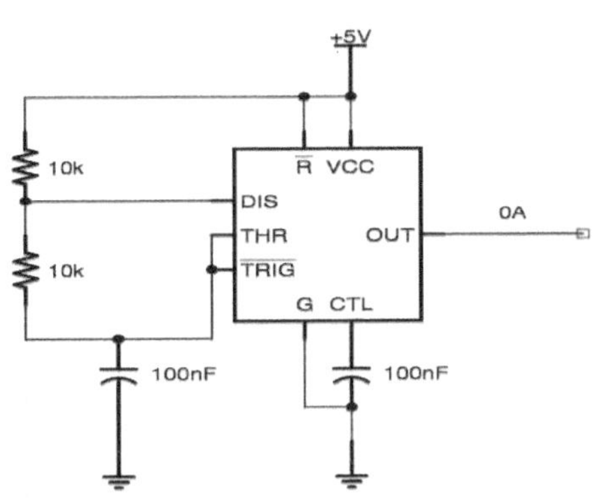


Ora misureremo questa frequenza con Raspberry© e vedremo che ci darà una cifra “simile”.

Per questo contiamo, attraverso il GPIO21© (pin 40), gli impulsi generati dal NE555© usando il metodo di interruzione.

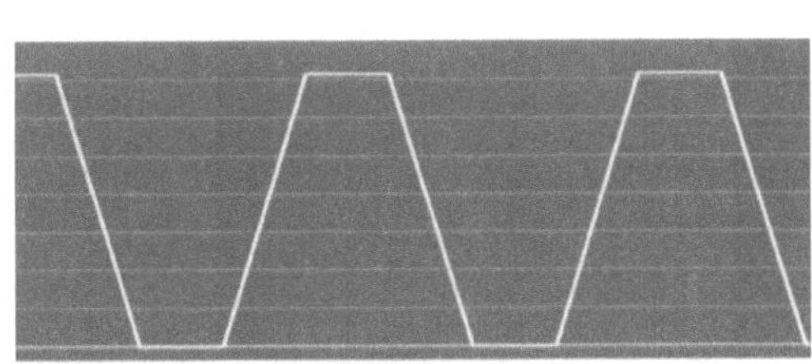

Quando contiamo 1.000 impulsi misuriamo il tempo trascorso e la frequenza **f** è l'inverso di quel tempo.

```
#--------------------------------------------------------------------
# 16_FREQUENZIMETRO.PY: Misura la frequenza di un NE555© astable
#--------------------------------------------------------------------
# Ingressi: uscita astable di un NE555© a 480Hz
# Uscite:   calcolo approssimativo di frequenza del NE555©
# Azioni:   misura tempo durata 1.000 cicli e calcola la frequenza
#--------------------------------------------------------------------
# -*- coding: utf-8 -*-
#!/usr/bin/env python           #indica a Python© dov'è
                                #situato il interprete
```

```
import RPi.GPIO as GPIO       #importa libreria per gestire GPIO©
import time                   #importa libreria per gestire tempo
pin=40                        #pin 40 collegato al OUT del NE555©
cuenta=0                      #conta cicli

def contar(ev=None):          #FUNZIONE conta pulsi interruzione
  global cuenta               #per usare in resto del programma
  cuenta+=1                   #un pulso più per interruzione

def setup():                  #FUNZIONE: inizia il GPIO©
  GPIO.setwarnings(False)     #per evitare messaggi non necessari
  GPIO.setmode(GPIO.BOARD)    #numeri di pin secondo ordino fisico
                              #pin è ingresso e con pull up a +5v
  GPIO.setup(pin,GPIO.IN, pull_up_down=GPIO.PUD_UP)

#Qui si definisce la interruzione, se pin alza de LOW a HIGH,
#esegue la funzione contar()
  GPIO.add_event_detect(pin,GPIO.RISING,callback=contar)

def loop():                   #FUNZIONE:visualizza la frequenza
  global fin,principio,cuenta #per usare fuori di questa funzione
  if cuenta>1000:             #aspetta fino 1.000 cicli
    fin=time.time()           #se è il caso, ferma il cronometro
    print 'Tempo di 1.000 cicli: '+"{0:.2f}"
            .format(fin-principio)+' secondi' #tempo con 2 decimali
    print 'Frequenza:              '+"{0:.1f}"
      .format(1000/(fin-principio))+' Hz' #la frequenza è la inversa
                              #del tempo
    cuenta=0                  #mette il contattore nuovamente a zero
    principio=time.time()     #e inizia nuovamente il cronometro

def parar():                  #FUNZIONE: ferma il programma
  GPIO.cleanup()              #libera i ricorsi del GPIO©

if __name__ == '__main__':    #il programma si inizia da qui
  setup()                     #esegue la funzione setup()
  principio=time.time()       #inizia il cronometro per prima volta
  print '\n'*80               #inizia lo schermo
  print 'Calcolo la frequenza' #titolo del processo
  print                       #linea in bianco
  try:
    while True:               #calcola costantemente
      loop()                  #FUNZIONE: calcola frequenza
  except KeyboardInterrupt:   #se si preme 'Ctrl+C' si esegue
    parar()                   #la funzione parar() che ferma il
                              #programma
```

Esercizi proposti:

- Mettere in serie con R1 un potenziometro P di 50kΩ (resistenza variabile) e misurare la frequenza generata con varie posizioni di P. Vedere che possiamo variare tra 180Hz e 480Hz

- Controllare il inizio/arresto della generazione di impulsi NE555© con il suo pin $\bar{R}$ , impostandolo su LOW con un GPIO©. IMPORTANTE: proteggere detto GPIO© con un resistore se necessario.

- Vedere sul Web come configurare il NE555© in modalità mono-stabile e avviare un impulso dal GPIO© del Raspberry©. Aggiungere un LED all'uscita.

- Idem che configura il NE555© come bi-stabile.

- Utilizzando solo il circuito sopra e senza utilizzare il Raspberry©, gestisci la luminosità di un LED modificando il Duty Cycle del NE555©

ΘΘΘ

# *Esercizio 17: 8 LED con 74hc595©

Abbiamo commentato che il Raspberry© ha una limitazione sulla corrente massima che ogni GPIO© (16mA) può gestire e sulla corrente totale di tutti i GPIO© (78mA). Per migliorare questa situazione ci sono molte opzioni e una interessante è usare un registro a scorrimento come driver per generare più corrente collegandolo a +5v.

| Pin | | | Pin |
|---|---|---|---|
| 1 | Q1 | VCC | 16 |
| 2 | Q2 | Q0 | 15 |
| 3 | Q3 | DS | 14 |
| 4 | Q4 | $\overline{OE}$ | 13 |
| 5 | Q5 | ST_CP | 12 |
| 6 | Q6 | SH_CP | 11 |
| 7 | Q7 | $\overline{MR}$ | 10 |
| 8 | GND | Q7' | 9 |

Il 74hc595© è un shift register (registro a scorrimento) che memorizza fino a 8 bit in parallelo e con uscite a three-state (uscite ad alta impedenza).

Con questo elemento è possibile convertire un ingresso seriale di un solo pin in una uscita a 8 bit e mantenere fissa questa uscita mentre vengono caricati nuovi dati nell'ingresso seriale, si possono anche collegare in cascata diversi 74hc595© per gestire più output.

Per tutto quanto sopra, il 74hc595© ci aiuta a gestire 8 LED, un display a 7 segmenti (vedremo più avanti) o anche altri dispositivi a bassa potenza.

I suoi pin sono:

- ***$Q_0$–$Q_7$*** : 8 bit di uscita per controllare 8 LED o un display a 7 segmenti (8 con il punto decimale)

- ***$Q_7$'*** : uscita seriale per il collegamento all'ingresso DS di un altro 74hc595© in serie o in cascata.

- ***$\overline{MR}$*** : (master reset) pin di reset che si attiva a GND, nel nostro esercizio potrebbe essere controllato da un circuito di Reset molto semplice e che vedremo.

- ***SH_CP***: (shift clock pulse) pulso del movimento dei dati all'interno del registro a scorrimento. All'innalzamento di questo segnale, i dati si spostano di 1 bit, ad esempio, $Q_1$ si spostano verso e così via. Quando questo segnale viene abbassato, i dati rimangono invariati.

- ***ST_CP***: (storage clock pulse) impulso di memorizzazione dei dati. Quando questo segnale si alza i dati vengono memorizzati nel registro.

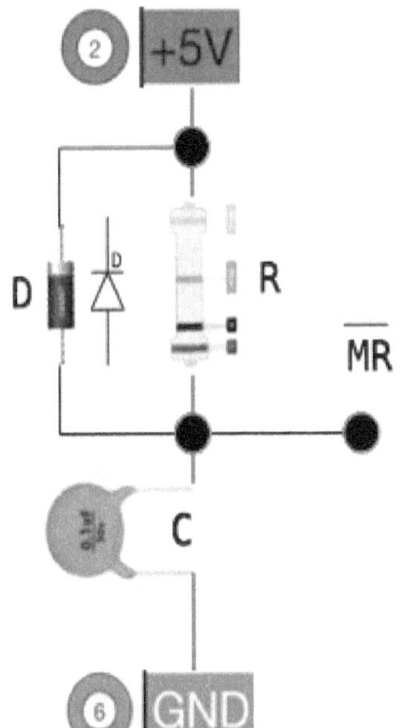


- ***OE:*** (output enable) consente la visualizzazione dei dati di registro nella uscita, che viene attivato con GND

- ***DS:*** (data serial) ingresso di dati seriali.

- ***VCC:*** alimentazione a +5v

- ***GND:*** terra.

Il circuito di Reset automatico (opzionale) è composto dal set:

- resistore **R** 10kΩ
- condensatore **C** di 100nF
- diodo **D** di tipo 1N4148©

Quando il circuito è collegato all'alimentazione, **C** viene caricato tramite **R** e quindi **$\overline{MR}$** è un breve tempo a GND, iniziando al 74hc595©.

Quando **C** è completamente carico, la corrente smette di fluire attraverso di essa e quindi è come **$\overline{MR}$** se fosse a +5V e quindi il Reset termina. **D** agisce come scaricatore di **C** in modo che il processo possa funzionare correttamente sulla successiva connessione di alimentazione.

**IMPORTANTE:** prestare molta attenzione alla polarità del diodo **D**

Il circuito di Reset impedisce al 74hc595© di avviarsi in uno stato “sconosciuto” quando è alimentato e quindi i LED sono accesi in modo casuale.

D'altra parte, colleghiamo gli ingressi DS, ST_CP e SH_CP al GPIO© 36, 38 e 40 rispettivamente, in questo modo il circuito completo è il seguente:

In questo modo GPIO16© indica il bit da memorizzare, GPIO21© invia aumenti di livello per spostare detto bit all'interno del registro e GPIO20© li memorizza.

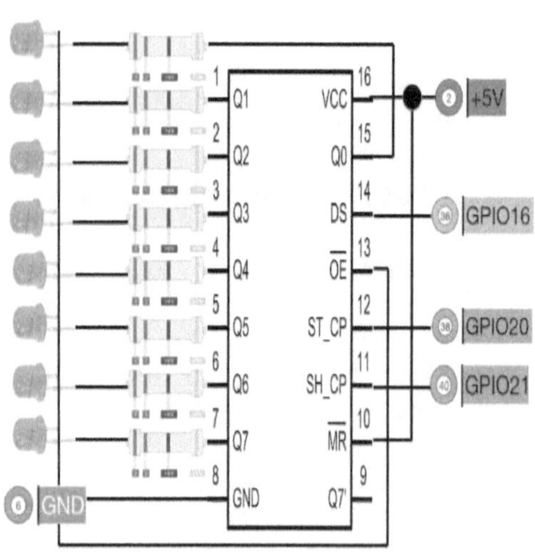


I pin $\overline{OE}$ e $\overline{MR}$ rimangono fissi in modo che l'uscita del 74hc595© sia sempre attiva e il circuito non venga ripristinato.

Con questo circuito, a seconda dei bit che inviamo al registro a scorrimento, attraverso il pin DS, possiamo eseguire la sequenza che vogliamo sui LED.

Il seguente programma illumina un singolo LED e lo sposta da destra a sinistra, ma è possibile creare qualsiasi tipo di combinazione.

```
#----------------------------------------------------------------------
# 17_8LED_74hc595.PY: gestisce 8 LED con un shift-register
#----------------------------------------------------------------------
# Ingressi: algoritmo di presentazione di informazione
# Uscite:   D0...D7 con LED on/off
# Azioni:   on/off LED secondo un algoritmo
#----------------------------------------------------------------------
# -*- coding: utf-8 -*-
#!/usr/bin/env python
import RPi.GPIO as GPIO
import time

#74ls595
DS   =36                        #dati
ST_CP=38                        #pulso per tenere (storage)
SH_CP=40                        #pulso per spostare (shift)
pines=[DS,ST_CP,SH_CP]

#Esempi di movimento dai LED
L1=['01','02','04','08','10','20','40','80']   #sposta/rimbalza
L2=['01','03','07','0f','1f','3f','7f','ff']   #riempi/svuota
L3=['81','42','24','18','18','24','42','81']   #rimbalza centro
L4=['88','44','22','11','11','22','44','88']   #rimbalza doppio
algoritmo=L4                    #movimento selezionato

def inicio():                   #FUNZIONE: vedere messaggio inizio
   print 'Programma iniziato...'
   print 'Premere CTR+C per finire'

def setup():
  GPIO.setwarnings(False)       #evitare messaggi non necessari
  GPIO.setmode(GPIO.BOARD)      #numeri pin secondo ordino fisico
  for x in pines:               #pin a iniziare come uscite e LOW
    GPIO.setup (x,GPIO.OUT)     #i pin sono uscita del Raspberry©
    GPIO.output(x,GPIO.LOW)     #spegne tutti i pin

def presenta(dato):             #presenta dato nei LED
  dato=int('0x'+dato,16)        #formatta dato a esadecimale
  for bit in range(0, 8):       #carica dato facendo shift
    GPIO.output(DS, 0x80 & (dato<<bit)) #carica shift-register dato
    GPIO.output(SH_CP, GPIO.HIGH)#con un pulso in SH_CP
    time.sleep(0.00005)
    GPIO.output(SH_CP, GPIO.LOW)
  GPIO.output(ST_CP, GPIO.HIGH) #salva dati
  time.sleep(0.00005)           #con un pulso in ST_CP
  GPIO.output(ST_CP, GPIO.LOW)

def loop():                     #loop di programma fino CTRL+C
  tiempo=0.1                    #velocità di presentazione
  while True:
```

```
    for i in range(0,len(algoritmo)): #avanza presentazione
      presenta(algoritmo[i])
      time.sleep(tiempo)

    for i in range(len(algoritmo)-1, -1, -1):#torna indietro
      presenta(algoritmo[i])
      time.sleep(tiempo)
def parpadea():                     #presentazione iniziale
  algoritmo=L1                      #algoritmo selezionato
  t=.1                              #tempo di presentazione
  for i in range(0,len(algoritmo)): #percorre l'algoritmo
    presenta(algoritmo[i])
    time.sleep(t)

def parar():                        #FUNZIONE: esegue al fermare
  GPIO.cleanup()                    #libera GPIO©

if __name__=='__main__':            #programma inizia qui
  setup()                           #FUNZIONE: inizia GPIO©
  inicio()                          #FUNZIONE: messaggio inizio
  parpadea()                        #FUNZIONE: sequenza di inizio
  try:
    loop()                          #FUNZIONE: repete loop fino stop
  except KeyboardInterrupt:         #con la tastiera con CTRl+C
    parpadea()
    parar()                         #quindi chiama alla funzione
                                    #parar()
```

Esercizi proposti:

- Aggiungere un pulsante al circuito per avviare e interrompere la presentazione sui LED.

- Definire nuove sequenze negli algoritmi di accensione/spegnimento dei LED.

- Aggiungere un decodificatore rotante e due LED aggiuntivi. Con la svolta definire l'ordine della sequenza e accendere ciascun LED in base alla direzione della sequenza.

⊖⊖⊖

# *Esercizio 18: Display 7 segmenti

Una variante avanzata dell'esercizio precedente consiste nella sostituzione dei LED con un display a 7 segmenti (8 se contiamo il punto decimale) per visualizzare vari caratteri inviati dal Raspberry©, per questo utilizzeremo due componenti principali:

Il “shift-register” 74hc595© che fungerà da interfaccia tra il Raspberry© e il display a 7 segmenti proprio come abbiamo visto con gli 8 singoli LED.

Un display a 7 segmenti, ad esempio SMA42056© per visualizzare facilmente i caratteri inviati da Raspberry© e correttamente codificati dal registro a scorrimento.

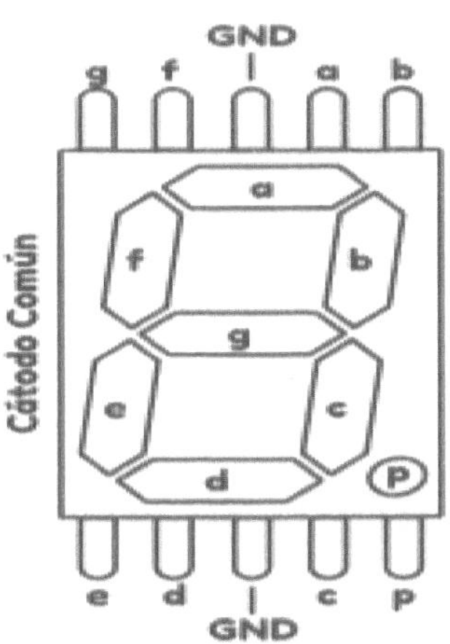


Il display a 7 segmenti è in realtà un incapsulamento che contiene 8 LED per configurare i numeri da 0 a 9, alcune lettere (ad esempio quelle utilizzate nei numeri esadecimali) e il punto decimale.

Ogni LED è un segmento del carattere da rappresentare ed è numerato con lettere dalla **a** alla **g** e il punto decimale.

Esistono due modelli di display a 7 segmenti: il di **catodo comune** (utilizzato in questo esercizio) in cui tutti i LED hanno il loro catodo attaccato e che deve essere collegato a GND attraverso un resistore di 220Ω e di **anodo comune,** in cui tutti i LED hanno il loro anodo comune attaccato e deve anche essere collegato a +5V con resistenza di 220Ω

Per attivare un segmento su un display a 7 segmenti con un catodo comune, dobbiamo applicare un segnale HIGH, cioè, un 1 logico (che limita la corrente con il resistore indicato) e per disattivarlo applicheremo un LOW logico o 0

I GPIO© li colleghiamo come nell'esercizio degli 8 LED e in questo modo il circuito sarebbe il seguente:

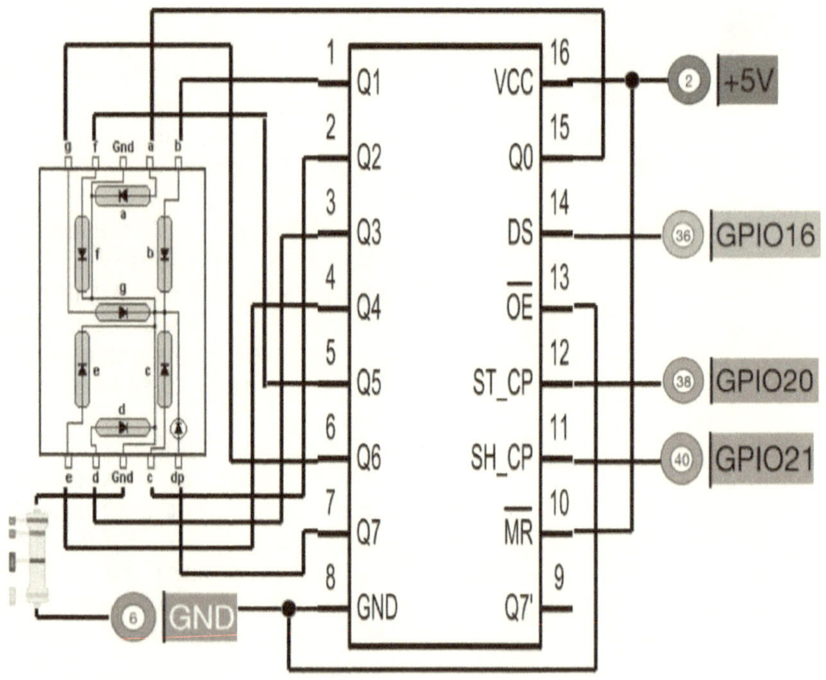

I caratteri sono costituiti da un 1 nel LED da accendere e uno 0 in cui vogliamo spegnere e per maggiore chiarezza nella gestione di questi segmenti **(a-g)** e dei bit di uscita ( $Q_0$–$Q_7$ ) li associamo come segue:

| a | b | c | d | e | f | g | punto |
|---|---|---|---|---|---|---|---|
| Q0 | Q1 | Q2 | Q3 | Q4 | Q5 | Q6 | Q7 |

Quindi per costruire i byte (8 bit) di ogni carattere (qui sono rappresentati anche i codici esadecimali) avremmo la seguente tabella:

| | **punto** | **g** | **f** | **e** | **d** | **c** | **b** | **a** | |
|---|---|---|---|---|---|---|---|---|---|
| car | Q7 | Q6 | Q5 | Q4 | Q3 | Q2 | Q1 | Q0 | ESA |
| 0 | 0 | 0 | 1 | 1 | 1 | 1 | 1 | 1 | 3F |
| 1 | 0 | 1 | 1 | 0 | 0 | 0 | 0 | 0 | 06 |
| 2 | 0 | 1 | 0 | 1 | 1 | 0 | 1 | 1 | 5B |
| 3 | 0 | 1 | 0 | 0 | 1 | 1 | 1 | 1 | 4F |
| 4 | 0 | 1 | 1 | 0 | 0 | 1 | 1 | 0 | 66 |
| 5 | 0 | 1 | 1 | 0 | 1 | 1 | 0 | 1 | 6D |
| 6 | 0 | 1 | 1 | 1 | 1 | 1 | 0 | 1 | 7D |
| 7 | 0 | 0 | 0 | 0 | 0 | 1 | 1 | 1 | 07 |
| 8 | 0 | 1 | 1 | 1 | 1 | 1 | 1 | 1 | 7F |
| 9 | 0 | 1 | 1 | 0 | 1 | 1 | 1 | 1 | 6F |
| A | 0 | 1 | 1 | 1 | 0 | 1 | 1 | 1 | 77 |
| b | 0 | 1 | 1 | 1 | 1 | 1 | 0 | 0 | 7C |
| C | 0 | 0 | 1 | 1 | 1 | 0 | 0 | 1 | 39 |
| d | 0 | 1 | 0 | 1 | 1 | 1 | 1 | 0 | 5E |
| E | 0 | 1 | 1 | 1 | 1 | 0 | 0 | 1 | 79 |
| F | 0 | 1 | 1 | 1 | 0 | 0 | 0 | 1 | 71 |
| Punto | 1 | 0 | 0 | 0 | 0 | 0 | 0 | 0 | 80 |

Dove abbiamo nella $Q_0$–$Q_7$ la rappresentazione binaria, a sinistra la rappresentazione del carattere da visualizzare e a destra quella corrispondente in esadecimale che, per comodità, è quella che useremo nel programma.

Nel programma di esempio visualizziamo, in sequenza, i caratteri inclusi in un elenco chiamato codigos[]

```
#--------------------------------------------------------------------
# 18_DISPLAY_7_SEGMENTI.PY: Gestisce un display di 7 segmenti
#--------------------------------------------------------------------
# Ingressi: elenco codigos[] con codici a rappresentare
# Uscite:   GPIO© che attacca DS, ST_CP e SH_CP del 74HC595© dove:
#           DS=data, ST_CP=storage register e SH_CP=shift register
# Azioni:   visualizza i caratteri del elenco codigos[]
#--------------------------------------------------------------------
# -*- coding: utf-8 -*-
#!/usr/bin/env python
import RPi.GPIO as GPIO
import time
DS   =36                       #Dati
ST_CP=38                       #pulso per tenere (storage)
SH_CP=40                       #pulso per spostare (shift)
pines=[DS,ST_CP,SH_CP]

#Qui si introducono i codici dei segmenti per:0,...,9,A,b,C,d,E,F,.
codigos=[0x3f,0x06,0x5b,0x4f,0x66,0x6d,0x7d,0x07,0x7f,0x6f,0x77,0x7c
,0x39,0x5e,0x79,0x71,0x80]

def mensaje_inicio():             #inizia schermo e presenta
  print 80*'\n'                   #titolo del programma
  print 'Contattore in corso...'
  print 'Premere CTR+C per finire'

def setup():                      #FUNZIONE inizia il GPIO©
  GPIO.setwarnings(False)         #per evitare messaggi non necessari
  GPIO.setmode(GPIO.BOARD)        #numeri pin secondo ordino fisico
  for x in pines:
    GPIO.setup (x,GPIO.OUT)       #i pin sono uscita
    GPIO.output(x,GPIO.LOW)       #spegne i pin

def presenta(dato):               #presenta un dato
  for bit in range(0, 8):         #carica ogni bit di dato per DS
    GPIO.output(DS,0x80 & (dato << bit)) #carica il MSB, e sposta
    GPIO.output(SH_CP, GPIO.HIGH)  #e introduce nel registro
    time.sleep(0.001)             #H-L di 1mseg in SH_CP
    GPIO.output(SH_CP, GPIO.LOW)
  GPIO.output(ST_CP, GPIO.HIGH) #salva i 8 bit con un pulso
  time.sleep(0.001)               #H-L di 1mseg in ST_CP
  GPIO.output(ST_CP, GPIO.LOW)
```

```
def loop():                           #loop di visualizzazione
  while True:                         #si repete fino fermare con CTRL+C
    for i in codigos:                 #i percorre il elenco di codici
      presenta(i)                     #presenta il codice
      time.sleep(.5)                  #pausa tra codici

def parar():                          #FUNZIONE: ferma il programma
  GPIO.cleanup()                      #libera i ricorsi del GPIO©

if __name__ == '__main__':            #Programma inizia qui
  mensaje_inicio()                    #FUNZIONE: messaggio inizio
  setup()                             #FUNZIONE: inizia GPIO©
  try:
    loop()                            #FUNZIONE: repete loop fino stop
  except KeyboardInterrupt:           #con la tastiera con CTRL+C
    parar()                           #quindi chiama la funzione parar()
```

Esercizi proposti:

- Modificare l'elenco codigos[] per visualizzare la frase: “Ciao. Io non esco in strada” Pre-compilare la tabella di creazione dei caratteri necessari.

- Aggiungere il codificatore rotativo che sposta la visualizzazione della frase in avanti o indietro ruotando la manopola.

- Fare che il pulsante del codificatore rotativo riavvia la sequenza da cui si vede girare il codificatore. Utilizzare la modalità di interruzione per elaborare il segnale del pulsante.

ΘΘΘ

# *Esercizio 19: Due display 7 segmenti in cascata

In questo esercizio utilizzeremo due display a 7 segmenti, collegati in cascata e il codificatore rotativo per visualizzare una sequenza numerica da 00 a 99. Quando si ruota il codificatore rotativo, la sequenza avanzerà o tornerà e premendo il pulsante si riavvia nuovamente il processo. Aggiungeremo anche 2 LED, quindi quando la sequenza avanza il LED verde si accenderà e se si torna indietro si accenderà il LED rosso.

Infine, per evitare lo sfarfallio dei display, il segnale di $\overline{OE}$ (output enable) di entrambi 74hc595© è collegato con un GPIO© controllato dal software.

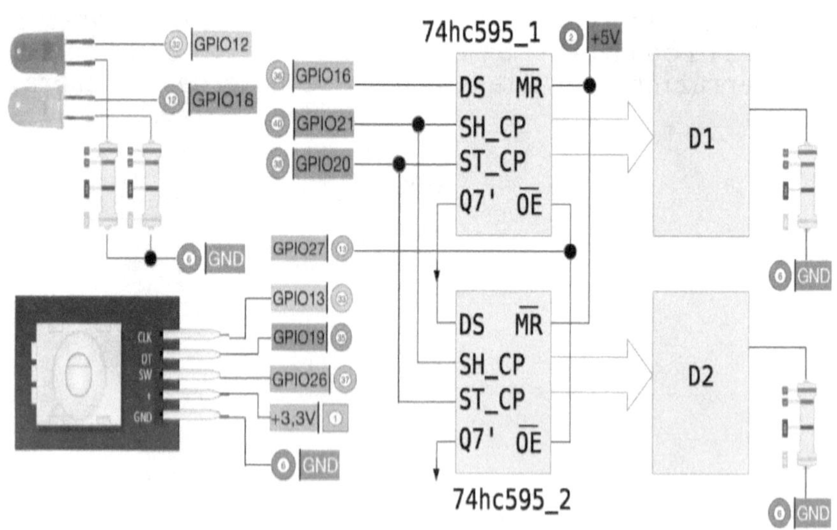

Per la decodifica del display a 7 segmenti useremo un 74hc595© per ciascuno di essi, unendo l'uscita Q7' del primo con l'ingresso di dati DS del secondo.

Questo processo può essere ripetuto con più di 2 display, da cui il nome della connessione in cascata.

Il diagramma generale che useremo è simile alla figura sopra rappresentata e il dettaglio della connessione dei due display al registro a scorrimento (74hc595©) è quello della figura seguente:

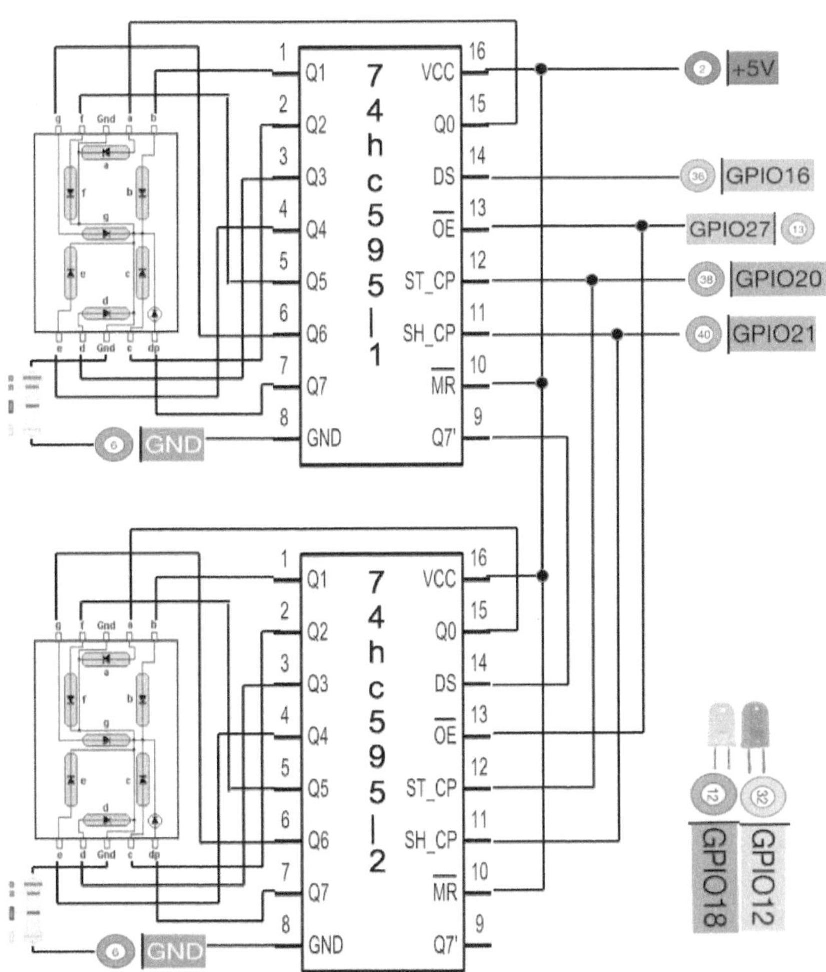

La sintesi del GPIO© di cui abbiamo bisogno per gestire i due 74hc595© e il LED Duale è riportato nella tabella seguente:

| GPIO© (pin) | Dispositivo | Funzione |
|---|---|---|
| 32 | LED rosso | On/off |
| 12 | LED verde | On/off |
| 33 | rotatorio | Pulso CLK direzione di rotazione |
| 35 | rotatorio | Pulso DT giro si/no |
| 37 | rotatorio | Pulsante SW on/off |
| 36 | 74hc595© | Pulso DS di dati |
| 40 | 74hc595© | Pulso SH_CP di spostamento |
| 38 | 74hc595© | Pulso ST_CP di stoccaggio |
| 13 | 74hc595© | OE on/off visione 74hc595© |
| 1 | +3,3v | Alimentazione rotatorio |
| 2 | +5v | Alimentazione 74hc595© |
| 6 | GND | Terra |

```
#------------------------------------------------------------------
# 19_2_DISPLAY7_CASCADA.PY: Gestisce 2 display di 7 segmenti
#------------------------------------------------------------------
# Ingressi: elenco codigos[] a presentare e codificatore rotatorio
# Uscite:   GPIO© attacca DS, ST_CP e SH_CP dei 74HC595© dove:
#           DS=data, ST_CP=storage pulse e SH_CP=shift pulse
#           il Q7' è l'ingresso per il DS del 2ndo 74HC595©
# Azioni:   visualizza digiti 0-99 girando codificatore rotatorio
#------------------------------------------------------------------
# -*- coding: utf-8 -*-
#!/usr/bin/env python
import RPi.GPIO as GPIO
import time

#74ls595
DS   =36                          #dati
ST_CP=38                          #pulso per salvare (storage)
SH_CP=40                          #pulso per spostare (shift)
OE   =13                          #output enable 0=vedere,1=non
#codificatore rotatorio
pin_DT =35                        #pin 35  DT  (rimanere H)
pin_CLK=33                        #pin 33  ClK (comprobare se H o L)
pin_SW= 37                        #pin 37  SW  (pulsante a zero)
```

```
#led
led_r=32
led_v=12
pines=[DS,ST_CP,SH_CP,OE,led_r,led_v]       #pin a iniziare

#Codici dai digiti del 0 al 9
codigos=['3f','06','5b','4f','66','6d','7d','07','7f','6f','80','00']
#        0    1    2    3    4    5    6    7    8    9    . niente
unidad=decena=0                 #per presentazione decimale
avance=0                        #avanza, torna in dietro codigos[]

def mensaje_inicio():           #messaggio di inizio
  print 80*'\n'                 #inizia lo schermo
  print 'CONTATORE INIZIATO'
  print '-premere bottone per posta a zero,'
  print '-girare diritta  per aumentare'
  print '-girare sinistra per diminuire'
  print '-o premere CTR+C per fermare'

def parpadea():                 #lampeggiano i punti diverse volte
  GPIO.output(led_v,GPIO.LOW)   #spegna LED verde
  GPIO.output(led_r,GPIO.LOW)   #spegna LED rosso
  for x in range(0,3):
    presenta(int(codigos[10],16)) #accende il punto di decine
    presenta(int(codigos[10],16)) #accende il punto di unità
    time.sleep(.1)
    presenta(int(codigos[11],16)) #spegna il punto di decine
    presenta(int(codigos[11],16)) #spegna il punto de unità
    time.sleep(.1)

def setup():                    #FUNZIONE: inizia il GPIO©
  GPIO.setwarnings(False)       #per evitare messaggi non necessari
  GPIO.setmode(GPIO.BOARD)      #numeri pin secondo ordino fisico
  for x in pines:               #pin del 74hc595©
    GPIO.setup (x,GPIO.OUT)     #i pin sono uscita del Raspberry©
    GPIO.output(x,GPIO.LOW)     #spegna i pin

  GPIO.setup(pin_DT, GPIO.IN)   #i pin del codificatore rotatorio
  GPIO.setup(pin_CLK,GPIO.IN)   #DT, CLK sono uscite del Raspberry©
  GPIO.setup(pin_SW, GPIO.IN,pull_up_down=GPIO.PUD_UP) #bottone di
                                #premere con pull-up di 10k interno

#Qui si definisce la interruzione, se preme il pulsante (FALLING)
#di aperto a GND, si esegue la funzione clear(). Aggiungere
#bouncetime se avrebbe rimbalzi del pulsante
  GPIO.add_event_detect(pin_SW,GPIO.FALLING,callback=clear)

#Qui si definisce la interruzione, al girare la mandola (FALLING),
#si esegue la funzione giratorio(). Aggiungere bouncetime se
#avrebbe rimbalzi del pulsante
 GPIO.add_event_detect(pin_DT,GPIO.FALLING,callback=giratorio
                                                   ,bouncetime=300)

def giratorio(ev=None):         #FUNZIONE:esegue interruzione giro
  global avance                 #è la uscita di questa funzione
  if not GPIO.input(pin_DT):    #se DT=0 si ha girato la mandola
```

```
    if GPIO.input(pin_CLK):      #si CLK=1 si ha girato in sentito
                                 #anti orario
      avance=-1                  #quindi deve tornare indietro
    else:                        #se CLK=0 si ha girato in sentito
                                 #orario
      avance=1                   #quindi deve andare avanti

def presenta(dato):              #presentare un dato
  GPIO.output(OE,GPIO.HIGH)      #per non vedere dati

  for bit in range(0, 8):        #carica ogni bit di dato per DS
    GPIO.output(DS,0x80 & (dato << bit)) #carica nel MSB, sposta
    GPIO.output(SH_CP, GPIO.HIGH)  #e lo introduce nel registro
    time.sleep(0.001)            #H-L di 1mseg in SH_CP
    GPIO.output(SH_CP, GPIO.LOW)
  GPIO.output(ST_CP, GPIO.HIGH) #salva gli 8 bit con un pulso
  time.sleep(0.001)              #H-L di 1mseg in ST_CP
  GPIO.output(ST_CP, GPIO.LOW)
  GPIO.output(OE,GPIO.LOW)       #per vedere dati

def clear(ev=None):              #FUNZIONE: si ha premuto il bottone
  global avance,decena,unidad
  mensaje_inicio()               #visualizza messaggio iniziale
  decena=unidad=0                #inizia variabile a zero

def loop():                      #loop di visualizzazione
  global unidad,decena,avance    #variabile globale

  while True:                    #si repete fino fermare con CTRL+C
    time.sleep(.3)               #NON ELIMINARE: libera processore
    if avance<>0:
      if avance==1:
        GPIO.output(led_v,GPIO.HIGH) #accende LED verde
        GPIO.output(led_r,GPIO.LOW)  #spegne  LED rosso
      if avance==-1:
        GPIO.output(led_r,GPIO.HIGH) #accende LED rosso
        GPIO.output(led_v,GPIO.LOW)  #spegne  LED verde
      unidad+=avance             #avanza/torna indietro una unità
      if unidad>9:               #comproba margini di unità
        unidad=0
        decena+=avance
        if decena>9:             #comproba margini di decine
          decena=0
      if decena<0:
        decena=9
      if unidad<0:               #comproba margini di unità
        unidad=9
        decena+=avance
        if decena<0:             #comproba margini di decine
          decena=9
        if decena>9:
          decena=0
      presenta(int(codigos[decena],16)) #visualizza la decina
      presenta(int(codigos[unidad],16)) #visualizza la unità

def parar():                     #FUNZIONE: ferma il programma
```

```
  parpadea()
  GPIO.cleanup()                #libera i ricorsi del GPIO©

if __name__ == '__main__':      #programma inizia qui
  mensaje_inicio()              #FUNZIONE: messaggio inizio
  setup()                       #FUNZIONE: inizia GPIO©
  parpadea()
  try:
    loop()                      #FUNZIONE: repete loop fino stop
  except KeyboardInterrupt:     #con la tastiera con CTRl+C
    parar()                     #quindi chiama alla funzione
                                #parar()
```

Esercizi proposti:

- Visualizzare un testo predefinito nell'elenco codigos[] e vai avanti o indietro con la manopola del codificatore giratorio.

- Visualizzare in sequenza una stringa numerica e indicare in verde o rosso i numeri primi o non primi.

- Modificare la routine del pulsante per aumentare la velocità di visualizzazione, sia in avanti che all'indietro.

ΘΘΘ

# *Esercizio 20: Matrice di punti con 74hc595©

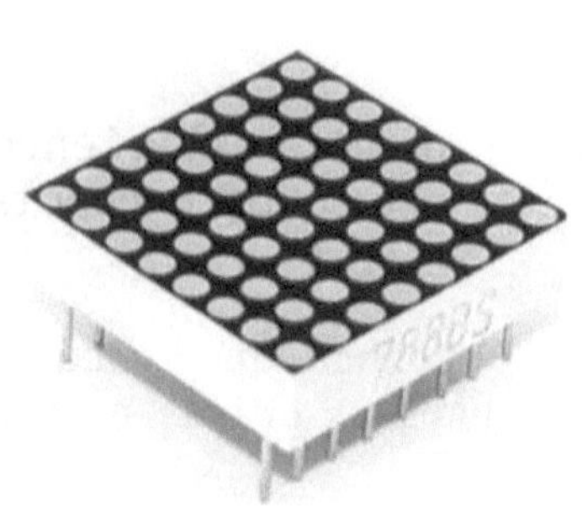

Continuando con gli esercizi con LED e display a 7 segmenti, il seguente prova a gestire un array di LED a 64 punti come il 788BS©.

È un dispositivo con 64 LED, organizzati in 8x8, basso consumo, lunga durata, basso costo, alta luminosità, ampio angolo di visione e facile da ottenere.

Poiché la matrice è organizzata in 8 file (row R1 a R8) e 8 colonne (col C1 a C8), ogni LED collegato, in modalità catodo comune, ad ogni intersezione, è possibile utilizzare 2 74hc595© per gestirli.

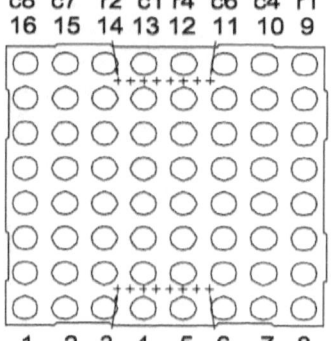

In questo modo se Ri=HIGH e Ci=LOW (con i=1 ... 8) si accende il LED dell'intersezione, nel resto dei casi rimarrà spento (o non c'è corrente, LOW e LOW oppure è invertita LOW e HIGH rispettivamente).

Ad esempio, se R1=H e C1=L si accende il LED dell'intersezione.

c8 c7 r2 c1 r4 c6 c4 r1
16 15 14 13 12 11 10 9

1 2 3 4 5 6 7 8
r5 r7 c2 c3 r8 c5 r6 r3

L'assegnazione dei pin della matrice LED è la seguente (per i processi di produzione, l'assegnazione non è facile da capire, quindi creeremo una tabella), dove i numeri sono i pin della matrice, c(i) le colonne e r(i) le righe.

Quindi, per esempio, c5 è la colonna LED numero 5 ed è sul pin 6 e r2 è la fila LED numero 2 ed è sul pin 14.

| 74hc595© | Uscita 74hc595© | Pin 74hc595© | Riga o Colonna | Pin Matrice 8x8 |
|---|---|---|---|---|
| Primario | Q0 | 15 | r1 | 9 |
| Primario | Q1 | 1 | r2 | 14 |
| Primario | Q2 | 2 | r3 | 8 |
| Primario | Q3 | 3 | r4 | 12 |
| Primario | Q4 | 4 | r5 | 1 |
| Primario | Q5 | 5 | r6 | 7 |
| Primario | Q6 | 6 | r7 | 2 |
| Primario | Q7 | 7 | r8 | 5 |
| Secondario | Q0 | 15 | c1 | 13 |
| Secondario | Q1 | 1 | c2 | 3 |
| Secondario | Q2 | 2 | c3 | 4 |
| Secondario | Q3 | 3 | c4 | 10 |
| Secondario | Q4 | 4 | c5 | 6 |
| Secondario | Q5 | 5 | c6 | 11 |
| Secondario | Q6 | 6 | c7 | 15 |
| Secondario | Q7 | 7 | c8 | 16 |

Per questo esercizio, sfruttiamo il circuito di allenamento con segmenti 2x7, sostituendoli con la matrice 8x8, mantenendo il resto del circuito lo stesso, dove la connessione tra i pin di dati del 74hc595©, le righe e le colonne e i pin del La matrice LED 8x8 è come nella tabella sopra.

Il circuito è identico a quello dei display a 7 segmenti, scambiando solo i display con la matrice LED 8x8.

I 2 LED aggiuntivi vengono mantenuti per visualizzare lo stato e il codificatore rotativo per agire con il circuito.

Facoltativamente, se non si desidera che l'array inizi con alcuni LED accesi in modo casuale, è possibile installare, collegato ai pin $\overline{MR}$ di entrambi gli array, il circuito di Reset automatico visto nei circuiti precedenti.

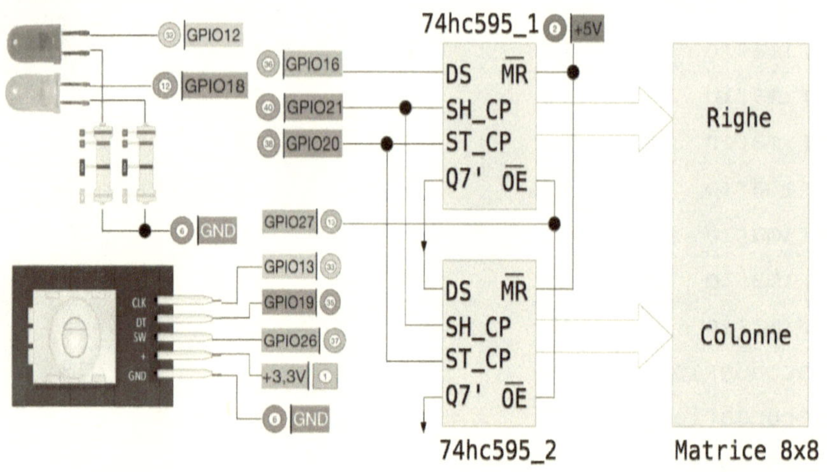


Nei registri a scorrimento (74hc595©) viene caricato per primo l'indirizzo della prima colonna e in esso le informazioni dei LED da accendere (informazioni sulla riga), queste informazioni entrano per prime nel 74hc595© principale e si collegano a cascata al secondario 74hc595©, il processo si ripete per tutte le colonne e viene rapidamente aggiornato producendo l'effetto visivo che tutti i punti richiesti della matrice 8x8 vengono illuminati (processo chiamato multiplazione temporale).

I codici esadecimali per le righe sono:

riga=[0x01,0x02,0x04,0x08,0x10,0x20,0x40,0x80]

| 8 | 4 | 2 | 1 | 8 | 4 | 2 | 1 | |
|---|---|---|---|---|---|---|---|---|
| | | | | | | | | ff |
| | | | 0 | 0 | 0 | | | e3 |
| | | 0 | | | 0 | | | db |
| | | | 0 | 0 | 0 | | | e3 |
| | | 0 | | | 0 | | | db |
| | | 0 | | | 0 | | | db |
| | | | 0 | 0 | 0 | | | e3 |
| | | | | | | | | ff |

I codici esadecimali delle colonne dipendono da ciò che si desidera vedere, ad esempio, se si desidera vedere una B, lo rappresentiamo come nella figura allegata (nell'appendice del libro ci sono altri esempi).

In una griglia 8x8 rappresentiamo il carattere da visualizzare (deve essere ruotato sull'asse verticale o modificare l'ordine dei pin di dati del 74hc595©_2), contrassegniamo con 0 i punti da visualizzare e lasciano vuoti (o a 1) quelli che sarà spento.

In ogni riga traduciamo due gruppi di 4 bit in esadecimali, viene fornito con l'aggiunta dei pesi indicati nella colonna e sapendo che (10=a, 11=b, 12=c, 13=d, 14=e e 15=f)

Ad esempio, la quarta fila della B è 1110-0011, che applicando i pesi abbiamo:

1x8+1x4+1x2+1x0=8+4+2+0=14=e, e d'altra parte

0x0+0x4+1x2+1x1=0+0+2+1=3

Pertanto la quarta riga della B è l'esadecimale e3. Se ripetiamo il processo per tutte le righe, abbiamo che la B è:

```
colonna=[0xff,0xe3,0xdb,0xe3,0xdb,0xdb,0xe3,0xff]

riga   =[0x01,0x02,0x04,0x08,0x10,0x20,0x40,0x80]
```

Per una A la riga sarà:

```
A=[0xff,0xe7,0xdb,0xdb,0xc3,0xdb,0xdb,0xff]
```

Per un simbolo di ❤, sarà:

cuore=[0xff,0xdb,0x81,0x81,0x81,0xc3,0xe7,0xff]

Per ogni carattere dobbiamo avere 8 byte esadecimali di colonna e altri 8 byte della riga per inviarli, elemento per elemento, ai registri a scorrimento, ovvero: inviamo colonna[0]riga[0],..., colonna[7]riga[7] e affinché tutte le informazioni siano visualizzate correttamente nella matrice LED 8x8, è necessario aggiornare queste informazioni abbastanza velocemente in modo che sembri che tutti i LED interessati siano accesi contemporaneamente.

Una volta avviato il programma, ruotando la manopola avanzeremo o torneremo indietro nel testo, lettera per lettera e se premiamo il pulsante la sequenza ricomincerà. Inoltre, ogni lettera o numero appare dall'alto e scompare verso il basso.

```
#-----------------------------------------------------------------------
# 20_MATRIX.PY: Gestisce matrice di LED di 8x8 con multiplexing
#-----------------------------------------------------------------------
# Ingressi: elenco letras[] a rappresentare i codificatore rotativo
# Uscite:   presentazione ciclica in matrice LED con spostamento
# Azioni:   visualizza letras[] al girare il codificatore rotativo
#           inizia visualizzazione a premere il pulsante
#-----------------------------------------------------------------------
# -*- coding: utf-8 -*-
#!/usr/bin/env python
import RPi.GPIO as GPIO
import time

#74ls595
DS   =36                        #dati
ST_CP=38                        #pulso per salvare (storage)
SH_CP=40                        #pulso per spostare (shift)
OE   =13                        #output enable 0=vedere,1=non
#codificatore rotatorio
pin_DT =35                      #pin 35  DT  (mantenere H)
pin_CLK=33                      #pin 33  ClK (comprobare se H o L)
pin_SW= 37                      #pin 37  SW  (pulsante posta zero)
#led
led_r=32                        #LED rosso
led_v=12                        #LED verde
pines=[DS,ST_CP,SH_CP,OE,led_r,led_v] #pin a iniziare
#polling per righe di superiore a inferiore
```

```
fila=['01','02','04','08','10','20','40','80']
#lettere
H= ['ff','db','db','c3','db','db','db','ff']
O= ['ff','c3','db','db','db','db','c3','ff']
L= ['ff','fb','fb','fb','fb','fb','c3','ff']
A= ['ff','e7','db','c3','db','db','db','ff']
B= ['ff','e3','db','e3','db','db','e3','ff']
Y= ['ff','bb','d7','ef','ef','ef','ef','ff']
E= ['ff','c3','fb','e3','fb','fb','c3','ff']
n0=['ff','e7','db','db','db','db','e7','ff']
n1=['ff','ef','e7','ef','ef','ef','ef','ff']
n2=['ff','e7','db','ef','f7','fb','c3','ff']
n3=['ff','e7','db','cf','ef','db','e7','ff']
n4=['ff','db','db','c7','df','df','df','ff']
n5=['ff','c3','fb','e3','df','db','e7','ff']
n6=['ff','df','ef','e7','db','db','e7','ff']
n7=['ff','c3','df','ef','f7','fb','fb','ff']
n8=['ff','e7','db','e7','db','db','e7','ff']
n9=['ff','e7','db','c3','df','ef','f3','ff']

#esempli di messaggi
hola=[H,O,L,A]                 #elenchi con caratteri a presentare
adios= [B,Y,E]
numeros=[n0,n1,n2,n3,n4,n5,n6,n7,n8,n9]
letras=numeros                 #parole a visualizzare
puntero=avance=0               #posizione in letras[] avanza si/no
flag=False                     #c'era rotazione si/no

def setup():                   #FUNZIONE: inizia il GPIO©
  GPIO.setwarnings(False)      #evitare messaggi non necessari
  GPIO.setmode(GPIO.BOARD)     #numeri pin secondo ordino fisico
  for x in pines:              #pin a iniziare come uscite e LOW
    GPIO.setup (x,GPIO.OUT)    #i pin sono uscite del Raspberry©
    GPIO.output(x,GPIO.LOW)    #spegne tutti i pin

  GPIO.setup(pin_DT, GPIO.IN)  #i pin del codificatore rotativo
  GPIO.setup(pin_CLK,GPIO.IN)  #DT, CLK ingressi del Raspberry©
  GPIO.setup(pin_SW, GPIO.IN,pull_up_down=GPIO.PUD_UP) #bottone di
                               #pressione con pull-up 10k interno

#Qui si definisce la interruzione, se preme il pulsante (FALLING)
#di aperto a GND, si esegue clear(). Aggiungere bouncetime se
#avrebbe rimbalzi del pulsante

  GPIO.add_event_detect(pin_SW,GPIO.FALLING,callback=clear)

#Qui si definisce la interruzione, al girare la mandola (FALLING),
#si esegue la funzione giratorio(). Aggiungere bouncetime se
#avrebbe rimbalzi del pulsante

  GPIO.add_event_detect(pin_DT,GPIO.FALLING,callback=giratorio
                                              ,bouncetime=300)

def mensaje_inicio():          #messaggio presentazione di inizio
  for z in hola:               #presenta la parola "HOLA'
    for t in range(0,50):      #tempo visualizzazione
```

```
      for i in range(0,8):      #presenta lettera
        presenta(fila[i],z[i])
  print 80*'\n'                 #inizia lo schermo e presenta testo
  print 'MATRICE LED 8x8 INIZIATA'
  print '-premere bottone per posta a zero,'
  print '-girare diretta per aumentare'
  print '-girare sinistra per diminuire'
  print '-o premere CTR+C per finire'

def parpadea():                 #lampeggiano LED e punto vari volte
  for x in range(0,3):          #volte a lampeggiare
    presenta('01','fe')         #accende punto
    GPIO.output(led_r,GPIO.HIGH)#accende LED rosso
    GPIO.output(led_v,GPIO.HIGH)#accende LED verde
    time.sleep(.5)              #tempo de lampeggio
    presenta('01','ff')         #spegne punto
    GPIO.output(led_r,GPIO.LOW) #spegne LED rosso
    GPIO.output(led_v,GPIO.LOW) #spegne LED verde
    time.sleep(.5)

def giratorio(ev=None):         #FUNZIONE: tratta interruzione giro
  global avance,flag            #uscite di questa funzione
  if not GPIO.input(pin_DT):    #se DT=0 si ha girato la mandola
    if GPIO.input(pin_CLK):     #se CLK=1 si ha girato en sentito
                                #anti orario
      avance=-1                 #quindi deve tornare indietro
    else:                       #se CLK=0 si ha girato in sentito
                                #orario
      avance=1                  #quindi deve avanzare
    flag=True                   #c'era rotazione

def loop():                     #FUNZIONE: loop principale, LED e
                                #presentazione
  global puntero,avance,flag    #posizione in letras[] e stato
                                #codificatore rotativo
  while True:                   #repete fino che ferma con CTRL+C
    time.sleep(.001)            #NON ELIMINARE:  scarica il micro
    if avance<>0:               #si ha girato la mandola rotatorio
      if avance==1:             #avanza
        GPIO.output(led_v,GPIO.HIGH) #accende LED verde
        GPIO.output(led_r,GPIO.LOW)  #spegne  LED rosso
      if avance==-1:            #torna indietro
        GPIO.output(led_r,GPIO.HIGH) #accende LED rosso
        GPIO.output(led_v,GPIO.LOW)  #spegne  LED verde
      if puntero==len(letras):  #comprova margini di puntatore
        puntero=0               #situa al principio
      if puntero<0:             #comprova margini di puntatore
        puntero=len(letras)-1   #situa alla fine
      ver_letra()               #presenta carattere
      puntero+=avance           #avanza o torna indietro letras[]
      flag=False                #inizia interruzione

def ver_letra():                #escono/entrano verso/da sopra
  T=5                           #tempo de presentazione T/10 sec
  global flag
  for z in range(8,0,-1):       #cambia ordino, cambia direzione
```

```
    nueva_fila=[]                #carica il nuovo ordino di ingresso
    for j in range(0,z):         #aggiunge zeri alla sinistra
      nueva_fila.append('00')
    for j in range(z,8):         #sposta righe a diritta
      nueva_fila.append(fila[j-z])
    for t in range(0,T):         #visualizza i tempo T
      for i in range(0,8):       #presenta lettera
        f=nueva_fila[i]
        c=letras[puntero][i]
        presenta(f,c)

  for z in range(8,0,-1):        #cambia ordino, cambia direzione
    nueva_fila=[]                #carica il nuovo ordino di uscita
    for j in range(0,z):         #sposta righe a sinistra
      nueva_fila.append(fila[j-z])
    for j in range(z,8):         #aggiunge zeri alla diritta
      nueva_fila.append('00')
    for t in range(0,T):         #visualizza in tempo T
      for i in range(0,8):       #presenta lettera
        f=nueva_fila[i]
        c=letras[puntero][i]
        presenta(f,c)
        if flag:                 #se si ha girato il rotatorio
          flag=False             #lascia di presentare
          break

def presenta(F,D):               #presenta dato D in riga F
  F=int('0x'+F,16)               #formatta Riga en esadecimale
  D=int('0x'+D,16)               #formatta Dato en esadecimale
  for bit in range(0, 8):        #carica il Dato D facendo shift
    GPIO.output(DS, 0x80 & (D<<bit)) #carica shift-register con D
    GPIO.output(SH_CP, GPIO.HIGH) #con un pulso in SH_CP
    time.sleep(0.00005)
    GPIO.output(SH_CP, GPIO.LOW)
  for bit in range(0, 8):        #carica la Riga F facendo shift
    GPIO.output(DS, 0x80 & (F<<bit))#carica shift-register con F
    GPIO.output(SH_CP, GPIO.HIGH) #con un pulso in SH_CP
    time.sleep(0.00005)
    GPIO.output(SH_CP, GPIO.LOW)
  GPIO.output(OE, GPIO.HIGH)     #impedisce vedere, evita lampeggi
  GPIO.output(ST_CP, GPIO.HIGH)  #salva dati
  time.sleep(0.00005)            #con pulso in ST_CP
  GPIO.output(ST_CP, GPIO.LOW)
  GPIO.output(OE,    GPIO.LOW)   #permesse vedere

def clear(ev=None):              #FUNZIONE: bottone premuto
  global flag,puntero
  GPIO.output(led_v,GPIO.LOW)    #spegne LED verde
  GPIO.output(led_r,GPIO.LOW)    #spegne LED rosso
  puntero=0                      #inizia posizione in letras[]
  flag=True
  mensaje_inicio()               #visualizza messaggio iniziale

def parar():                     #FUNZIONE: ferma il programma
  for z in adios:                #presenta la parole "BYE'
    for t in range(0,50):        #visualizza 50=mezzo secondo
```

```
      for i in range(0,8):          #presenta lettera
        presenta(fila[i],z[i])
  GPIO.cleanup()                    #libera GPIO©

if __name__ == '__main__':          #Programma inizia qui
  setup()                           #FUNZIONE: inizia GPIO©
  mensaje_inicio()                  #FUNZIONE: messaggio inizio
  parpadea()                        #FUNZIONE: sequenza di inizio
  try:
    loop()                          #FUNZIONE: repete loop fino stop
  except KeyboardInterrupt:         #con la tastiera con CTRl+C
    parar()                         #quindi chiama alla funzione
                                    #parar()
```

Alla fine del libro i codici esadecimali dell'alfabeto completo sono allegati in maiuscolo e i numeri da 0 a 9 per poter comporre testi di base.

Esercizi proposti:

- Fare un elenco con i codici della frase “PIETRO TORNA INDIETRO” e verificare che sia visualizzato correttamente e che puoi spostarti al suo interno in entrambe le direzioni.

- Idem esercita quello precedente ma in lettere minuscole, è necessario definire in precedenza i codici di ogni lettera.

- Scrivere una routine in modo che un carattere, una volta presentato, scorra orizzontalmente fino a quando scompare.

⊝⊝⊝

# *Esercizio 21: Display LCD

Evolvendo un po 'di più, in questo esercizio collegheremo un display LCD al Raspberry© che ci permetterà di visualizzare molte più informazioni, spostarle facilmente e applicare comandi: cancella schermo, vai all'inizio, posiziona un cursore, spegni il display, spegne il cursore, ecc.

Ci sono molti display di questo tipo sul mercato, uno semplice da usare, economico e facile da ottenere è il LCD1602©, che ha 2 righe di 16 caratteri, con un bus di dati a 8 bit (configurabile in due gruppi di 4 bit per salvare i pin del Raspberry©) e con solo 2 linee di controllo.

Esiste anche una versione di questo display con connessione $I^2C$©, quindi si collega al Raspberry© solo con due pin (SDA e SCL) che vedremo in un altro esercizio.

È possibile regolare il suo contrasto con un potenziometro di 10kΩ e attivare una retroilluminazione collegandola a +3.3v o +5v con un resistore di 220Ω

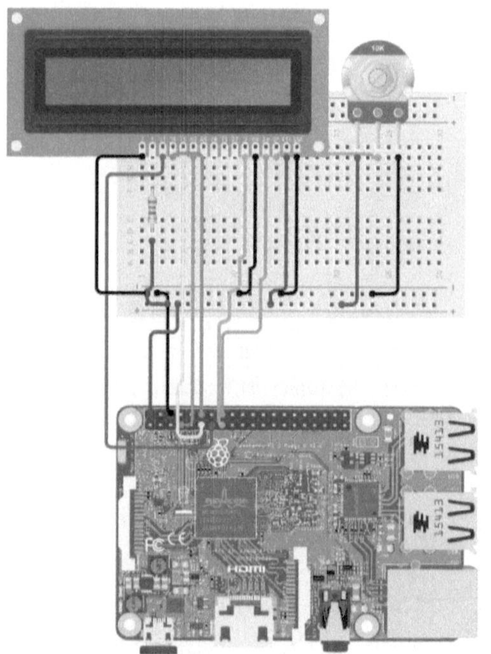

Con questa opzione possiamo visualizzare, ad esempio, tempo, temperatura della CPU del Raspberry©, temperatura ambiente fornita da un sensore, altri sensori, stato di alcune variabili, inserire dati sulle soglie dei sensori, stato degli allarmi, contatori, posizione di un decodificatore, ecc.

In esercizi futuri useremo questo display per visualizzare uscite di tutti i tipi di sensori.

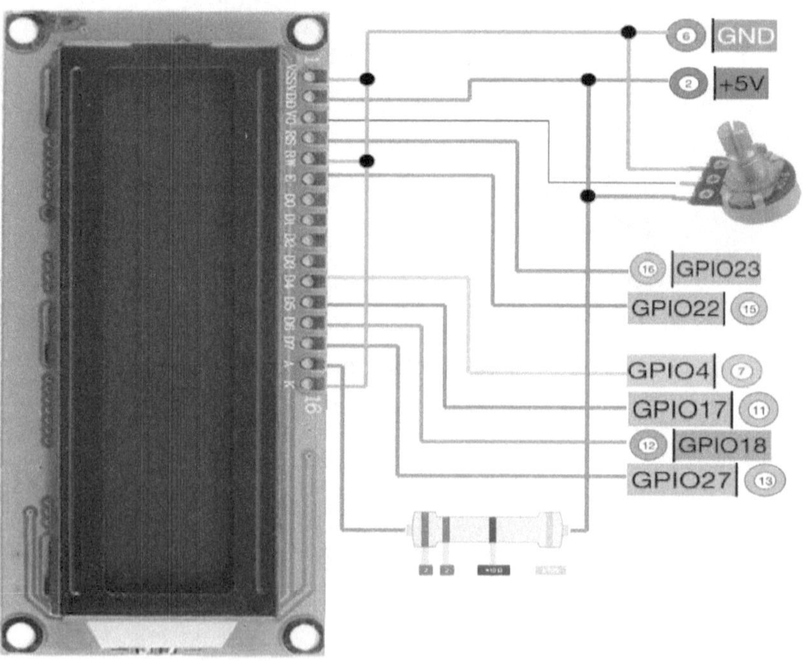

Nel seguente script utilizziamo il LCD1602© per visualizzare il titolo de esercizio su una riga e sull'altra riga il tempo di sistema e la temperatura della CPU in ºC.

```
#---------------------------------------------------------------------
# 21_LCD1602_FACIL.PY: visualizza tempo, temperatura CPU in LCD1602
#---------------------------------------------------------------------
# Ingressi: tempo attuale e temperatura della CPU in ºC
# Uscite:   2 linee di LCD1602
# Azioni:   vedere tempo attuale e temperatura di CPU fino CTRL+C
#---------------------------------------------------------------------
#!/usr/bin/python                  #ubicazione interprete Python©
# -*- coding: utf-8 -*-             #gestore di caratteri speciali
import RPi.GPIO as GPIO             #gestore del GPIO©
import time                         #gestore di variabili tempo
from datetime import datetime       #gestore di ora e data
RS=16                               #register select (dati/comandi)
E =15                               #enable (LOW esegue istruzioni)
D4= 7                               #4 bits di dati D4...D7
D5=11                               #D0...D3 non si usano qui
D6=12                               #si carica il carattere in due
D7=13                               #blocchi di 4 bits
pines=[RS,E,D4,D5,D6,D7]            #relazione di pin a configurare
ANCHO=16                            #caratteri per linea
CHR=True                            #per caricar caratteri
CMD=False                           #per caricar comandi
LINEA_1=0x80                        #direzione RAM per 1ra linea
LINEA_2=0xC0                        #direzione RAM per 2da linea
PULSO=0.0005                        #durata di pulso
DELAY=0.0005                        #durata di aspetta

def setup():                        #FUNZIONE: inizia il sistema
  GPIO.setwarnings(False)           #evita messaggi non necessari
  GPIO.setmode(GPIO.BOARD)          #pin secondo direzione fisica
  for x in pines:                   #i pin sono uscita
    GPIO.setup(x,GPIO.OUT)
                                    #inizia display (dati,modo)
                                    #modo: CMD=comando CHR=carattere
  lcd_byte(0x33,CMD)                #110011 Inizia LINEA_1
  lcd_byte(0x32,CMD)                #110010 Inizia LINEA_2
  lcd_byte(0x06,CMD)                #000110 Direzione del Cursore
  lcd_byte(0x0C,CMD)                #001100 Display On, Cursore Off,
                                    #Blink Off
  lcd_byte(0x28,CMD)                #101000 Lunghezza dati, numeri di
                                    #linee, dimensione, fonte
  lcd_byte(0x01,CMD)                #000001 inizia display
  #lcd_byte(0x08,CMD)               #001000 Display Off, Cursore Off,
                                    #Blink off
  time.sleep(DELAY)

def lcd_byte(dato,modo):            #FUNZIONE: carica dati tipo
                                    #carattere o comando
  GPIO.output(RS, modo)             #RS (register select) per
                                    #carattere comando
```

```
#1 carattere o byte sono 8 bit in posizioni:
#0x80,0x40,0x20,0x10,0x08,0x04,0x02,0x01   per bus 8 bit abbiamo:
# D7   D6   D5   D4   D3   D2   D1   D0    ma come solo abbiamo
#un bus di 4 bits, dovremo allora attuare in 2 passi:
#1 carattere o byte sono 2 passi di 4 bit in posizioni:
#0x80,0x40,0x20,0x10 (bit alti)  caricano in D7,D6,D5,D4 in paso 1
#0x08,0x04,0x02,0x01 (bit basso) caricano in D7,D6,D5,D4 in paso 2
#Bit alti                         #Ogni dato 8bit, caricano 2 passi
  GPIO.output(D4, False)          #D4-D7 si mettono a zero
  GPIO.output(D5, False)
  GPIO.output(D6, False)
  GPIO.output(D7, False)
  if dato&0x10==0x10:             #si caricano i 4 bit più alti
    GPIO.output(D4, True)         #posizioni: 0x10,0x20,0x40,0x80
  if dato&0x20==0x20:
    GPIO.output(D5, True)
  if dato&0x40==0x40:
    GPIO.output(D6, True)
  if dato&0x80==0x80:
    GPIO.output(D7, True)
  activa_enable()                 #pulso enable (1->0) carica dati
#Bit bassi
  GPIO.output(D4, False)          #D4-D7 si mettono a zero
  GPIO.output(D5, False)
  GPIO.output(D6, False)
  GPIO.output(D7, False)
  if dato&0x01==0x01:             #si caricano i 4 bit più basso
    GPIO.output(D4, True)         #posizioni: 0x01,0x02,0x04,0x08
  if dato&0x02==0x02:
    GPIO.output(D5, True)
  if dato&0x04==0x04:
    GPIO.output(D6, True)
  if dato&0x08==0x08:
    GPIO.output(D7, True)
  activa_enable()

def activa_enable():              #carica dati a fare enable 1->0
  time.sleep(DELAY)
  GPIO.output(E, True)            #alza PULSO
  time.sleep(PULSO)
  GPIO.output(E, False)           #abbassa PULSO
  time.sleep(DELAY)

def envia_lcd(mensaje,linea):     #FUNZIONE messaggio linea LCD
  lcd_byte(linea,CMD)
  for i in range(len(mensaje)):   #envia ogni carattere messaggio
    lcd_byte(ord(mensaje[i]),CHR)

def loop():                       #FUNZIONE:loop principale
  envia_lcd("(c) Raspberry Pi",LINEA_1)
  while True:
    now=datetime.now()            #tempo aggiustato a HH:MM:SS
    hora=str(now.time())[:8]
                                  #temperatura CPU in ºC
    tempFile=open("/sys/class/thermal/thermal_zone0/temp")
    cpu_temp=tempFile.read()
```

```
    tempFile.close()
    cpu_temp=str(round(float(cpu_temp)/1000))
    texto=hora+'     '+cpu_temp[:2]+'C' #ora-temperatura
    envia_lcd(texto,LINEA_2)
    time.sleep(.5)

def desplaza_i(x):                  #sposta testo x a sinistra
    for j in range(0,len(x)):
      envia_lcd(x[j:j+16],LINEA_2)
      time.sleep(.1)
    time.sleep(1)

def desplaza_d(x):                  #sposta testo x alla diritta
    for j in range(0,len(x)):
      envia_lcd(' '*j+x[:len(x)-j],LINEA_2)
      time.sleep(.1)
    time.sleep(1)

if __name__ == '__main__':          #inizia esecuzione di programma
  print '\n'*80                     #inizia schermo
  print 'Provando LCD1602...'       #testo inizio del programma
  try:
    setup()                         #FUNZIONE: inizia sistema
    loop()                          #FUNZIONE: loop vedere testi
  except KeyboardInterrupt:         #se CTRL+C si ferma programma
    print 'Fine'                    #visualizza Fine in schermo
    lcd_byte(0x01,CMD)              #comando che inizia display
    desplaza_d('Fine               ')
    lcd_byte(0x08,CMD)              #comando che spegne display
    GPIO.cleanup()                  #libera il GPIO©
```

## Esercizi proposti:

- Aggiungere il codificatore rotatorio e usalo per avanzare/retrocedere rapidamente 2 righe successive.

- Aggiungere un transistor a un GPIO©, collegalo correttamente alla retroilluminazione del display e accendilo o spegnilo tramite software, (vedi l'esercizio di controllo della ventola) collegandolo a un GPIO©, usa le resistenze corrispondenti.

- Aggiungere un 74hc595© per utilizzare i dati a 8 bit dell'LCD1602© ed evita di dover fare 2 carichi in gruppi di 4 bit.

ΘΘΘ

# *Esercizio 22: Display LCD con $I^2C$©

Andando un p'oltre con il display LCD, aggiungeremo un elemento molto interessante che ci consente, da un lato, di salvare i pin del Raspberry© per controllare LCD1602©, potendo dedicarli ad altre cose e, dall'altro, un software di controllo molto più semplice.

Questo elemento ha un circuito integrato PCF8574© che consiste in un convertitore $I^2C$© in bus dati parallelo (D4_D7, RS, RW ed E dell'LCD1602©) che ci consente anche di controllare la retroilluminazione tramite software e il contrasto tramite hardware (il potenziometro blu).

Ricordiamo che il bus $I^2C$© è costituito solo da due cavi (SDA e SCL accessibili rispettivamente sui pin 3 e 5 del Raspberry©) che consente a diversi dispositivi di essere condivisi in parallelo sullo stesso bus (in seguito aggiungeremo un convertitore da analogico a digitale PCF8591©) e trasmettere e ricevere informazioni tra dispositivi e Raspberry© ad alta velocità.

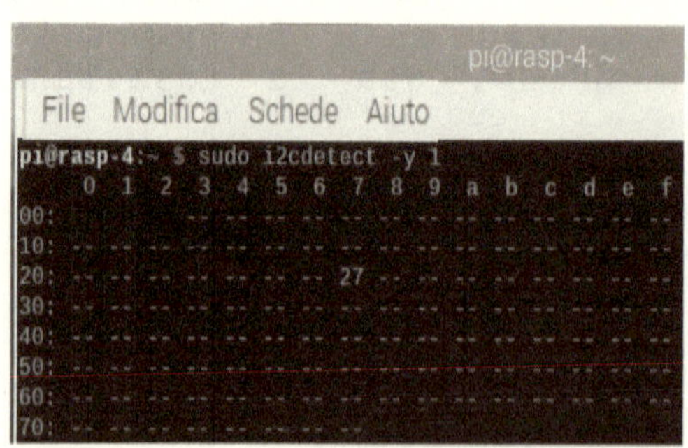

Tutti i dispositivi I²C© hanno un indirizzo esadecimale assegnato dal loro produttore (per il PCF8591© è 0x27) e per saperlo lo facciamo da LXTerminal© di Raspbian©:

```
sudo i2cdetect -y 1
```

Regolare il contrasto del'LCD1602© nel potenziometro sul retro (circuito adattatore PCF8574©) e se vogliamo che la retroilluminazione funzioni (oltre ad attivarla tramite software), il ponticello nero deve essere inserito alla fine del circuito PCF8574©.

Infine dovremo utilizzare le librerie Python© che gestiscono le seguenti funzioni e che sono incluse nello script LCD.PY

| | |
|---|---|
| clear() | inizia lo schermo |
| openlight() | attiva la retroilluminazione |
| closelight() | disattiva la retroilluminazione |
| write(C,F,testo) | scrive su Colonna, Fila, testo |

```
#------------------------------------------------------------------
# LCD.PY: Libreria gestione LCD I²C© in 0x27
#------------------------------------------------------------------
# Ingressi: specifico per ogni funzione
# Uscite:   testo in schermo, on/off retroilluminazione
#------------------------------------------------------------------
# -*- coding: utf-8 -*-            #permette carattere speciali
#!/usr/bin/env python              #ubicazione interprete Python©
# FUNZIONI con indirizzo=0x27
# init(indirizzo,1/0)              1/0=backlight on/off
# clear()                          inizia schermo
# openlight()                      accende backlight
# closelight()                     spegne backlight
# write(C,F,testo)                 scrive in Colonna, Fila, testo
import time                        #gestione di tempi
import smbus                       #gestione del bus I²C©
BUS=smbus.SMBus(1)                 #usare (0) per Raspberry antichi

def write_4bits(direccion,dato):   #scrive parola di 4 bits
  global BACK                      #backlight 0/1
  inter=dato
  if BACK==1:                      #tiene stato backlight
    inter |=0x08
  else:
    inter &=0xF7
  BUS.write_byte(direccion,inter)
```

```
def send_command(comando):          #envia comando
                                    #envia  bit: 7-4 prima
  dato=comando&0xF0                 #seleziona i MSB
  dato |=0x04                       #RS=0, RW=0, EN=1
  write_4bits(LCD_DIR,dato)
  time.sleep(0.002)
  dato &=0xFB                       #cambia EN=0
  write_4bits(LCD_DIR,dato)
                                    #envia bit: 3-0 dopo
  dato=(comando &0x0F)<<4           #sposta LSB a MSB
  dato |=0x04                       #RS=0, RW=0, EN=1
  write_4bits(LCD_DIR,dato)
  time.sleep(0.002)
  dato &=0xFB                       #cambia EN=0
  write_4bits(LCD_DIR,dato)

def send_data(caracter):            #envia carattere
                                    #envia bit: 7-4 prima
  dato=caracter &0xF0               #seleziona i MSB
  dato |=0x05                       #RS=1, RW=0, EN=1
  write_4bits(LCD_DIR,dato)
  time.sleep(0.002)
  dato &=0xFB                       #cambia EN=0
  write_4bits(LCD_DIR,dato)
                                    #envia bit: 3-0 dopo
  dato=(caracter &0x0F)<<4          #sposta LSB a MSB
  dato |=0x05                       #RS=1, RW=0, EN=1
  write_4bits(LCD_DIR,dato)
  time.sleep(0.002)
  dato &=0xFB                       #cambia EN=0
  write_4bits(LCD_DIR,dato)

def init(direccion,back_light):     #indirizzo, backlight=0,1
  global LCD_DIR,BACK
  LCD_DIR=direccion
  BACK   =back_light
  try:
    send_command(0x33)              #primo inizia modo 8 linee
    time.sleep(0.005)
    send_command(0x32)              #dopo inizia a modo 4 linee
    time.sleep(0.005)
    send_command(0x28)              #2 linee di 5x7
    time.sleep(0.005)
    send_command(0x0C)              #display senza cursore
    time.sleep(0.005)
    send_command(0x01)              #inizia schermo
    BUS.write_byte(LCD_DIR,BACK)
  except:
    return False
  else:
    return True

def clear():
  send_command(0x01)                #inizia schermo
  time.sleep(.5)                    #tempo iniziato
```

```
def openlight():                   #accende il backlight
  BUS.write_byte(0x27,0x08)
  BUS.close()

def closelight():                  #spegne il backlight
  init(0x27,0)

def write(C,F,texto):              #scrive testo in C=colonna,
                                   #F=fila
  if C<0:                          #C tra 0 e 15
    C=0
  if C>15:
    C=15
  if F<0:                          #F tra 0 e 1
    F=0
  if F>1:
    F=1
  ubicar=0x80+0x40*F+C             #sposta il cursore a [C,F]
  send_command(ubicar)
  for x in texto:                  #scrive lettera, lettera di testo
    send_data(ord(x))

def parar():                       #ferma con CTRL+C
  print 'Programma finito'
  clear()                          #inizia testo
  write(0,0,'Chao...')
  time.sleep(2)
  closelight()                     #spegne backlight

if __name__ == '__main__':         #programma inizia qui
  try:
    init(0x27,1)                   #inizia LCD con backlight=ON
    write(5,0,'Chao...')           #scrive Chao in C=5, F=0
    while True:
      time.sleep(.1)
  except KeyboardInterrupt:        #ferma con CTRL+C
    parar()
```

Ora possiamo riscrivere lo script dell'esercizio precedente e visualizzare l'ora corrente e la temperatura della CPU del Raspberry© su questo display aggiornato.

```
#----------------------------------------------------------------------
# 22_LCD1602_I2C.PY:vedere tempo, temperatura CPU LCD1602© con I²C©
#----------------------------------------------------------------------
# Ingressi: ora attuale e temperatura della CPU in ºC
# Uscite:   2 linee di LCD1602 gestite per I²C©
# Azioni:   vedere ora attuale e temperatura di CPU fino CTRL+C
#----------------------------------------------------------------------
# -*- coding: utf-8 -*-              #per carattere speciali
#!/usr/bin/env python                #ubicazione interprete Python©
import LCD                           #libreria gestione LCD1602© I²C©
```

```
import time                           #gestore variabile tempo
from datetime import datetime         #gestore di ora e data

def setup():
  LCD.init(0x27,1)                    #inizia I²C© e backlight
  LCD.clear()                         #inizia schermo

def loop():                           #loop principale del programma
  now=datetime.now()                 #ora attuale aggiustata HH:MM:SS
  hora=str(now.time())[:8]            #temperatura CPU in ºC
  tempFile=open("/sys/class/thermal/thermal_zone0/temp")
  cpu_temp=tempFile.read()
  tempFile.close()
  cpu_temp=str(round(float(cpu_temp)/1000))
  texto=hora+'     '+cpu_temp[:2]+'C' #ora-temperatura
  LCD.write(0,1,texto)                #scrive temperatura in pos 0,1
  time.sleep(.2)                      #scarica microprocessore

def parar():                          #ferma al premere CTRL+C
  LCD.clear()                         #inizia schermo LCD
  LCD.write(0,0,'Fine....')
  time.sleep(2)
  LCD.closelight()                    #spegne backlight

if __name__ == "__main__":            #programma inizia qui
  print '\n'*80                       #inizia schermo no LCD
  print 'Provando LCD1602...'
  try:
    setup()                           #inizia display LCD
    LCD.write(0,0,"(c) Raspberry Pi")
    while True:
      loop()                          #loop principale del programma
  except KeyboardInterrupt:           #si ferma con CTRL+C
    parar()
```

Come puoi vedere, lo script è molto più semplice poiché si basa sull'uso della libreria LCD.py, che è responsabile di tutte le comunicazioni con LCD1602© attraverso la porta I²C©.

Esercizi proposti:

- Modificare il display della temperatura della CPU in un loop che visualizza i numeri dispari da 1 a 49 sul display LCD e viceversa.

- Aggiungere un pulsante e sposta la sequenza precedente in avanti o indietro con una pressione lunga o breve.

- Aggiungere un decodificatore rotativo per spostarti avanti o indietro attraverso una sequenza di nomi di colori inclusi in un elenco Python© e visualizzarli sul display LCD.

ΘΘΘ

# *Esercizio 23: Convertitore A/D PCF8591©

Questo esercizio è molto interessante e **MOLTO IMPORTANTE** per poter accedere e comprendere molti altri esercizi con sensori analogici.

È un dispositivo incluso in un circuito integrato che funziona come un convertitore Analogico-Digitale e viceversa. Questo dispositivo si collega al Raspberry© attraverso la porta seriale $I^2C$© che abbiamo già visto in altri esercizi.

Se non si possiede una conoscenza di base dei segnali digitali vs analogici e/o convertitori digitale, analogico (A/D), si consiglia di leggere le informazioni preliminari sul Web.

Un dispositivo di questo tipo converte segnali analogici da un massimo di 4 fonti diverse (ad esempi sensori) in corrispondenti segnali digitali che possono essere interpretati ed elaborati per il Raspberry©.

Può anche convertire segnali digitali generati da Raspberry© in un'uscita analogica. **IMPORTANTE:** gli ingressi analogici non possono superare +3.3v

Il PCF8591© è un convertitore A/D a 8 bit, quindi può convertire un segnale analogico in uno digitale di $2^8$=256 livelli (da 0 a 255) che è sufficientemente preciso per la maggior parte dei sensori inclusi negli esercizi di questo libro.

In questo primo esercizio con il PCF8591© testeremo entrambi i processi: convertire un segnale analogico, proveniente da un potenziometro collegato tra +3.3v e GND (spostandolo, generiamo il segnale analogico) in un segnale digitale e convertire questo segnale digitale, di nuovo in analogico per il controllo (in certi limiti) la luminosità di un LED.

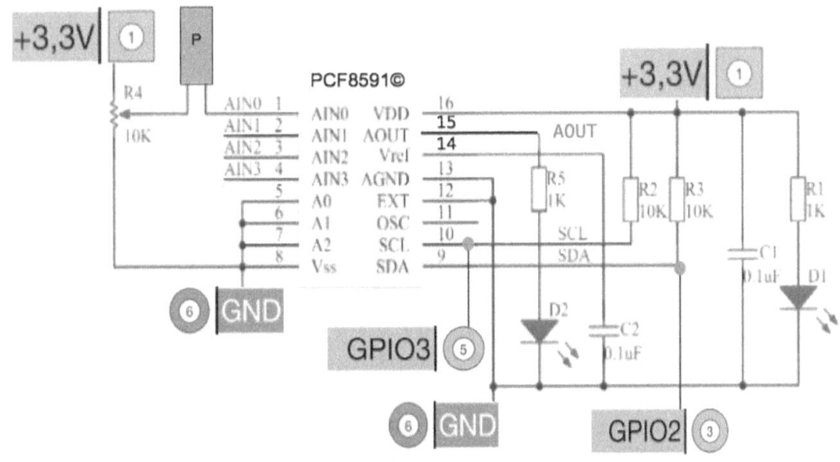


Il convertitore A/D PCF8591© ha bisogno di un semplice circuito di controllo come quello collegato nella figura precedente. L'ingresso analogico AIN0 prende il segnale dal punto medio del potenziometro R4 (P è un ponte che deve essere collegato per questo esercizio) pertanto, spostando il potenziometro possiamo variare la tensione in ingresso su AIN0 tra 0 e +3,3v che il convertitore A/D lo traduce in livelli digitali tra 0 e 255 rispettivamente.

Tramite i pin 3 e 5 del Raspberry©: SDA (dati) e SCL (orologio) del bus I²C©, il convertitore A/D PCF8591© è programmato e attivato in modo che il segnale analogico, che arriva attraverso AIN0, sia converti in un segnale digitale, con valori numerici compresi tra 0 e 255, e di nuovo in un segnale analogico in uscita attraverso AOUT, con valori analogici tra circa 0 e +3.3v, che illumina più o meno il LED D2.

Questa doppia conversione non ha molto “senso elettronico”, viene utilizzata in questo esercizio solo come risorsa di allenamento per esercitarsi in modo semplice, con un singolo chip e con un singolo circuito le due direzioni della conversione del PCF8591©: analogico a digitale e da digitale ad analogico.

I resistori R2 e R3 sono pull-up del bus $I^2C$©, R1 e R5 limitano la corrente dei LED D2 e D1, C1 funge da filtro per stabilizzare meglio i +3.3v e D1 si illumina per indicare che c'è tensione nel circuito.

Il seguente script crea i funzioni che possiamo usare in seguito per importare in altri script e usarle per gestire facilmente il PCF8591©

Queste funzioni includono:

- **setup (indirizzo)**, dove l'indirizzo del convertitore è assegnato sul bus $I^2C$©
- **read (canale)**, che legge un canale di ingresso analogico (da AIN0 a AIN3) per la conversione in digitale.
- **write (value)**, che scrive un valore (tra 0 e 255) nel canale di uscita analogica AOUT

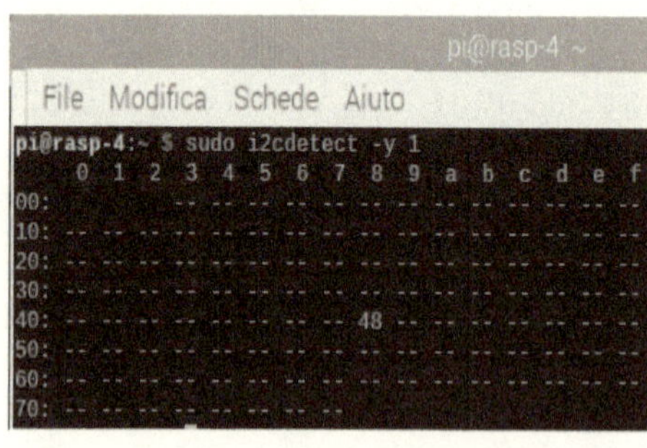


sudo i2cdetect -y 1

La prima cosa di cui abbiamo bisogno è conoscere l'indirizzo che il convertitore PCF8591© ha sul bus $I^2C$©. Per fare questo e da una finestra di LXTerminal© di Raspbian© eseguiamo il seguente comando:

Possiamo vedere che abbiamo assegnato l'indirizzo esadecimale 0x48 che useremo per accedere al convertitore PCF8591© attraverso la porta $I^2C$©

```
#---------------------------------------------------------------------
# 23_CONVERSORE_PCF8591.PY: Legge ingresso AIN0 e scrive in AOUT
#---------------------------------------------------------------------
# Ingressi: potenziometro in AIN0 (+3.3v a 0v)
# Uscite:   AOUT applicata a LED Duale rosso
# Azioni:   AIN0 si converte A/D e dopo D/A per AOUT
#---------------------------------------------------------------------
# -*- coding: utf-8 -*-
#!/usr/bin/env python
# Se puoi importare questo script in un altro con:
# salvare questo script come CONVERSORE_PCF8591.PY
# import CONVERSORE_PCF8591 as ADC e usare i suoi funzioni come:
# ADC.setup(indirizzo)          #vedere indirizzo con:
# sudo i2cdetect -y 1           (in LXTerminal)
# ADC.read (canale)             #canale di 0 a 3 I²C
# ADC.write(valore)             #valore di 0 a 255
#---------------------------------------------------------------------
import smbus                    #gestore del bus I²C©
import time                     #gestore del tempo

# per la vecchie versioni del Raspberry© usare smbus.SMBus(0)"
bus=smbus.SMBus(1)
direccion=0x48                  #indirizzo del PCF8591© nel bus
dir_canal=[0x40,0x41,0x42,0x43] #indirizzo dei canali AIN0_3

def setup(x):                   #assegna il indirizzo del bus
  global direccion
  direccion=x

def read(canal):                #legge canale
  try:
    bus.write_byte(direccion,dir_canal[canal])
    bus.read_byte(direccion)    #inizia conversione
  except Exception, e:
    print "Address: %s" % direccion
    print e
  return bus.read_byte(direccion)

def read(canal):                #legge canale (0 a 3)
  try:
    canal=int('0x4'+str(canal),16) #canale=0x40,0x41,0x42,0x43
    bus.write_byte(direccion,canal)
  except Exception, e:
    print "Errore in: %s" % direccion #errori in dispositivo con
                                #indirizzo
    print e
  return bus.read_byte(direccion)#riporta lettura del canale

def write(valor):
  try:
    bus.write_byte_data(direccion,0x40,int(valor)) #indirizzo,
                                #canale, valore
  except Exception, e:
    print "Errore in: %s" % direccion
    print e
```

```
def parar():                      #funzione dopo premere CTRL+C
  print 'Programma finito'

if __name__ == "__main__":        #programma inizia da qui
  print '\n'*80                   #inizia schermo
  print 'Convertitore A/D di segnale potenziometro'
  setup(direccion)
  try:
    while True:                   #loop principale
      lee=read(0)                 #legge AIN0
      print 'AIN0 = ',lee         #visualizza valore in digitale
      lee=lee*(255-125)/255+125   #LED solo accende di 125 a 255
      write(lee)                  #valore digitale passa analogico
                                  #in AOUT
      time.sleep(0.5)             #aspetta a prossima lettura
  except KeyboardInterrupt:       #premendo CTRL+C ferma programma
    parar()
```

Esercizi proposti:

- Modificare il codice in modo che il LED Duale rosso si accenda nella prima metà del campo del potenziometro e il LED verde si accenda nella seconda metà del campo.

- Aggiungere, oltre al LED Duale, un relè e attivalo quando il valore del potenziometro supera 50 e disattiva quando supera i 100. Aggiungere un carico al relè, ad esempio, un motore con una batteria.

- Visualizzare il valore digitale convertito della posizione del potenziometro su un display LCD. Quando si utilizza LCD1602©, verificare che sia possibile utilizzare due dispositivi I²C© collegati allo stesso bus senza alcun problema.

ӨӨӨ

# *Esercizio 24: Sensore di accelerazione

In questo esercizio vedremo come utilizzare un sensore di accelerazione che consente di misurare l'accelerazione statica della gravità, ad esempio su un misuratore di inclinazione e anche l'accelerazione dinamica prodotta da un movimento o uno shock.

Useremo il sensore ADXL345©, che è un sensore di piccole dimensioni, basso consumo, con un accelerometro a 3 assi, con risoluzione di 13 bit, capacità di misurazione fino a ±16g (l'accelerazione normale della gravità terrestre è 1g), una grande sensibilità (4mg/LSB=4 milli g per bit meno significativo), 1.0º di sensibilità minima all'inclinazione, ecc.

Questo sensore fornisce un'uscita digitale a 16 bit formattata per integrare 2, ovvero, per un numero N sarà il complemento a 2: $C_2^N = 2^n - 16$ viene utilizzato per eseguire operazioni matematiche in binario. Questo segnale è accessibile sia dal bus SPI© (3 o 4 fili) sia dal bus I²C© (2 fili) che abbiamo già visto.

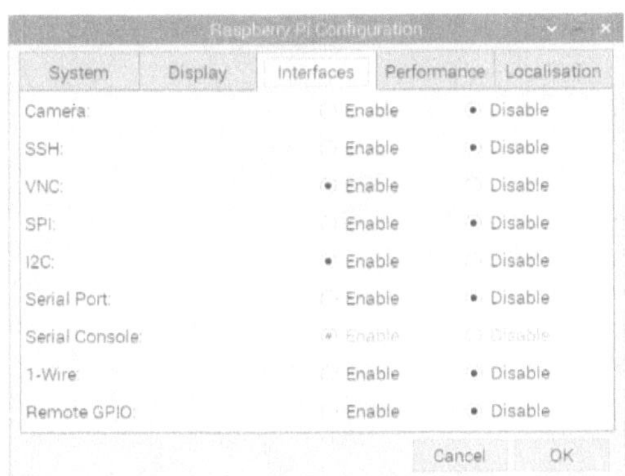

In questo esercizio useremo il bus I²C© che utilizza solo due segnali: SDA e SCL. Per utilizzare questa interfaccia, dobbiamo prima attivarla in Raspbian© con:

<menu> <preferenze> <Raspberry Pi Configuration> <interfaces>, attivare I²C© e riavviare il Raspberry©

Effettueremo le seguenti connessioni e con il seguente programma saremo in grado di visualizzare il movimento del sensore di accelerazione nei tre assi X, Y e Z.

Questo programma può essere integrato in altri, come se fosse una funzione individuale, ad esempio, utilizzando l'accelerometro come inclinometro, come sensore di movimento, presentazione dei dati su un display, ecc.

Possiamo vedere che l'indirizzo assegnato ad ADXL345© sul bus I²C© è 0x53, per questo usiamo il seguente comando da LXTerminal©:

```
sudo i2cdetect -y 1
```

```
#-----------------------------------------------------------------------
# 24_ACELERATOR_ADXL345.PY: gestisce accelerometro ADXL345©
#-----------------------------------------------------------------------
# Ingressi: posizione fisica in assi X, Y, Z del chip ADXL345©
# Uscite:   accelerazione de assi X, Y, Z in mg (G/1000)
# Azioni:   legge assi X, Y, Z e presenta in schermo ciclicamente
#-----------------------------------------------------------------------
#!/usr/bin/python                      #posto interprete Python©
# -*- coding: utf-8 -*-                 #gestore caratteri speciali
import smbus                            #gestore del bus I²C©
from time import sleep                  #gestore del tempo
bus=smbus.SMBus(1)                      #(1) in Raspberry© recenti,
                                        #(0) negli antichi

# Parametri del ADXL345
gravedad=         9.80665               #gravità terrestre
calibra_X=        4                     #calibrare asse_X
calibra_Y=        -1000                 #calibrare asse_Y
calibra_Z=        100                   #calibrare asse_Z
ejes=             0x32                  #registro di dati di assi
escala=           4                     #cambiare scala
```

```
class acelerator:                     #classe gestisce chip ADXL345
  dire=None                           #indirizzi del bus I²C©

  def __init__(self,dire=0x53):       #indirizzi in I²C© è 0x53
    self.direccion=dire

  def getAxes(self,gravedad=False):   #ottiene informazione di assi
    bytes=bus.read_i2c_block_data(self.direccion,ejes,6)
    X=bytes[0] | (bytes[1] << 8)      #asse X
    if(X & (1 << 16 - 1)):
      X=X - (1<<16)
    Y=bytes[2] | (bytes[3] << 8)      #asse Y
    if(Y & (1 << 16 - 1)):
      Y=Y - (1<<16)
    Z=bytes[4] | (bytes[5] << 8)      #asse Z
    if(Z & (1 << 16 - 1)):
      Z=Z - (1<<16)
    X=round(X*escala*gravedad+calibra_X,4)
    Y=round(Y*escala*gravedad+calibra_Y,4)
    Z=round(Z*escala*gravedad+calibra_Z,4)
    return {"x":X,"y":Y,"z":Z}

def loop():                           #loop principale programma
  while True:
    eje=chip.getAxes(True)            #legge informazione di assi
    print "   X=%.0fmg" % (eje['x'] )+'   ', #e li visualizza
    print "   Y=%.0fmg" % (eje['y'] )+'   ',
    print "   Z=%.0fmg" % (eje['z'] )
    sleep(1)
if __name__ == "__main__":            #qui inizia il programma
  chip=acelerator()                   #attiva classe acelerator()
  eje= chip.getAxes(True)
  print "ADXL345 in indirizzo: 0x%x:" % (chip.direccion)
  try:
    loop()
  except KeyboardInterrupt:           #si ferma con CTRL+C
    print 'Programma finito'
    exit
```

Esercizi proposti:

- Presentare ora:minuti:secondi attuali e i dati di accelerazione dell'asse X sul display LCD1602©
- Aggiungere un pulsante di inizio dell'accelerometro ADXL345© in modo che premendolo utilizzi la posizione corrente come base per il calcolo.
- Aggiungere un LED rosso che si illumina quando l'inclinazione dell'asse Z del ADXL345© supera i 10º

# *Esercizio 25: Sensore di movimento MPU-6050©

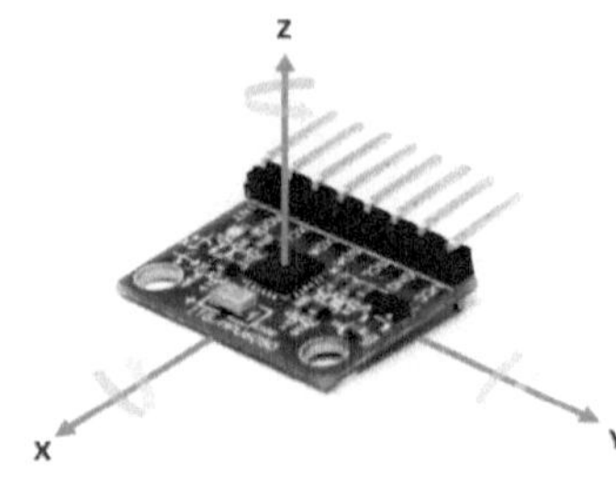


In questo esercizio vedremo un'opzione migliorata dell'ADXL345© (accelerometro a 3 assi), è la MPU-6050© che contiene un rilevatore di movimento a 6 assi: un giroscopio a 3 assi, un accelerometro a 3 assi e un processore movimento digitale.

Le uscite dell'accelerometro possono essere regolate fino a ±1.000 e il giroscopio fino a ±2.000º/s

Questo accelerometro e giroscopio, ha comunicazioni I²C©, si auto-calibra senza la necessità di componenti aggiuntivi ed è un prodotto a basso consumo, dimensioni molto ridotte e basso costo, che lo rende ideale per l'integrazione in smartphone o dispositivi smartwatch.

Utilizzo: `sudo i2cdetect -y 1`

Vedremo che il suo indirizzo I²C© è 0x68 e per accedere ai suoi dati possiamo costruire lo script Python© o usare una delle librerie esistenti, ad esempio mpu6050-raspberry© che è installato come segue:

```
sudo apt install python3-smbus
pip install mpu6050-raspberrypi
```

Ora nel nostro script, importando la libreria mpu6050© visualizzeremo la temperatura, l'accelerazione (in g) e la rotazione (in º/s) nei tre assi x, y, z

```
#-------------------------------------------------------------------
# 25_SENSORE_MOVIMENTO.PY: misura in loop la temperatura, la
# accelerazione e il giro e lo presenta nel LCD
#-------------------------------------------------------------------
# Ingressi: sensore MPU6050© traverso del bus I²C© (0x68)
# Uscite:   accelerazione in g e giro in º/s nel LCD
# Azioni:   loop lettura del sensore e presentazione nel LCD
#-------------------------------------------------------------------
# -*- coding: utf-8 -*-
#!/usr/bin/python                       #interprete Python©
import time                             #gestione di tempo
from mpu6050 import mpu6050             #libreria MPU6050©
import LCD                              #libreria LCD1602©
varia=.5                                #variazione dato e dato-1
t_a=0                                   #temperatura anteriore
a_x_a=a_y_a=a_z_a=0                     #accelerazioni anteriori
g_x_a=g_y_a=g_z_a=0                     #giri anteriori

def setup():                            #inizio di parametri
  global sensor
  sensor=mpu6050(0x68)                  #direzione I²C© MPU6050©
  LCD.init(0x27,1)                      #inizia indirizzo I²C© del
                                        #LCD e attiva backlight
  LCD.clear()                           #inizia schermo del LCD

def loop():                             #loop principale
  global t_a,a_x_a,a_y_a,a_z_a,g_x_a,g_y_a,g_z_a #variabile globale
  while True:
    t_n=sensor.get_temp()               #temperatura nuova?
    if abs(t_a-t_n)>varia:              #variazione minima
      print 'Temperatura: '+'{0:0.2f}'.format(t_n)
    t_a=t_n                             #aggiornata dato anteriore
    #Accelerazione a_[asse]_[anteriore/nuova]
    a_x_n=sensor.get_accel_data()['x']  #accelerazione x
    if abs(a_x_a-a_x_n)>varia:
      print 'Accelera X: '+'{0:0.1f}'.format(a_x_n)
      LCD.write(3,0,'{0:0.1f}'.format(a_x_n))
    a_x_a=a_x_n
    a_y_n=sensor.get_accel_data()['y']  #accelerazione y
    if abs(a_y_a-a_y_n)>varia:
      print 'Accelera Y: '+'{0:0.1f}'.format(a_y_n)
      LCD.write(7,0,'{0:0.1f}'.format(a_y_n))
    a_y_a=a_y_n
    a_z_n=sensor.get_accel_data()['z']  #accelerazione z
    if abs(a_z_a-a_z_n)>varia:
      print 'Accelera Z'+'{0:0.1f}'.format(a_z_n)
      LCD.write(12,0,'{0:0.1f}'.format(a_z_n))
    a_z_a=a_z_n
     #Giro g_[asse]_[anteriore/nuova]
    g_x_n=sensor.get_accel_data()['x']  #giro in x
    if abs(g_x_a-g_x_n)>varia:
```

```
      print 'Gira X:'+'{0:0.1f}'.format(g_x_n)
      LCD.write(3,1,'{0:0.1f}'.format(g_x_n))
    g_x_a=g_x_n
    g_y_n=sensor.get_accel_data()['y']  #giro in y
    if abs(g_y_a-g_y_n)>varia:
      print 'Gira Y: '+'{0:0.1f}'.format(g_y_n)
      LCD.write(7,1,'{0:0.1f}'.format(g_y_n))
    g_y_a=g_y_n
    g_z_n=sensor.get_accel_data()['z']  #giro in z
    if abs(g_z_a-g_z_n)>varia:
      print 'Gira Z: '+'{0:0.1f}'.format(g_z_n)
      LCD.write(12,1,'{0:0.1f}'.format(g_z_n))
    g_z_a=g_z_n
    time.sleep(.5)

def parar():                            #ferma con CTRL+C
  LCD.clear()                           #inizia schermo LCD
  LCD.write(0,0,'Fine....')
  print 'Programma finito'
  time.sleep(1)
  LCD.closelight()                      #spegne backlight

if __name__=='__main__':                #programma inizia qui
  setup()                               #inizia dispositivi
  print '\n'*80                         #inizia schermo
  print 'Legge sensore MPU6050©'
  LCD.write(0,0,'A:')                   #titolo accelerazione
  LCD.write(0,1,'G:')                   #titolo giro
  try:
    loop()                              #loop del programma
  except KeyboardInterrupt:             #ferma con CTRL+C
    parar()
```

Esercizi proposti:

- Utilizzare il rilevatore di movimento come inclinometro, aggiungere un cicalino attivo e emettere un segnale acustico quando viene rilevata una svolta X maggiore di 1º/s

- Aggiungere anche un LED Duale e attivare il LED verde quando il giroscopio è a riposo e attivare il LED rosso quando rileva una svolta a Y maggiore di 1º/s

- Aggiungere un pulsante di Reset per iniziare le posizioni x, y, z dell'accelerometro quando è posizionato in una determinata posizione in modo che i nuovi dati vengano calcolati da quella posizione in modo incrementale.

# *Esercizio 26: Controllo di un motore DC

Questo esercizio è un esempio di come, con un singolo chip, semplice, economico, facile da installare e gestire, è possibile controllare la direzione di rotazione e la velocità (g.p.m.) di un piccolo motore CC.

Il chip utilizzato è L293D© che include due driver per due motori indipendenti (ogni lato del chip per ciascun motore). Il chip ha due pin speciali: Vcc1 che alimenta il chip (+5v) e Vcc2 che alimenta il motore.

In questo esercizio viene utilizzato un motore CC a bassa potenza e quindi Vcc1=Vcc2=+5v, ma se viene utilizzato un motore CC a potenza superiore, è necessario collegare Vcc2 a una fonte di alimentazione esterna, ad esempio il MB-102© già discusso in questo libro.

| **Stati** L293D© | | 1A(2) | 2A(7) |
|---|---|---|---|
| | | H | L |
| 1A(2) | H | - | ↻ |
| 2A(7) | L | ↺ | - |

Il controllo di rotazione viene eseguito con due segnali: 1A, 2A rispettivamente sui pin 2 e 7 e il motore può essere arrestato e avviato con il pin 1,2E sul pin 1.

In questo esercizio è stata utilizzata una semplice configurazione con un singolo motore, l'alimentazione +5v del Raspberry© stesso, senza l'utilizzo di accoppiatori ottici e senza includere alcun soppressore dei parassiti elettrici generati dal motore.

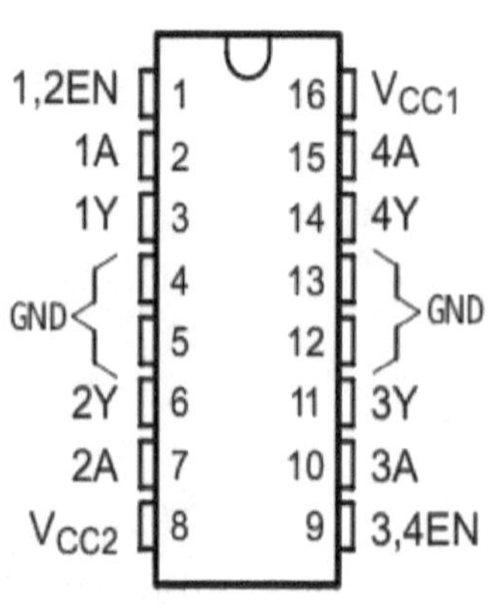


Se il motore ha una certa potenza e verrà usato ripetutamente e vicino ad altri circuiti elettronici (come lo stesso Raspberry©), sono necessari i seguenti elementi:

- **Opto accoppiatore** su ogni connessione del Raspberry© al controllore L293D©, ovvero, i GPIO© che controllano la rotazione e il on/off del motore.

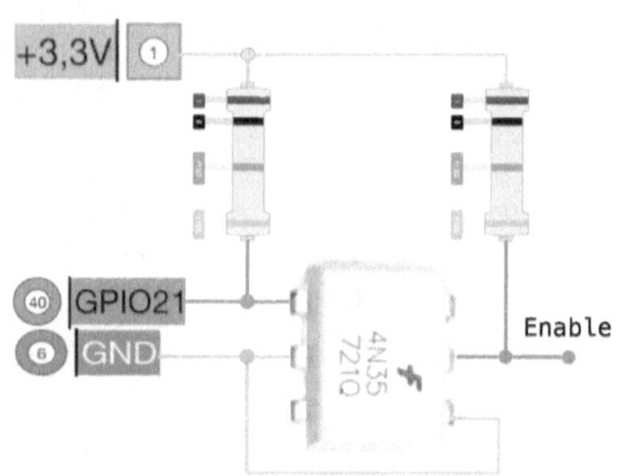


Il circuito necessario è molto semplice. È possibile utilizzare un accoppiatore ottico 4N35© che include 1 o il TLP620-4© che include 4 accoppiatori ottici.

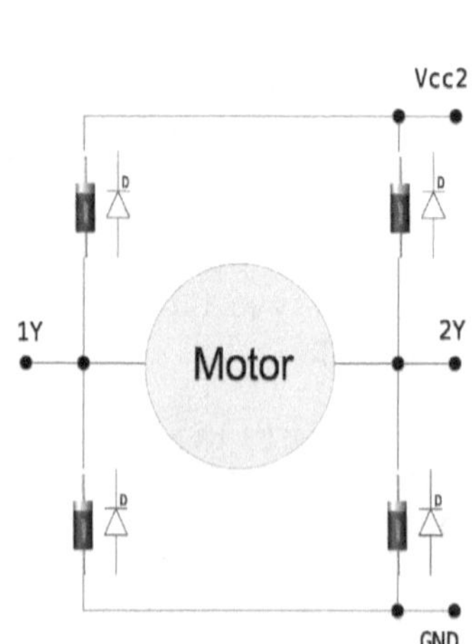


Quando si utilizza questo circuito, l'ingresso GPIO© e l'uscita Enable (1,2EN) hanno logica invertita l'uno rispetto all'altro. Questo deve essere preso in considerazione nel software di controllo del pin Enable.

- **Circuito di soppressione** per parassiti elettrici (generati dalla rotazione delle parti elettriche in movimento del motore o da correnti indotte) e che dobbiamo utilizzare con motori che interferiscono con i nostri circuiti elettronici.

Questo circuito di soppressione è costituito da 4 diodi, ad esempio 1N4142©, che formano un ponte che deriva queste correnti indesiderate verso terra.

Uno schema generale per 2 motori potrebbe essere il seguente:

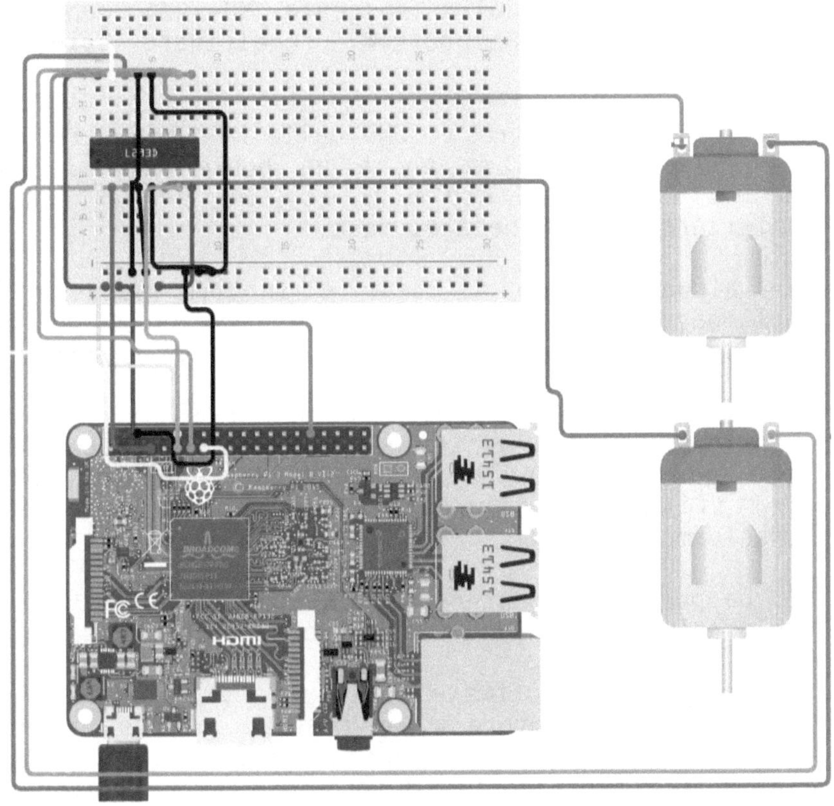

**MOLTO IMPORTANTE:**

Quando si utilizza l'alimentatore esterno MB-102© collegato a una scheda di test, è necessario tenere conto di quanto segue:

1. Mettere l'alimentatore MB-102© sulla scheda di test in modo che i suoi pin +|- coincidano negli spazi simili e corrispondenti sulla scheda di test.

2. Posizionare i jumper sulla MB-102© in modo che nella riga superiore della scheda di test abbiamo +5v e nella riga inferiore +3.3v Il mantenimento di questo ordine eviterà errori pericolosi per i circuiti e in particolare per il Raspberry©

3. Non condividere né il segnale di +3.3 v né il segnale di +5v dalla sorgente MB-102© con gli equivalenti del Raspberry©, condividere solo il segnale GND.

4. Fare un ponte tra il GND della MB-102© e il GND del Raspberry©. Fare anche un ponte tra il GND della linea superiore e il GND della linea inferiore della scheda di test.

In alcune schede di test è inoltre necessario collegare il lato destro al lato sinistro poiché non sono interconnessi (verificare con un tester).

5. Alimentare l'alimentatore MB-102© con un trasformatore con uscita per 6.5-12v (si raccomanda che questo segnale provenga da una sorgente rettificata e stabilizzata, non solo da un trasformatore).

6. La porta USB contenente l'alimentatore MB-102© è solo un'uscita e non un ingresso di alimentazione.

7. Infine, nel software collegato, viene creato un loop in cui il motore viene ruotato in senso orario per 3 secondi, si ferma per altri 3 secondi, ruota in senso antiorario per 3 secondi, si ferma altri 3 e ripete il ciclo. L'arresto tra i cambi di marcia è importante per non rovinare la meccanica del motore.

```
#------------------------------------------------------------------
# 26_MOTORE_OPTO.PY: controlla sentito e velocità di un motore
# di corrente continua con un L293D
#------------------------------------------------------------------
```

```
# Ingressi: tempi esempio di rotazione oraria e anti-oraria
# Uscite:   giro del motore nel sentito selezionato
# Azione:   gira un motore di corrente continua, CC, secondo
#           un certo algoritmo
#-----------------------------------------------------------------
#!/usr/bin/env python              #situazione interprete Python©
# -*- coding: utf-8 -*-            #gestore caratteri speciali

import RPi.GPIO as GPIO            #importa libreria gestire GPIO©
import time                        #importa libreria gestire di tempo
motor1=38                          #pin de control del motore
motor2=36                          #pin de control del motore
enable=40                          #on/off (HIGH/LOW)  motore
pines=[motor1,motor2,enable]

def setup():                       #FUNZIONE: inizia il GPIO©
  GPIO.setmode(GPIO.BOARD)         #numeri pin secondo ordino fisico
  GPIO.setwarnings(False)          #evita messaggi non necessari
  for i in pines:                  #mette elenco di pin come uscite
    GPIO.setup(i, GPIO.OUT)
  GPIO.output(enable,GPIO.LOW)     #per il motore

def loop():                        #loop principale del programma
  print '\n'*80                    #inizia schermo
  print 'CONTROLLO DI UN MOTORE DI CORRENTE CONTINUA'
  print 'Premere Ctrl+C per finire il programma...'
  print '\n'*2                     #salta 2 linee
  while True:
    print 'Giro ORARIO 3 secondi...'
    GPIO.output(enable,GPIO.HIGH) #motore attivato
    GPIO.output(motor1,GPIO.HIGH) #motor1=H, motor2=L giro orario
    GPIO.output(motor2,GPIO.LOW)
    time.sleep(3)                  #tempo di giro
    GPIO.output(enable,GPIO.LOW)  #motore stop
    time.sleep(3)                  #dare tempo per fermare

    print 'Giro ANTI-ORARIO 3 secondi...'
    GPIO.output(enable,GPIO.HIGH) #motore attivato
    GPIO.output(motor1,GPIO.LOW)  #motor1=L, motor2=H giro
    GPIO.output(motor2,GPIO.HIGH) #anti-orario
    time.sleep(3)                  #tempo di giro
    GPIO.output(enable,GPIO.LOW)  #motore stop
    time.sleep(3)                  #dare tempo per fermare

def parar():                       #FUNZIONE: ferma il programma
  GPIO.output(enable,GPIO.LOW)     #motore stop
  GPIO.cleanup()                   #libera ricorsi del GPIO©

if __name__ == '__main__':         #il programma inizia da qui
  setup()                          #esegue la funzione setup()
  try:                             #esegue la seguente istruzione
                                   #tranne eccezione
    loop()                         #loop principale del programma
  except KeyboardInterrupt:        #se si preme 'Ctrl+C' se esegue
    parar()                        #la funzione parar() che ferma
                                   #il programma
```

Esercizi proposti:

- Aggiungere un pulsante e 2 LED per cambiare e indicare la direzione di rotazione del motore.

- Aggiungere il codificatore rotativo e cambiare il senso di rotazione del motore cambiando il senso di rotazione sul codificatore.

- Aggiungere alcuni accoppiatori ottici ai segnali di enable, motor1 e motor2 per evitare i parassiti elettrici generati dal motore e influire sul funzionamento di Raspberry©

- Aggiungere un segnale PWM ai segnali motor1 e/o motor2 in modo che, oltre a poter selezionare la direzione di rotazione del motore, la velocità di rotazione in ciascuna direzione possa essere selezionata con il codificatore rotativo.

⊖⊖⊖

# *Esercizio 27: Cicalino attivo e passivo

Esistono diversi tipi e modelli di cicalini o segnalatori acustici sul mercato, ma fondamentalmente possiamo classificarli in due famiglie:

- **Cicalini passivi:** sono dispositivi che riproducono un suono proveniente da un segnale esterno, quindi hanno bisogno di un segnale quadrato esterno (un livello di tensione fisso non funziona) con una frequenza compresa tra 2kHz e 5kHz. Hanno il vantaggio che il suono prodotto è variabile e dipende dalla frequenza del segnale ricevuto.

- **Cicalini attivi:** sono dispositivi che generano il proprio suono solo quando ricevono energia, quindi hanno un oscillatore interno che viene attivato da detta potenza. Hanno il vantaggio di essere autonomi per generare suono e devono solo essere alimentati, ma il segnale acustico è sempre della stessa frequenza e non può essere modificato.

In generale, entrambi i dispositivi utilizzano un circuito aggiuntivo per abilitarli o disabilitarli correttamente.

Quando il GPIO17© passa a LOW (logica inversa) D2 si illumina e il transistor Q1 (8550©) si attiva, alimentando l'oscillatore interno del cicalino (cicalino attivo).

Per il cicalino passivo, il segnale da riprodurre deve provenire dall'esterno e raggiungere il cicalino tramite del GPIO17©, il transistor Q1 (PNP 8550©) amplifica questo segnale e attiva il cicalino. R2 limita la corrente di base del transistor Q1. R1 e R3 limitano le correnti che scorrono attraverso i LED e infine D1 si illumina quando il circuito è collegato all'alimentazione.

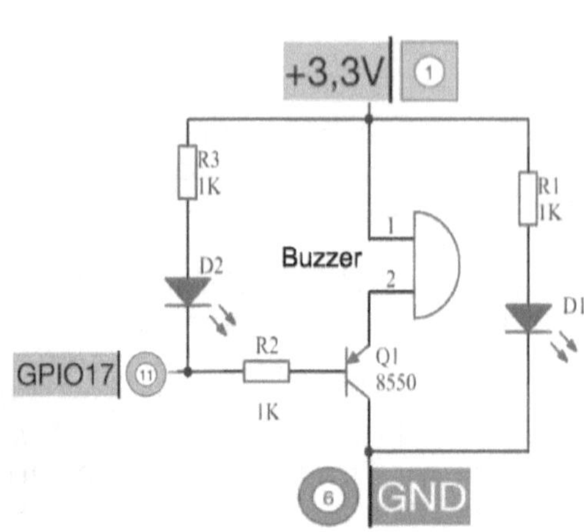


Per testare il cicalino attivo scriviamo un programma che attiva/disattiva ciclicamente il cicalino per un certo periodo di tempo per produrre un segnale acustico tip beep. Per il cicalino passivo possiamo adattare lo script Python© utilizzato nel programma che ha generato musica con un segnale PWM. Qui possiamo applicare questo segnale al cicalino passivo come se fosse un piccolo altoparlante.

```
#-----------------------------------------------------------------
# 27_CICALINO_ATTIVO.PY: Genera suono intermittente cicalino attivo
#-----------------------------------------------------------------
# Ingressi: tempo on e tempo off
# Uscite:   suono del cicalino
# Azione:   se pin 11=LOW suona il cicalino attivo
#-----------------------------------------------------------------
# -*- coding: utf-8 -*-
#!/usr/bin/env python              #ubicazione interprete Python©
import RPi.GPIO as GPIO            #importa libreria gestire GPIO©
import time                        #importa libreria gestire tempo
pin_buzz=11                        #pin 11=LOW si attiva
tp=.1                              #tempo acceso o spento
```

```
def setup():
  GPIO.setwarnings(False)       #evita messaggi non necessari
  GPIO.setmode(GPIO.BOARD)      #numeri GPIO© posizione fisica
  GPIO.setup(pin_buzz,  GPIO.OUT) #pin_buzz è uscita
  GPIO.output(pin_buzz,GPIO.HIGH) #spegne il cicalino attivo

def on(x):
  GPIO.output(pin_buzz,GPIO.LOW)#accende cicalino
  time.sleep(x)                 #aspetta tempo x suonando

def off(x):                     #spegne cicalino
  GPIO.output(pin_buzz,GPIO.HIGH)#aspetta tempo x senza suono
  time.sleep(x)

def beep(x):                    #funzione sequenza di on/off
  on(x)                         #un on
  off(x)                        #un off

def loop():
  for x in range(0,3):          #repete 3 volte
    beep(tp)                    #suona tp secondi

def parar():
  GPIO.output(pin_buzz,GPIO.HIGH) #ferma il suono
  GPIO.cleanup()                #libera ricorsi del GPIO©
  print "Programma finito..."

if __name__ == '__main__':      #programma inizia qui
  setup()                       #inizia il GPIO©
  try:                          #esegue seguente istruzione
    print "Si riproduce suono"
    loop()                      #tranne errore
  except KeyboardInterrupt:     #si ferma con CTRL+C
    parar()
```

## Esercizi proposti:

- Utilizzare lo script del Laser per aggiungere suono alla riproduzione della sequenza SOS

- Riprodurre une sequenze di frequenze incluse in elenco[] ruotando il codificatore giratorio.

- Aggiungere un cicalino attivo al circuito del LED Duale e associare ad ogni attività svolta con alcuni LED un segnale sonoro diverso riprodotto dal cicalino usando segnali PWM

ΘΘΘ

# *Esercizio 28: Interruttore Reed

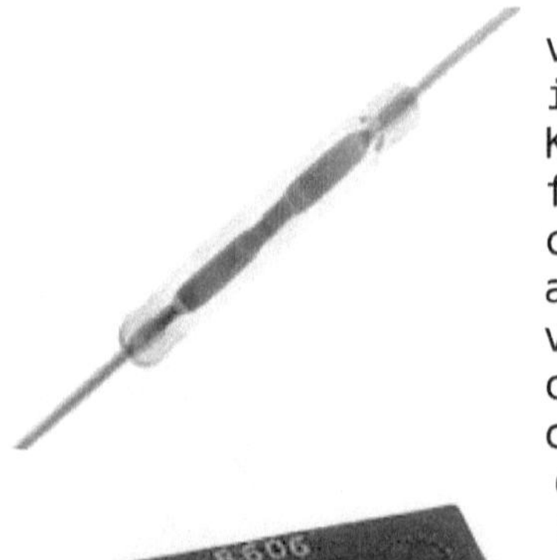

In questo esercizio vedremo come funziona un interruttore reed, come il KSK-1A66© che è fondamentalmente un sensore di campo magnetico che apre/chiude un contatto quando viene rilevato tale campo. È costituito da semplici contatti elettrici all'interno di una tenuta ermetica e riempiti con un gas inerte.

Quando questo elemento è integrato in un incapsulamento che include anche una bobina che genera un campo magnetico, il gruppo costituisce un relè reed in cui l'interruttore reed funge da elemento di connessione per i contatti di uscita.

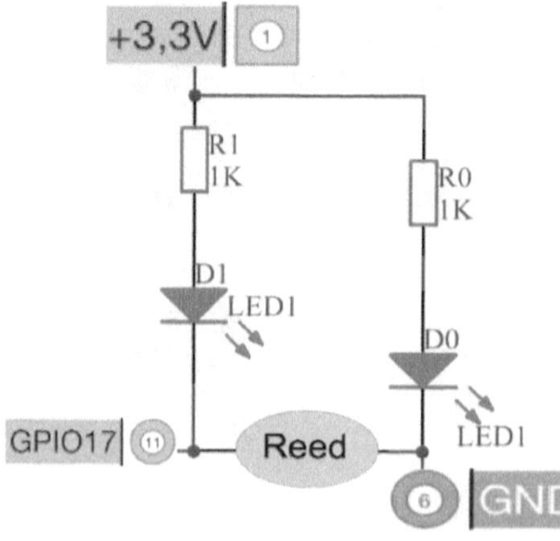


Questi interruttori sono molto semplici, di piccole dimensioni, facili da ottenere, molto economici, facili da installare, ecc.

Di solito vengono utilizzati nelle

misurazioni della velocità, con contatori sulle linee di assemblaggio, nell'attivazione dei circuiti senza la necessità di contatto fisico, con finecorsa, rilevatori di posizione, isolanti e variatori di livello di tensione elettrica (come se fossero accoppiatori ottici) ecc.

Come altri sensori, questo elemento necessita di un semplice circuito di controllo.

Quando l'interruttore reed si attiva, imposta il GPIO17© su LOW (logica inversa) e fa che D1 accenda. D0 si illumina quando si alimenta il circuito e come sempre R0 e R1 limitano la massima corrente che fluisce attraverso i LED ed entra anche in GPIO17©

Nello script Python© lo faremo avvicinando un elemento magnetico all'interruttore reed che conduce e attiva il GPIO17© su LOW e questo sarà il segnale che attiva un LED Duale che lo trasforma da verde a rosso.

Quando spostiamo l'elemento magnetico lontano del reed, questo viene disconnesso ruotando GPIO17© su HIGH e quindi il LED Duale si illumina di nuovo in verde.

```
#--------------------------------------------------------------------
# 28_INTERRUTTORE_REED.PY: Attiva un reed e cambia stato LED Duale
#--------------------------------------------------------------------
# Ingressi: attivazione del sensore reed per interruzione
# Uscite:   cambia stato di un LED Duale da rosso a verde
# Azione:   se pin 11=LOW roso o verde successivamente
#--------------------------------------------------------------------
# -*- coding: utf-8 -*-
#!/usr/bin/env python              #ubicazione del interprete Python©
import RPi.GPIO as GPIO            #importa libreria gestire GPIO©
import time                        #importa libreria gestire tempo
reed_pin=11                        #pin 11 sensore reed
r_pin=12                           #pin 12 LED rosso
g_pin=13                           #pin 13 LED verde
pines=(r_pin,g_pin)                #elenco di pin
estado=False                       #stato del flip-flop (bandiera)
                                   #attivato/disattivato

def setup():                       #FUNZIONE: inizia il GPIO©
  GPIO.setwarnings(False)          #evita messaggi non necessari
  GPIO.setmode(GPIO.BOARD)         #numeri di GPIO© posizione fisica
  GPIO.setup(pines,GPIO.OUT)       #i LED sono uscita
  GPIO.output(pines,0)             #vi spegne
```

```
  GPIO.setup(reed_pin,GPIO.IN, pull_up_down=GPIO.PUD_UP)
                                 #reed_pin ingresso, pull-up a +3.3v
  GPIO.add_event_detect(reed_pin, GPIO.FALLING, callback=mira
                        , bouncetime=200) #se rileva esegue mira()

def LED(x):                      #accende il LED e presenta stato
  if x:                          #se x è True
    GPIO.output(r_pin,1)         #accende LED rosso
    GPIO.output(g_pin,0)         #spegne  LED verde
    print 'Rosso...'
  else:                          #se x è False
    GPIO.output(r_pin,0)         #spegne  LED rosso
    GPIO.output(g_pin,1)         #accende LED verde
    print 'Verde...'

def mira(Ev=None):               #se rileva campo per interruzione,
                                 #non per polling
  global estado                  #stato del flag on/off
  estado= not estado             #cambia stato al stato contrario
  LED(estado)                    #accende il LED corrispondente
  time.sleep(.1)                 #regolazione per garantire lettura

def parar():                     #ferma al premere CTRL+C
  GPIO.output(pines,0)           #spegne i LED
  GPIO.cleanup()                 #libera il GPIO©
  print 'Programma finito'

if __name__ == '__main__':       #programma inizia qui
  print '\n'*80                  #inizia schermo
  print 'Avvicinare magnete al reed'
  setup()                        #esegue la funzione setup()
  try:                           #esegue la seguente istruzione
                                 #tranne eccezione
    while True:
      time.sleep(.01)            #loop simula il programma generale
  except KeyboardInterrupt:      #se si pulsa 'Ctrl+C' si esegue
    parar()                      #parar() che ferma il programma
```

Esercizi proposti:

- Utilizzare un interruttore reed o meglio un relè reed per modificare il senso di rotazione di un motore e segnalarlo con il colore del LED Duale.

- Indicare in una matrice di punti 8x8 l'attivazione o la disattivazione di un reed con simboli diversi o la direzione di rotazione del motore.

- Utilizzare un reed per modificare la frequenza di un NE555© quando si collega un resistore di controllo al reed.

# *Esercizio 29: Foto interruttore

Un foto interruttore,ad esempio OS25B10©, o simile, è un sensore costituito da due parti vicine: un emettitore di luce (LED a infrarossi o Laser) e un ricevitore di luce, generalmente un foto transistor.

Quando un oggetto passa tra le due parti, interrompe il collegamento luminoso tra emettitore e ricevitore, provocando la corrispondente attivazione di questo sensore. Poiché il foto interruttore non ha parti mobili, è ampiamente utilizzato nelle misure di rotazione e nel calcolo delle velocità di rotazione di vari elementi.

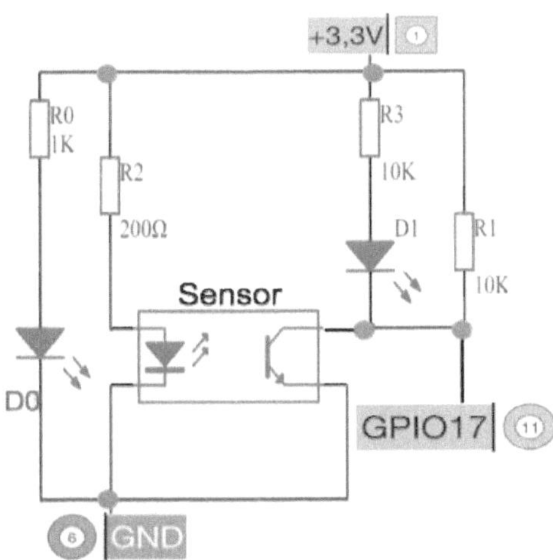


Come in altri casi, questo sensore necessita di elementi aggiuntivi che controllano sia l'emettitore di luce che il ricevitore.

Nella parte emittente un LED emette sempre luce quando è alimentato da R2, il che limita la corrente che lo attraversa.

Nella parte ricevente, un foto transistor viene attivato con la luce dell'emettitore, passando GPIO17© a LOW (logica inversa).

Il resistore R3 controlla la corrente attraverso il LED D1 e il resistore R1 è un pull-up si tenendo GPIO17© in HIGH quando il foto transistor non sta conducendo.

Il LED D0 si accende con l'alimentazione del circuito.

Nello script Python© useremo un LED Duale per indicare che il circuito emettitore-ricevitore del foto interruttore è libero o occupato.

Possiamo usare un pezzo di carta e inserirlo tra il ricevitore-emettitore per simulare il passaggio di un oggetto attraverso il foto interruttore.

Se volessimo, ad esempio, calcolare la velocità di rotazione di una ruota, dovremmo solo calcolare il tempo, per giro, che alcune delle sue parti impiegano per interrompere il circuito emettitore-ricevitore e moltiplicare per il numero di parti che interrompono il circuito in ciascuno giro.

```
#---------------------------------------------------------------------
# 29_FOTO_INTERRUTTORE.PY:Attiva foto interruttore,cambia LED Duale
#---------------------------------------------------------------------
# Ingressi: attivazione del foto rilevatore per interruzione
# Uscite:   cambia stato di un LED duale da rosso a verde
# Azione:   se pin 11=LOW rosso o verde successivamente
#---------------------------------------------------------------------
# -*- coding: utf-8 -*-
#!/usr/bin/env python              #ubicazione del interprete Python©

import RPi.GPIO as GPIO            #importa libreria gestire GPIO©
import time                        #importa libreria gestire tempo
foto_pin=11                        #pin 11 foto interruttore
r_pin=12                           #pin 12 LED rosso
g_pin=13                           #pin 13 LED verde
pines=(r_pin,g_pin)                #elenco di pin
estado=False                       #stato del flip-flop (bandiera)
                                   #attivato/disattivato

def setup():                       #FUNZIONE: inizia il GPIO©
  GPIO.setwarnings(False)          #evita messaggi non necessari
```

```
  GPIO.setmode(GPIO.BOARD)      #numeri di GPIO© posizione fisica
  GPIO.setup(pines,GPIO.OUT)    #i LED sono uscita
  GPIO.output(pines,0)          #li spegne
  GPIO.setup(foto_pin,GPIO.IN, pull_up_down=GPIO.PUD_UP)
                                #foto_pin è ingresso con
                                #pull-up a +3.3v
  GPIO.add_event_detect(foto_pin, GPIO.FALLING, callback=mira
                        , bouncetime=200) #se rileva esegue mira()

def LED(x):                     #accende il LED e presenta stato
  if x:                         #se x è True
    GPIO.output(r_pin,1)        #accende LED rosso
    GPIO.output(g_pin,0)        #spegne  LED verde
    print 'Rosso...'
  else:                         #se x è False
    GPIO.output(r_pin,0)        #spegne  LED rosso
    GPIO.output(g_pin,1)        #accende LED verde
    print 'Verde...'

def mira(Ev=None):              #luce di emettitore off rilevato
                                #per interruzione, non per polling
  global estado                 #stato del flag on/off
  estado= not estado            #cambia stato al stato contrario
  LED(estado)                   #accende il LED corrispondente
  time.sleep(.1)                #regolazione per garantire lettura

def parar():                    #ferma al premere CTRL+C
  GPIO.output(pines,0)          #spegne i LED
  GPIO.cleanup()                #libera il GPIO©
  print 'Programma finito'

if __name__ == '__main__':      #programma inizia qui
  print '\n'*80                 #inizia schermo
  print 'Interrompe luce emettitore-ricevente'
  setup()                       #esegue la funzione setup()

  try:                          #esegue la seguente istruzione
                                #tranne eccezione
    while True:
      time.sleep(.01)           #loop simula programma generale
  except KeyboardInterrupt:     #se si pulsa 'Ctrl+C' se esegue
    parar()                     #funzione parar() e ferma programma
```

Esercizi proposti:

- Attivare un relè con il foto interruttore. Aggiungere un carico, ad esempio un cicalino.
- Eseguire una sequenza di illuminazione di un LED RGB ed eseguirla in base all'attivazione del foto interruttore.

- Aggiungere il sensore di inclinazione e attivare il LED Duale se il sensore di inclinazione e il foto interruttore sono attivati insieme (usare un GPIO© diverso per ciascun sensore e controllare tutto tramite software).

ΘΘΘ

# *Esercizio 30: Ricevitore di Infrarossi

In questo esercizio vedremo come utilizzare un ricevitore a infrarossi come rivelatore, cioè NON come lettore di codice (vedremo più avanti), solo come sensore che attiva un segnale elettronica quando rileva un segnale a infrarossi.

Per questo utilizzeremo il ricevitore a infrarossi 1838B© o equivalente, con un circuito aggiuntivo molto simile a quello utilizzato negli altri sensori già visti.

Quando il 1838B© rileva un segnale a infrarossi, passa il suo pin 1 a GND e quindi D2 conduce e GPIO17© rileva il livello LOW (logica inversa).

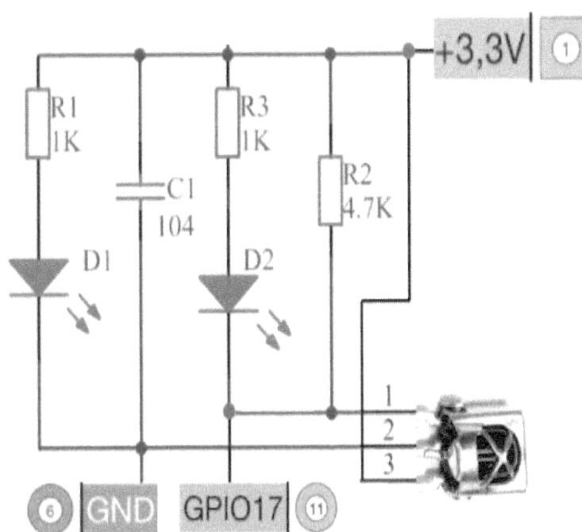


Inoltre, il LED D1 si illumina quando viene rilevata l'alimentazione. I resistori R1 e R3 controllano la corrente massima che fluisce attraverso i LED D1, D2 e il sensore, e C1 funge da filtro per il segnale +3.3v.

Nel nostro esempio, ogni volta che il sensore a infrarossi rileva un segnale di questo tipo, si attiverà e agirà su un LED Duale, facendolo alternare tra i LED rosso e verde con ciascun segnale a infrarossi ricevuto.

```
#--------------------------------------------------------------------
# 30_SENSORE_INFRAROSSI.PY: Rileva infrarossi cambia LED Duale
#--------------------------------------------------------------------
# Ingressi: attivazione del sensore a infrarossi per interruzione
# Uscite:   cambia stato di un LED duale da rosso a verde,viceversa
# Azione:   se pin 11=LOW rosso o verde successivamente
#--------------------------------------------------------------------
# -*- coding: utf-8 -*-
#!/usr/bin/env python          #ubicazione del interprete Python©

import RPi.GPIO as GPIO         #importa libreria gestire GPIO©
import time                     #importa libreria gestire tempo
ir_pin=11                       #pin 11 sensore infrarossi
r_pin=12                        #pin 12 LED rosso
g_pin=13                        #pin 13 LED verde
pines=(r_pin,g_pin)             #elenco di pin
estado=False                    #stato del flip-flop (bandiera)
                                #attivato/disattivato

def setup():                    #FUNZIONE: inizia il GPIO©
  GPIO.setwarnings(False)       #evita messaggi non necessari
  GPIO.setmode(GPIO.BOARD)      #numeri di GPIO© posizione fisica
  GPIO.setup(pines,GPIO.OUT)    #i LED sono uscita
  GPIO.output(pines,0)          #li spegne
  GPIO.setup(ir_pin,GPIO.IN, pull_up_down=GPIO.PUD_UP)    #ir_pin
                                #è ingresso con pull-up a +3.3v
  GPIO.add_event_detect(ir_pin, GPIO.FALLING, callback=mira
            , bouncetime=200) #se rileva infrarossi esegue mira()

def LED(x):                     #accende il LED e presenta stato
  if x:                         #se x è True
    GPIO.output(r_pin,1)        #accende LED rosso
    GPIO.output(g_pin,0)        #spegne  LED verde
    print 'Rojo...'
  else:                         #se x è False
    GPIO.output(r_pin,0)        #spegne  LED rosso
    GPIO.output(g_pin,1)        #accende LED verde
    print 'Verde...'

def mira(Ev=None):              #si rileva infrarossi per
                                #interruzione, non per polling
  global estado                 #stato del flag on/off
  estado= not estado            #cambia stato al stato contrario
  LED(estado)                   #accende il LED corrispondente
  time.sleep(.1)                #regolazione per sequenze lunghe di
                                #segnale infrarossi
```

```
def parar():                    #ferma al premere CTRL+C
  GPIO.output(pines,0)          #spegne i LED
  GPIO.cleanup()                #libera il GPIO©
  print 'Programma finito'

if __name__ == '__main__':      #programma inizia qui
  print '\n'*80                 #inizia schermo
  print 'Spostare il sensore di vibrazione'
  setup()                       #esegue la funzione setup()
  try:                          #esegue la seguente istruzione
                                #tranne eccezione
    while True:
      time.sleep(.01)           #loop simula programma generale
  except KeyboardInterrupt:     #se si preme 'Ctrl+C' si esegue
    parar()                     #la funzione ferma il programma
```

Esercizi proposti:

- Attivare un relè quando rileva un segnale a infrarossi e dopo aver completato un ciclo rosso e verde completo nell'esercizio precedente. Aggiungere un carico al relè.

- Eseguire la sequenza on/off su un LED RGB quando si rileva un segnale a infrarossi.

- Aumentare un contatore e visualizzalo su un display a 7 segmenti quando ricevi il segnale a infrarossi.

ΘΘΘ

# *Esercizio 31: Controllo remoto Infrarossi

In questo esercizio useremo il sensore a infrarossi che abbiamo già visto per catturare il codice del tasto premuto sul telecomando a infrarossi che lo attiva.

Con questo tasto attiveremo un LED RGB e presenteremo le informazioni: tasto premuto e RGB attivato su LCD1602©

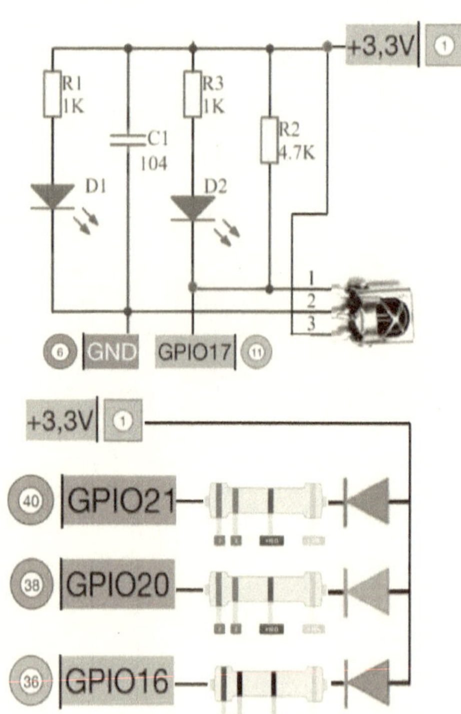


Il circuito include il sensore a infrarossi che invia i dati acquisiti a GPIO17©.

Nel circuito il LED D1 indica anche che c'è alimentazione e il LED D2 si illumina quando il sensore a infrarossi è attivato se riceve dati.

C1 funge da filtro, R2 da pull-up e R1 e R3 limitano la corrente dei LED.

Il LED RGB si regola con 3 resistori e si collega ai GPIO21© [R], GPIO20© [G] e GPIO16© [B]

Per questo esercizio abbiamo bisogno di uno script Python© aggiuntivo che acquisisca ed elabori i codici a infrarossi in arrivo da GPIO17© e per questo dobbiamo eseguire le seguenti operazioni:

1. Installare lo script **LIRC©** con:

```
sudo apt-get update
sudo apt-get install lirc
```

2. Se appare il errore: "Failed to start..." fare:

```
sudo mv /etc/lirc/lirc_options.conf.dist
                              /etc/lirc/lirc_options.conf
```

E nuovamente:

```
sudo apt-get install lirc
```

3. Editare lirc_options.conf con:

```
sudo nano /etc/lirc/lirc_options.conf
```

e aggiungere:

```
driver=default
device=/dev/lirc0

sudo mv /etc/lirc/lircd.conf.dist  /etc/lirc/lircd.conf
```

4. Editare config.txt con:

```
sudo nano /boot/config.txt
```

e aggiungere:

```
dtoverlay=lirc-pi
dtoverlay=gpio-ir,gpio_pin=17
```

5. gpio_pin 17 è il GPIO17© (pin 11) dove abbiamo collegato il recettore da infrarossi.

6. Iniziare il servizio LIRC© con:

| | |
|---|---|
| `sudo systemctl stop   lircd.service` | fermare |
| `sudo systemctl start  lircd.service` | iniziare |
| `sudo systemctl status lircd.service` | vedere stato |

7. Re iniziare la Raspberry

8. Provare il mando infrarossi con:

```
sudo systemctl stop lircd.service
sudo mode2 -d /dev/lirc0
```

Puntare il telecomando verso il ricevitore e premere i tasti: se tutto è ok, sullo schermo apparirà un elenco di codici "premi" ... "aspetta", ciò indicherà che tutto è corretto. Premere CTRL+C per uscire.

9. Ora dobbiamo accedere ai codici precedenti usando uno script Python©.

**IMPORTANTE:** il seguente script è valido solo per Python3.7© o versioni successive. È necessario modificare le istruzioni print "" per print ("")

10. Abbiamo bisogno di un file di configurazione di tipo [file].lircd.conf dove [file] è il nome che diamo al file e dovrebbe trovarsi in: /etc/lirc/lircd.conf.d/[file].lircd.conf

Questo file può essere ottenuto in tre modi:

a) Possiamo crearlo noi stessi se sappiamo quali sono i codici e i parametri del nostro comando con:

```
sudo nano /etc/lirc/lircd.conf.d/[file].lircd.conf
```

b) Possiamo scaricarlo dal seguente sito Web conoscendo la marca e il modello del telecomando a infrarossi:

http://lirc.sourceforge.net/remotes/

c) Oppure possiamo generarlo registrando ogni tasto che ci interessa dal telecomando a infrarossi con le seguenti istruzioni:

`irrecord –disable-namespace` e seguendo le istruzioni sullo schermo.

La struttura del file generato con la registrazione è simile al seguente esempio:

```
begin remote
  name  [file].lircd.conf
  bits           16
  flags SPACE_ENC|CONST_LENGTH
  eps            30
  aeps          100
  header       9006  4447
  one           594  1648
  zero          594   526
  ptrail        587
  repeat       9006  2210
  pre_data_bits   16
  pre_data       0xFD
  gap          107633
  toggle_bit_mask 0x0
      begin codes
          KEY_1                    0x08F7
          KEY_2                    0x8877
          KEY_3                    0x48B7
      end codes
end remote
```

11. Modificare il seguente file con:

```
sudo mv /etc/lirc/lircd.conf.d/devinput.lircd.conf
            /etc/lirc/lircd.conf.d/devinput.lircd.conf.copy
```

12. Iniziare e fermare il servizio per utilizzare i dati da [file].lircd.conf con:

```
sudo systemctl start lircd.service
sudo systemctl stop  lircd.service
```

13. Finalmente saremo in grado di eseguire lo script Python© che esegue un loop di lettura del ricevitore a infrarossi e, a seconda del pulsante premuto, accende un LED RGB e lo visualizza sullo schermo LCD.

```
#-------------------------------------------------------------------
# 31_INFRAROSSI.PY: rileva segnale infrarossa, attiva RGB, presenta
# in LCD IMPORTANTE: SOLO PER PYTHON3.7 O SUPERIORE
#-------------------------------------------------------------------
# Ingressi: rilevazione pulsazione mando infrarosso
# Uscite:   attiva un LED RGB e presenta in LCD
# Azione:   premere [1], [2] o [3], assegna colore RGB, vedere LCD
#-------------------------------------------------------------------
# -*- coding: utf-8 -*-                #carattere speciale
#!/usr/bin/env python                  #ubicazione interprete Python©
import time                            #libreria gestire tempo
import LCD                             #libreria gestire LCD1602©
```

```
import RPi.GPIO as GPIO                 #libreria per gestire GPIO©
from lirc import RawConnection          #gestore mando infrarosso
R=40                                    #pin LED R
G=38                                    #pin LED G
B=36                                    #pin LED B
pines=(R,G,B)                           #elenco pin
conn=RawConnection()                    #dati infrarossi
comando=''                              #tasto premuto

def setup():                            #inizia dispositivi
  GPIO.setwarnings(False)               #evita messaggi non necessari
  GPIO.setmode(GPIO.BOARD)              #numeri GPIO© posizione fisica
  GPIO.setup(pines,GPIO.OUT)            #i LED sono uscite
  GPIO.output(pines,1)                  #li spegne (logica inversa)
  LCD.init(0x27,1)                      #inizia indirizzo I²C© del LCD
                                        #e attiva backlight
  LCD.clear()                           #inizia schermo del LCD

def mando_IR():                         #pulsazione mando infrarossi
  global comando                        #tasto premuta

  try:
    tecla=conn.readline(.0001)          #legge ingresso tasto
  except:                               #se errore tasto=''
    tecla=''

  if (tecla !='' and tecla !=None): #è stato premuto tasto
    datos=tecla.split()                 #informazione di tasto premuto
    comando= datos[2]                   #comando premuto
    print ('Tasto: ['+comando+']')

    if comando=='1':                    #tasto [1] premuto
      GPIO.output(R,0)                  #accende LED R
      GPIO.output(G,1)
      GPIO.output(B,1)
      LCD.write(6,1,'[1] Rosso ')
    elif comando=='2':                  #tasto [2] premuto
      GPIO.output(R,1)
      GPIO.output(G,0)                  #accende LED G
      GPIO.output(B,1)
      LCD.write(6,1,'[2] Verde')
    elif comando=='3':                  #tasto [3] premuto
      GPIO.output(R,1)
      GPIO.output(G,1)
      GPIO.output(B,0)                  #accende LED B
      LCD.write(6,1,'[3] Azzurro ')
    else:
      GPIO.output(pines,1)              #spegne RGB
      LCD.write(6,1,'          ')       #inizia tasto premuto

def parar():                            #ferma al premere CTRL+C
  GPIO.output(pines,1)                  #spegne i LED
  GPIO.cleanup()                        #libera il GPIO©
  LCD.clear()                           #inizia schermo LCD
  LCD.write(0,0,'Fine....')
  print
```

```
  print ('Programma finito')
  time.sleep(1)
  LCD.closelight()                    #spegne backlight

if __name__=='__main__':              #programma inizia qui
  setup()                             #inizia dispositivi
  print ('Usare mando infrarosso')
  LCD.write(0,0,'MANDO INFRAROSSO') #vedere titolo
  LCD.write(0,1,'Tasto:')             #vedere tasto premuto
  try:
    while True:                       #loop principale
      mando_IR()
  except KeyboardInterrupt:           #ferma con CTRL+C
    parar()
```

Esercizi proposti:

- Aggiungere un relè per attivarlo premendo il tasto [1] sul telecomando a infrarossi e disattivalo premendo il tasto [2] Come sempre, aggiungere un carico al relè (un LED, un cicalino, un motore, ecc.) per garantire che tutto funziona correttamente.

- Utilizzare il telecomando a infrarossi per disattivare gli allarmi generati dai sensori da altri esercizi (sensore di gas, sensore di incendio, inclinazione, ecc.)

- Utilizzare i tasti del telecomando per modificare la velocità, tramite PWM, di un motore CC collegato a un GPIO© o ad un controller LM293D© già visto.

⊝⊝⊝

# *Esercizio 32: Joystick

Penso che non sia necessario spiegare cos'è un Joystick perché li abbiamo usati tutti qualcuno giorno (console di gioco, giocattoli telecomandati, droni, ecc.) ma sono anche usati nell'industria (escavatori, aerei, medicine, ecc.)

Nella sua versione base e totalmente analogica, come il Joystick COM90133P©, è formato da un incapsulamento che contiene due potenziometri (resistenze variabili) situati a 90º e che misurano la posizione di un controllo su due assi: X e Y e uno o più pulsanti ( sull'asse Z) attivati dalla pressione.

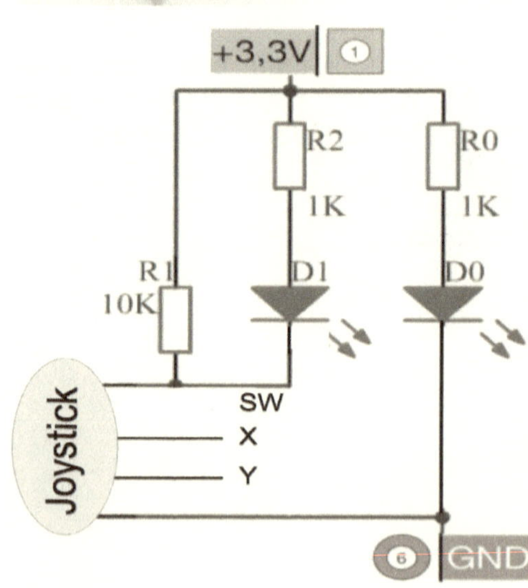


Qualsiasi posizione della manopola del Joystick è una combinazione dei due valori di resistenza in X e Y, pertanto, traducendo i suoi valori di ohm in valori di posizione, sapremo sempre come si trova la manopola del nostro Joystick.

In questo esercizio collegheremo il Joystick a un convertitore A/D PCF8591© che convertirà le variabili analogiche X, Y e il pulsante in variabili digitali (tra 0 e 255) che possiamo usare per agire con qualsiasi altro tipo di dispositivo.

Per il suo corretto funzionamento, il Joystick richiede un circuito di controllo molto semplice e di facile comprensione.

Il segnale dal pulsante SW ha un pull-up fino a +3,3v per stabilizzarlo, in modo che premendo il pulsante SW diventi LOW e si illumina D1. D0 si illumina quando si alimenta il circuito del Joystick. R0 e R1 limitano la corrente che scorre attraverso i LED D0 e D1. I segnali X, Y e SW vanno direttamente dal Joystick al convertitore A/D (AIN1, AIN0 e AIN2 rispettivamente).

La connessione tra il modulo Joystick e il convertitore analogico digitale PCF8591© è descritta nel seguente diagramma a blocchi:

Lo script Python© analizza continuamente gli ingressi analogici AIN0, AIN1 e AIN2 del convertitore A/D PCF8591©, dove abbiamo collegato le uscite: Y, X e SW (pulsante) provenienti dal Joystick.

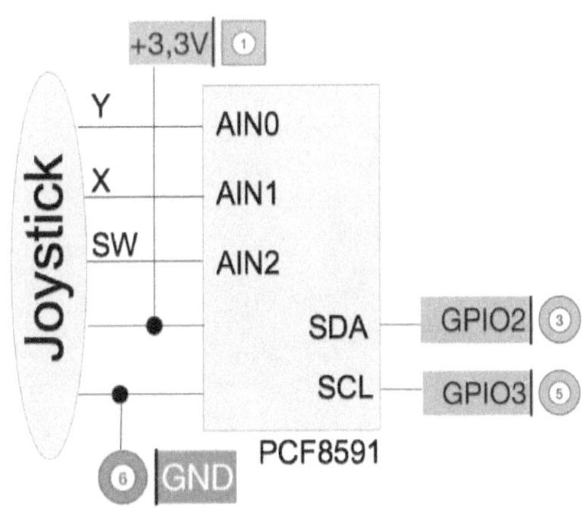


Con i valori ottenuti (da 0 a 255) sapremo se il controllo del Joystick è nella posizione su, giù, destra o sinistra.

Allo stesso modo, quando AIN2 rileva uno 0, indica che il pulsante è stato premuto.

Nello script useremo la libreria che abbiamo già creato e che ci fornisce le funzioni:

- **setup (indirizzo):** inizializza il convertitore PCF8591© con il suo indirizzo [indirizzo]

- **read (canale):** legge un valore analogico sul canale [canale] del convertitore e lo converte in digitale.

- **write (value):** scrive il valore digitale [value] sull'uscita analogica del convertitore.

E quindi non dovremo riscriverli o testarli di nuovo.

```
#-------------------------------------------------------------------
# 32_JOYSTICK.PY: Legge posizione X, Y e pulsante di un Joystick
#-------------------------------------------------------------------
# Ingressi: AIN0 a AIN02 come X, Y e pulsante
# Uscite:   posizione su, giù, sinistra, diritta, pulsante on/off
# Azione:   indicazione in schermo posizione e azione Joystick
#-------------------------------------------------------------------
# -*- coding: utf-8 -*-
#!/usr/bin/env python
import CONVERSOR_PCF8591 as ADC #carica setup(), read() in PCF8591©
import time                     #gestire tempo

def setup():                    #inizia convertitore PCF8401©
  ADC.setup(0x48)               #carica indirizzo del I²C©
  global state

def direction():                #cattura posizione del Joystick
  x=0
  estado=['centro','su','giù','sinistra','diritta','premuto']
  if ADC.read(0)<=5:            #su
    x=1
  if ADC.read(0)>=250:          #giù
    x=2
  if ADC.read(1)>=250:          #diritta
    x=3
  if ADC.read(1)<=5:            #sinistra
    x=4
  if ADC.read(2)==0:            #tasto premuto
    x=5
  return estado[x]              #posizione del Joystick

def loop():                     #loop di lettura AIN0_AIN2
  pos_a=''                      #posizione anteriore
  while True:                   #legge per polling dei canali
    pos_n=direction()           #nuova posizione
    if pos_n!=None and pos_n!=pos_a: #cambia stato?
      print pos_n               #vedo posizione nuova
      pos_a=pos_n               #rinnova posizione anteriore
```

```
    time.sleep(.01)             #regola lettura pulsante
def parar():                    #ferma il programma con CTRL+C
  print "Programma finito"

if __name__ == '__main__':      #programma inizia qui
  print '\n'*80                 #inizia schermo
  print 'Spostare il Joystick o premere pulsante'
  setup()                       #inizia il convertitore A/D
  try:                          #loop principale del programma
    loop()
  except KeyboardInterrupt:     #CTRL+C ferma il programma
    parar()
```

Esercizi proposti:

- Aggiungere un LED Duale in modo che il LED rosso si illumini quando sposti il Joystick a sinistra e il LED verde se è a destra.

- Aggiungere un motore CC controllato da PWM che alza o abbassa il suo g.p.m se alziamo o abbassiamo il controllo del Joystick.

- Includere un display LCD che mostra i valori di X e Y e se il pulsante è o non premuto

ΘΘΘ

# *Esercizio 33: Potenziometro e PCF8591©

Un potenziometro è un resistore che può variare di valore ruotando o spostando un cursore di regolazione. Il valore commerciale del potenziometro è equivalente alla sua massima resistenza (nella figura 10kΩ ) e quindi il suo valore può variare (linearmente, modo logaritmico, ecc.) da 0 a quella massima resistenza.

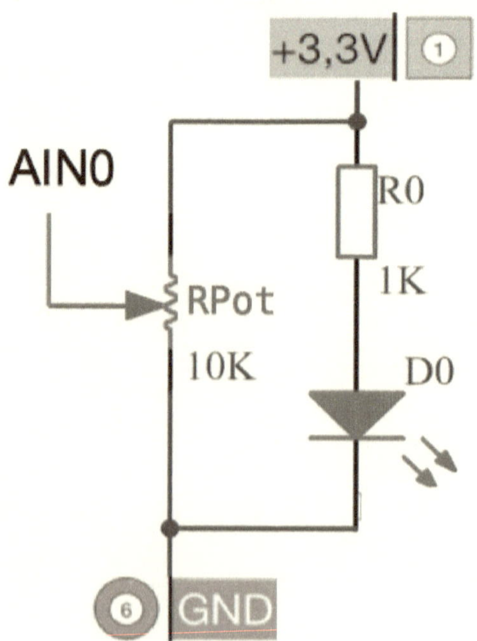


Abbiamo già utilizzato questo elemento di controllo in altri esercizi precedenti e in questo caso vedremo in dettaglio come varia il valore della sua resistenza (RPot) quando lo si collega a un convertitore A/D che ci traduce quel valore analogico (o il valore del tensione tra AIN0 e GND) in un valore digitale compreso tra 0 e 255 che visualizzeremo correttamente sullo schermo LCD1602©.

Per un maggiore controllo, aggiungiamo un LED Duale collegato a GPIO20© e GPIO21©, che si illuminerà in rosso quando la resistenza è inferiore al 50% del massimo (valori superiori a 127 in AIN0) e in verde quando è maggiore (valori inferiori a 127 in AIN0)

Il convertitore A/D che useremo è il PCF8591© dove l'ingresso AIN0 è direttamente collegato al punto medio del potenziometro.

Per visualizzare i risultati utilizziamo LCD1602© dove vedremo: lo stato numerico del potenziometro, il LED acceso, ora:minuti:secondi e la temperatura della CPU in ºC.

Sia il convertitore A/D che il display LCD sono collegati in parallelo alla porta I²C© come abbiamo già detto quando abbiamo parlato di questo bus.

Lo schema a blocchi del circuito è:

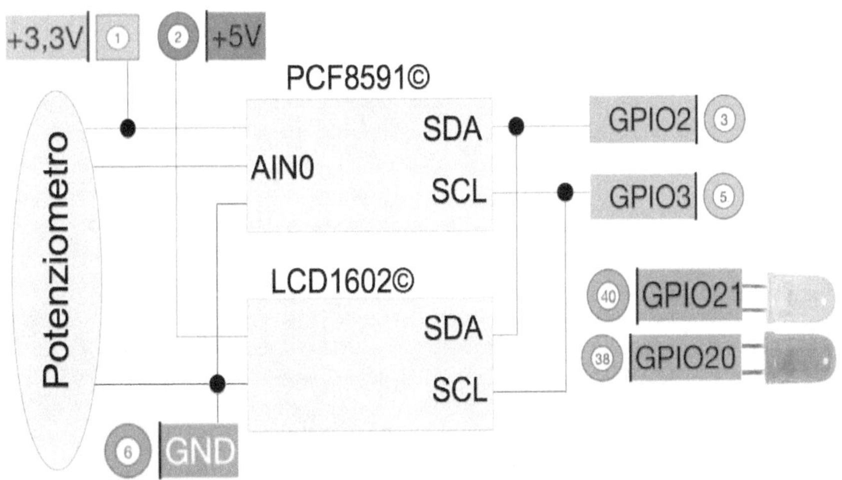


Una volta connessi, dobbiamo eseguire diverse operazioni:

- Vedere gli indirizzi assegnati a I²C© il convertitore A/D e il display LCD (in generale rispettivamente 0x48 e 0x27)

- Controllare che nello script Python© le routine dal A/D e dal LCD facciano riferimento agli indirizzi precedenti.

- Regolare il contrasto dell'LCD1602© sul potenziometro sul retro (circuito adattatore PCF8574©)

- Avviare lo script Python© e spostare il potenziometro osservando il suo valore sul display LCD e controllando gli on/off del LED Duale.

```
#-----------------------------------------------------------------------
# 33_POTENZIOMETRO.PY: Presenta in LCD posizione potenziometro e
# accende LED Duale secondo il suo valore
#-----------------------------------------------------------------------
# Ingressi: potenziometro va al convertitore AIN0 dal A/D PCF8591©
# Uscite:   indicazione numerica LCD, on/off LED Duale rosso/verde
# Azione:   se potenziometro>127 illumina LED rosso, <127 LED verde
#-----------------------------------------------------------------------
# -*- coding: utf-8 -*-                #per caratteri speciali
#!/usr/bin/env python
# -*- coding: utf-8 -*-

import CONVERSOR_PCF8591 as ADC        #gestire il convertito A/D
import LCD                             #libreria gestire il LCD
import RPi.GPIO as GPIO                #gestire il GPIO©
import time                            #gestire variabili tempo
from  datetime import datetime         #gestire giorno e ora
pin_r=38                               #LED rosso
pin_v=40                               #LED verde
pines=(pin_r,pin_v)                    #elenco dei pin

def setup():
  ADC.setup(0x48)                      #inizia convertitore A/D
  LCD.init(0x27,1)                     #inizia LCD con backlight ON
  LCD.clear()                          #inizia LCD
  GPIO.setwarnings(False)              #evita messaggi non necessari
  GPIO.setmode(GPIO.BOARD)             #numeri dei pin ordino fisico
  GPIO.setup  (pines,GPIO.OUT)         #mette i pin come uscita
  GPIO.output (pines,GPIO.LOW)         #mette i pin LOW, spengano

def loop():
  now=datetime.now()                   #ora attuale come HH:MM:SS
  hora=str(now.time())[:8]             #temperatura CPU in ºC
  tempFile=open("/sys/class/thermal/thermal_zone0/temp")
  cpu_temp=tempFile.read()
  tempFile.close()
  cpu_temp=str(round(float(cpu_temp)/1000))
  texto=hora+'     '+cpu_temp[:2]+'C' #ora-temperatura
  poten=ADC.read(0)                    #posizione potenziometro
```

```
  if poten>=127:                    #metà potenziometro?
    GPIO.output(pin_r,GPIO.HIGH)     #accende rosso
    GPIO.output(pin_v,GPIO.LOW)      #spegne verde
    LED='Rosso '                     #visualizza Rosso
  else:
    GPIO.output(pin_v,GPIO.HIGH)     #accende verde
    GPIO.output(pin_r,GPIO.LOW)      #spegne rosso
    LED='Verde'                      #visualizza Verde
  poten=('  '+str(poten))[-3:]+' '+LED #spazi e tronca 3 ultimi
  LCD.write(6,0,poten)               #posizione potenziometro
  LCD.write(0,1,texto)               #scrive temperatura en 0,1
  time.sleep(.05)                    #scarica microprocessore

def parar():                         #ferma al premere CTRL+C
  print 'Programma finito'
  LCD.clear()                        #inizia schermo LCD
  LCD.write(0,0,'Fine....')          #scrive testo Fine...
  time.sleep(2)
  LCD.closelight()                   #spegne backlight
  GPIO.output(pines,GPIO.LOW)        #spegne i LED

if __name__ == '__main__':           #programma inizia qui
  print '\n'*80                      #inizia schermo
  print 'Spostare il potenziometro'  #titolo del programma
  try:
    setup()                          #inizia dispositivi
    LCD.write(0,0,'Poten:')
    while True:                      #loop principale programma
      loop()
  except KeyboardInterrupt:          #ferma programma con CTRL+C
    parar()
```

Esercizi proposti:

- Aggiungere un relè che simula un carico ad alta potenza e si attivare quando il potenziometro è compreso tra 150 e 200. Aggiungere un carico al relè.

- Includere un pulsante che cambia la direzione del valore numerico del potenziometro: crescente o decrescente.

- Aggiungere un timer NE555© in modalità astable e attivare la sua uscita, usando il suo pin $\overline{R}$ quando il potenziometro è inferiore a 10 o superiore a 240

⊖⊖⊖

# *Esercizio 34: Interruttore Hall

Continuando con gli esercizi con i sensori, vedremo in questo caso un sensore non ben noto ma piuttosto interessante. Questo è il sensore di materiale magnetico basato sull'effetto Hall, ovvero, la generazione di una corrente elettrica separando le cariche all'interno di un conduttore, attraverso il quale scorre una corrente, in presenza di un campo magnetico.

Questo sensore è ampiamente utilizzato nei rilevatori di corrente elettrica, misuratori di velocità, sensori di prossimità, posizionamento, finecorsa, ecc.

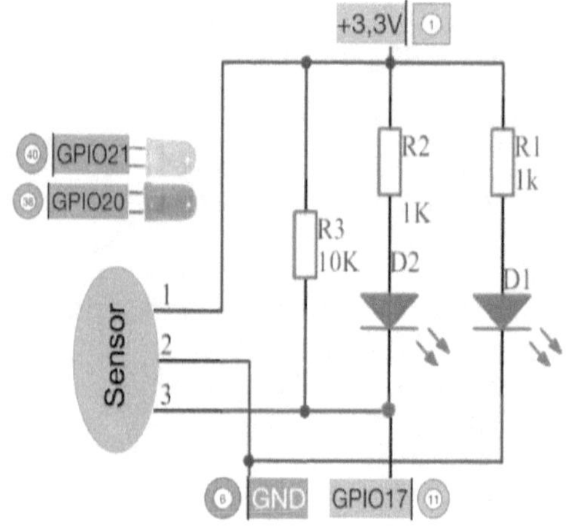


Il sensore utilizzato in questo esercizio è simile all'A3144© e possiamo usarlo in due modi:

- **Interruttore Hall:** L'uscita del sensore Hall si collega a un GPIO© del Raspberry©, quindi quando il sensore rileva un materiale magnetico attiva il GPIO© in modalità on/off.

- **Sensore Hall:** El sensore Hall è collegato a un convertitore A/D, attraverso il comparatore e l'amplificatore lineare tipo LM393©, in modo da poter misurare il valore numerico analogico dell'intensità della corrente generata dall'effetto Hall in A0 e l'uscita digitale in D0.

In questo esercizio vedremo l'interruttore Hall che necessita del sensore e un semplice circuito di controllo per attaccare un ingresso di GPIO©

Il LED D1 si illumina quando il circuito è alimentato, il LED D2 si illumina quando il sensore conduce corrente al rilevare un materiale magnetico, la resistenza R3 agisce come un pull-up a +3.3v e R1, R2 limitano la corrente che scorre attraverso entrambi LED.

L'uscita del sensore Hall attacca il pin 11 del Raspberry© e i pin 38 e 40 gestiscono lo stato del LED Duale.

Abbiamo anche aggiunto il display LCD1602© al circuito per mostrare, in formato testo, l'inizio del programma, lo stato di rilevamento, lo stato del LED Duale e la fine del programma premendo CTRL+C

```
#-------------------------------------------------------------------
# 34_INTERRUTTORE_HALL.PY: Cambia stato LED e LCD con Hall on/off
#-------------------------------------------------------------------
# Ingressi: rilevamento materiale magnetico con sensore Hall
# Uscite:   on/off interruttore Hall, stato LED Duale e vedere LCD
# Azione:   pin 11=LOW cambio LED Duale e testo in LCD
#-------------------------------------------------------------------
# -*- coding: utf-8 -*-         #vedere caratteri speciali
#!/usr/bin/env python           #ubicazione del interprete Python©
import RPi.GPIO as GPIO         #importa libreria gestire GPIO©
import time                     #importa libreria gestire tempo
import LCD                      #importa libreria gestire LCD1602©
hall_pin=11                     #pin 11 interruttore Hall
r_pin=38                        #pin 38 LED rosso
g_pin=40                        #pin 40 LED verde
pines=(r_pin,g_pin)             #elenco dei pin
estado=False                    #stato flip-flop (bandiera) on/off
```

```
def setup():                    #FUNZIONE inizia il GPIO©
  LCD.init(0x27,1)              #inizia indirizzo I²C© e backlight
  LCD.clear()                   #inizia schermo del LCD
  GPIO.setwarnings(False)       #evita messaggi non necessari
  GPIO.setmode(GPIO.BOARD)      #numeri de GPIO© posizione fisica
  GPIO.setup(pines,GPIO.OUT)    #i LED sono uscite
  GPIO.output(pines,0)          #li spegne
  GPIO.setup(hall_pin,GPIO.IN, pull_up_down=GPIO.PUD_UP)
                                #hall_pin ingresso, pull-up a +3.3v
  GPIO.add_event_detect(hall_pin,GPIO.FALLING,callback=mira
                               ,bouncetime=200) #rileva, esegue mira()

def LED(x):                     #accende il LED e presenta stato
  print 'Rilevato, accendo: ',
  if x:                         #se x è True
    GPIO.output(r_pin,1)        #accende LED rosso
    GPIO.output(g_pin,0)        #spegne  LED verde
    texto='LED: Rosso '
    print texto
    LCD.write(0,1,texto)        #scrive stato in C,F=0,1
  else:                         #se x è False
    GPIO.output(r_pin,0)        #spegne  LED rosso
    GPIO.output(g_pin,1)        #accende LED verde
    texto='LED: Verde'
    print texto
    LCD.write(0,1,texto)        #scrive temperatura in C,F=0,1

def mira(Ev=None):              #materiale magnetico rilevato per
                                #interruzione, non per polling
  global estado                 #stato flag attivato/disattivato
  estado= not estado            #cambia stato al stato contrario
  LED(estado)                   #accende il LED corrispondente
  time.sleep(.01)               #regolazione per garantire lettura

def parar():                    #ferma al premere CTRL+C
  GPIO.output(pines,0)          #spegne i LED
  GPIO.cleanup()                #libera il GPIO©
  LCD.clear()                   #inizia lo schermo LCD
  LCD.write(0,0,'Fine....')
  time.sleep(2)
  LCD.closelight()              #spegne backlight
  print 'Programma finito'

if __name__ == '__main__':      #programma inizia qui
  setup()                       #esegue la funzione setup()
  print '\n'*80                 #inizia schermo
  print 'Avvicinare materiale magnetico al sensore Hall'
  LCD.write(0,0,'Interruttore HALL') #scrive temperatura in 0,0

  try:                          #esegue seguente tranne eccezione
    while True:
      time.sleep(.01)           #loop simula programma generale
  except KeyboardInterrupt:     #se si preme 'Ctrl+C' se esegue
    parar()                     #parar() che ferma il programma
```

Esercizi proposti:

- Aggiungere un relè al circuito precedente che simula un carico che viene attivato quando viene rilevato un elemento magnetico e visualizza lo stato sul display LCD. Aggiungere un carico al relè.

- Includere anche un pulsante con due stati in cui uno di essi inibisce, tramite software, la lettura dell'interruttore Hall.

- Includere anche un motore a corrente continua la cui rotazione è gestita da software, in modo che ruoti in una direzione quando l'interruttore Hall rileva il Nord di un magnete e nell'altra direzione quando rileva il Sud (usa l'interruzione di FALLING o RISING in Python© secondo procedere). Mostra anche ogni stato precedente sul display LCD1602©

ΘΘΘ

# *Esercizio 35: Sensore Hall

Come già abbiamo accennato nell'esercizio dell'interruttore Hall, questo elemento può anche essere utilizzato come sensore analogico collegato al convertitore A/D PCF8591© e misurare il campo elettrico generato avvicinando un elemento magnetico al sensore Hall. Per questo abbiamo solo bisogno di collegare l'uscita analogica AO del sensore Hall all'ingresso AIN0 del convertitore A/D

D'altra parte e in base al livello di corrente generata nel sensore Hall, possiamo anche identificare se rileva il polo Nord **(N)** o il polo Sud **(S)** del materiale rilevato (nota: il materiale può avere diversi (N) e diversi (S)).

Quando il sensore Hall è a riposo, senza rilevare nulla, il valore di uscita del A/D sarà il valore medio **(M)** della scala (0-255), ovvero, un valore vicino a 128.

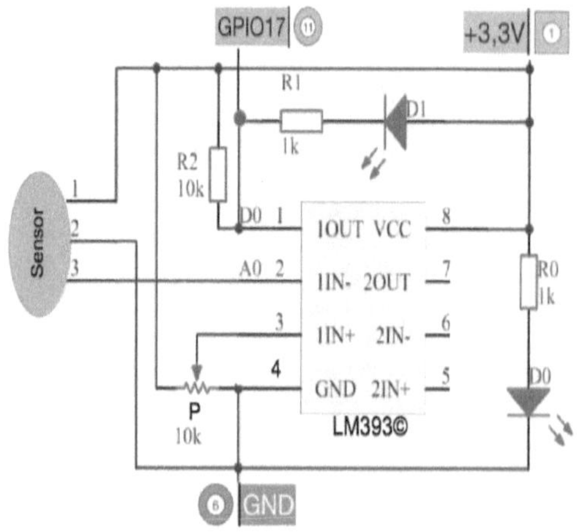


Quando si ci avvicina (N), questo valore salirà sopra (M) e in base al livello del campo magnetico del materiale approssimativo e se ci avviciniamo (S), questo valore scenderà sotto (M)

Se vogliamo anche attivare un'uscita

digitale, DO se viene superata una soglia, abbiamo bisogno di un circuito aggiuntivo costituito da un comparatore LM393© e alcuni componenti di controllo.

Con il potenziometro P possiamo regolare il livello di confronto tra 1IN- (sensore Hall) e 1IN+ (riferimento P) e quindi selezionare se il LED D1 e l'uscita DO sono attivati con (N) o con (S)

R0 e R1 limitano la corrente dei LED e R2 è un pull-up per stabilizzare l'uscita 1OUT dell'amplificatore LM393© e l'ingresso GPIO17© del Raspberry©.

Inoltre aggiungiamo lo schermo LCD1602© per visualizzare il valore del campo magnetico, se è (N) o (S) e la sensibilità di rilevamento, ovvero, (N)-(M) oppure (M)-(S)

Lo schema a blocchi dell'intero circuito è:

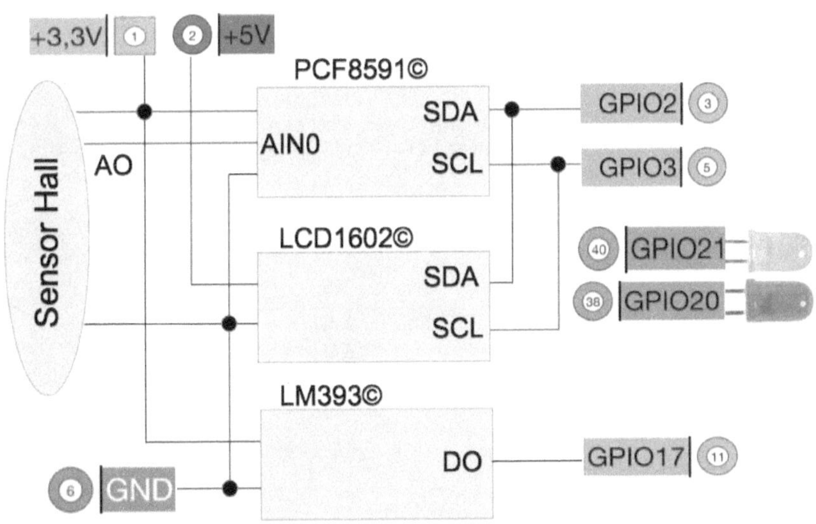


```
#------------------------------------------------------------------
# 35_SENSORE_HALL.PY:Indica valore analogico sensore, Nord e Sud
#------------------------------------------------------------------
# Ingressi: uscita AO del sensore Hall
# Uscite:   valore numerico sensore, indicazione N, S nel LCD
# Azione:   secondo sensibilità indica N, S o nulla nel LCD
#------------------------------------------------------------------
```

```
# -*- coding: utf-8 -*-                #per caratteri speciali
#/usr/bin/env python                   #posizione interprete Python©

import PCF8591 as ADC                  #libreria uso conversor A/D
import LCD                             #libreria uso LCD
import time                            #gestire il tempo

def setup():                           #inizia A/D, LCD e testi
  ADC.setup(0x48)                      #inizia convertitore A/D
  LCD.init(0x27,1)                     #inizia LCD con backlight ON
  LCD.clear()                          #inizia schermo LCD
  LCD.write(0,0,'Effetto Hall')        #testi in LCD
  LCD.write(0,1,'Valore:')
  print '\n'*80+'Misuratore effetto Hall' #testi in schermo

def ver(z):                            #N,S,nulla in schermo e LCD
  if z=='':
    men='Niente '                      #non rileva niente
  if z=='N':
    men='NORD'                         #Nord per >(M)+sensibilità
  if z=='S':
    men='SUD  '                        #Sud  per <(M)-sensibilità
  print men
  LCD.write(0,1,men)

def loop():                            #loop principale
  estado_a=estado_n=''                 #stati anteriore e nuovo
  centro=128                           #pos centrale sensore (0,255)
  sensib=2                             #sensibilità cambio (regola)
  while True:                          #loop di polling
    hall=ADC.read(0)                   #lettura sensore Hall in AIN0
    print 'Campo magnetico: ',hall     #vedere valore
    LCD.write(6,1,('    '+str(hall))[-3:]) #regola 3 ultimi digiti
    if hall>=centro+sensib:            #valore>(M)+sensibilità=(N)
      estado_n='N'
    elif hall<=centro-sensib:          #valore<(M)-sensibilità=(S)
      estado_n='S'
    else:
      estado_n=''                      #in riposo, non rileva niente
    if estado_n!=estado_a:             #cambio di stato?
      ver(estado_n)                    #visualizza nuovo stato
      estado_a=estado_n                #attualizza stato anteriore
    time.sleep(0.5)

def parar():                           #ferma al premere CTRL+C
  print 'Programma finito'
  LCD.clear()                          #inizia schermo LCD
  LCD.write(0,0,'Fine....')
  time.sleep(2)
  LCD.closelight()                     #spegne backlight

if __name__ == '__main__':             #programma inizia da qui
  try:                                 #esegue seguente
                                       #istruzione tranne eccezione
    setup()                            #inizia dispositivi e dati
    loop()                             #loop principale programma
```

```
  except KeyboardInterrupt:                    #se preme 'Ctrl+C' si ferma
    parar()
```

Esercizi proposti:

- Aggiungere un LED Duale che indica in rosso quando viene rilevato il polo (N) e in verde quando viene rilevato il polo (S). Utilizzare l'acquisizione tramite GPIO17© per interruzione anziché polling.

- Aggiungere un motore a corrente continua e controllare la sua velocità e il senso di rotazione in base al valore del sensore Hall e se è (N) o (S). Visualizzare un'approssimazione di velocità e senso di rotazione sul display LCD.

- Includere un cicalino passivo e generare, tramite PWM, un suono diverso attivato da (N) o (S) ma solo quando una determinata soglia viene superata e richiesta dallo schermo.

ΘΘΘ

# *Esercizio 36: Rilevatore di Linee

Un rivelatore o un seguace di linea è un sensore che distingue la riflettanza di una linea, ad esempio una linea disegnata su carta, una linea dipinta su una strada, ecc. en questo senso, questo sensore o simile è interessante da applicare in robotica, automazione, contatori, ecc. perché con questo rilevatore puoi seguire una certa linea, non attraversarla, contare le linee incrociate, ecc.

Il seguace di linee, ad esempio il KY-033©, è costituito da un emettitore e un ricevitore di luce a infrarossi inclusi in un incapsulamento che rilevano quando tutti, uno o nessuno dei due elementi è sulla linea da rilevare.

Questi elementi necessitano di un circuito aggiuntivo che amplifichi il segnale e fornisca un'uscita di tipo on/off, che è impostato su LOW, quando viene rilevato che il sensore è su una linea.

Ricordiamo che il diodo emettitore del sensore emette luce infrarossa continuamente ogni volta che riceve energia.

Quando il sensore è fuori linea (area luminosa), il foto transistor riceve luce infrarossa dall'emettitore riflesso in quell'area luminosa e continua a condurre, quindi l'ingresso 1IN+ del comparatore passa a LOW e l'uscita 1OUT e l'ingresso

GPIO17© vanno su LOW, quindi D2 si illumina.

Quando il sensore si trova su una linea (area scura) il foto transistor non riceve luce (perché è assorbito dalla linea), quindi l'ingresso 1IN+ è su HIGH, l'uscita 1OUT e l'ingresso GPIO17© su HIGH e quindi D2 non si illumina.

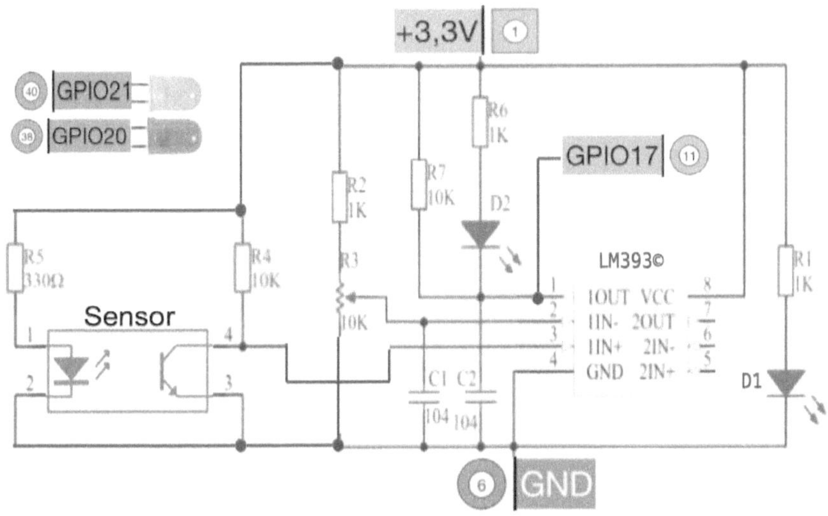


R1 limita la corrente del LED D1 che si illumina durante l'alimentazione del circuito.

R2 limita la corrente che attraversa il potenziometro di impostazione di riferimento R3.

R4 fa de pull-up su 1IN+

R5 regola la corrente che scorre attraverso l'emettitore a infrarossi.

R6 limita la corrente del LED D2

R7 è un pull-up per il GIP017© e C1 e C2 fungono da filtri.

```
#-------------------------------------------------------------------
# 36_RILEVATORE_LINEE.PY: rileva linea e presenta in LED e LCD
#-------------------------------------------------------------------
```

```
# Ingressi: rilevazione di linea nera su fondo bianco
# Uscite:   accende LED Duale rosso presenta on/off in LCD
# Azione:   alterna tra on/off al rilevare linea, presenta in LCD
#-----------------------------------------------------------------
# -*- coding: utf-8 -*-
#!/usr/bin/env python                #ubicazione interprete Python©
import time                          #libreria gestire tempo
import RPi.GPIO as GPIO              #libreria gestire GPIO©
import LCD                           #libreria gestire LCD1602©
pin=11                               #pin sensore dei linee
r_pin=40                             #LED rosso
g_pin=38                             #LED verde
pines=(r_pin,g_pin)                  #pin d'uscita
estado_a=0                           #stato anteriore

def setup():                         #inizia dispositivi
  GPIO.setwarnings(False)            #evita messaggi non necessari
  GPIO.setmode(GPIO.BOARD)           #numeri GPIO© posizione fisica
  GPIO.setup(pines,GPIO.OUT)         #i LED sono uscite
  GPIO.output(pines,0)               #li spegne
  GPIO.setup(pin,GPIO.IN,pull_up_down=GPIO.PUD_UP) #pin è ingresso
                                     #con pull-up a +3.3v
  LCD.init(0x27,1)                   #inizia indirizzo I²C© del LCD
                                     #e attiva backlight
  LCD.clear()                        #inizia schermo del LCD

def ver(x):                          #presenta stato x
  if x==1:                           #se x=1, stato=Si
    GPIO.output(r_pin,1)             #accende LED rosso
    GPIO.output(g_pin,0)             #spegne  LED verde
    LCD.write(7,1,'Si')
    print 'Si'
  else:                              #se x=0, stato=No
    GPIO.output(r_pin,0)             #spegne  LED rosso
    GPIO.output(g_pin,1)             #accende LED verde
    LCD.write(7,1,'No')
    print 'No'

def loop():                          #loop principale del programma
  global estado_a
  estado_n=GPIO.input(pin)           #stato nuovo per polling GPIO©
  if estado_n<>estado_a:             #cambio di stato?
    ver(estado_n)                    #vedere stato nuovo
    estado_a=estado_n                #adesso stato anteriore è nuovo
  time.sleep(.1)                     #per scaricare il micro

def parar():                         #ferma al premere CTRL+C
  GPIO.output(pines,0)               #spegne il LED Duale
  GPIO.cleanup()                     #libera il GPIO©
  LCD.clear()                        #inizia schermo LCD
  LCD.write(0,0,'Fine....')
  print
  print 'Programma finito'
  time.sleep(1)
  LCD.closelight()                   #spegne backlight
```

```
if __name__=='__main__':              #programma inizia qui
  setup()                             #inizia dispositivi
  print '\n'*80                       #inizia schermo
  print 'Provare Sensore de Linee'
  LCD.write(0,0,'SENSORE DE LINEE') #vedere titolo
  LCD.write(0,1,'Linea:')             #vedere se c'è linea
  try:
    while True:                       #loop principale
     loop()
  except KeyboardInterrupt:           #ferma con CTRL+C
    parar()
```

Esercizi proposti:

- Aggiungere un relè che si attiva quando il rilevatore di linee conta 8 linee e si spegne quando si contano le 2 linee successive. Aggiungere un carico al relè, ad esempio un cicalino attivo.

- Aggiungere un display a matrice di punti 8x8 per presentare il conteggio precedente delle 8 linee e delle 2 linee.

- Aggiungere un cicalino passivo che suona una nota crescente per ciascuna delle 8 linee rilevate.

⊝⊝⊝

# *Esercizio 37: Sensore di Ostacoli

Questa volta vedremo un sensore di ostacoli del tipo KY032© o simile, che in realtà è composto da tre parti:

- Un generatore di impulsi elettrici.
- Un emettitore di impulsi a infrarossi.
- Un ricevitore a infrarossi.

L'emettitore invia costantemente impulsi di luce infrarossa generata da un oscillatore di tipo NE555© configurato in modalità astable.

Quando questi impulsi rimbalzano su un ostacolo e vengono rilevati dal ricevitore, viene attivato un allarme.

La distanza di rilevamento del ricevitore a infrarossi dipende dalla potenza dell'emettitore, dalla riflettanza dell'ostacolo, dalle caratteristiche del mezzo tra l'emettitore e il ricevitore e dalla sensibilità del ricevitore.

Il segnale dal generatore di impulsi (timer NE555©) è amplificato da un transistor di tipo PNP simile all'S8550© il cui fattore di guadagno può essere regolato con un potenziometro (che regola la corrente di base o che regola la corrente di alimentazione attraverso il collettore), ciò consente di regolare la distanza di rilevamento dell'ostacolo.

Questo sensore ha quindi bisogno di un circuito di controllo leggermente più complicato di quelli che abbiamo visto finora ma di facile comprensione.

Vediamo ogni parte:

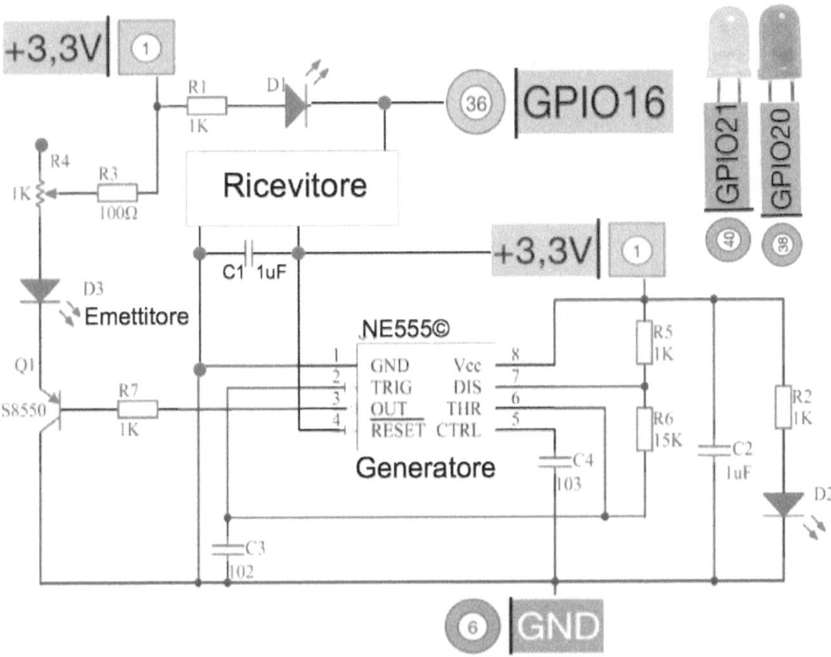


**Oscillatore:** questo è il timer NE555© già visto nella configurazione dell'oscillatore astabile in cui la frequenza di oscillazione è determinata da:

$$f = \frac{1}{\log(2)*C_3*(R_5+2*R_6)} = \frac{1}{0,693*10^{-9}*(10^3+2*15*10^3)} \pm 46KHz$$

C1 e C2 fungono da stabilizzatori e il segnale generato da NE555© viene emesso dal pin OUT

**Emettitore:** il segnale da OUT attacca il transistor PNP S8550© che funge da amplificatore di segnale che utilizza l'emettitore D3 (un diodo a infrarossi) e che può essere regolato con il potenziometro R4 de 1kΩ R3 limita la corrente che attraversa il transistor quando il potenziometro ha una resistenza minima e R7 limita la corrente di base del transistor.

**Ricevitore:** questo è un foto diodo a infrarossi (BPV10NF© o simile) che cattura il raggio infrarosso inviato dall'emettitore e che è rimbalzato dall'ostacolo. Quando questo sensore rileva il segnale rimbalzato imposta il GPIO16© su GND e attiva il LED D1. R1 e R2 limitano la corrente dai LED e D2 si illumina per indicare che il circuito è alimentato.

Inoltre, utilizzeremo un LED Duale che lampeggerà in rosso per indicare l'ostacolo e rimarrà verde altrimenti. Questo LED è gestito da software con GPIO20© (rosso) e GPIO21© (verde).

Nello script Python©, il display LCD1602© è anche riuscito a presentare il rilevamento dell'ostacolo e il colore del LED attivato.

```
#------------------------------------------------------------------
# 37_SENSORE_OSTACOLI.PY: rileva ostacoli e presenta allarme in
# LED Duale e LCD
#------------------------------------------------------------------
# Ingressi: sensore di ostacoli infrarosso con emettitore
#           e ricevitore gestiti per interruzione
# Uscite:   presenta allarma di ostacoli in schermo, LED Duale e
#           nel LCD
# Azione:   loop lettura del sensore e presentazione in LCD
#------------------------------------------------------------------
# -*- coding: utf-8 -*-
#!/usr/bin/env python                    #interprete Python©
import time                              #libreria gestire tempo
import LCD                               #libreria gestire LCD1602©
import RPi.GPIO as GPIO                  #libreria gestire del GPIO©
pin_r=40                                 #LED Duale rosso
pin_v=38                                 #LED Duale verde
pines=(pin_r,pin_v)                      #elenco dei pin
pin=36                                   #uscita del sensore
estado=True                              #stato per presentazione

def setup():                             #inizia dispositivi
  GPIO.setwarnings(False)                #per messaggi non necessari
  GPIO.setmode(GPIO.BOARD)               #GPIO© posizione fisica
  GPIO.setup(pines,GPIO.OUT)             #LED Duale è uscita
  GPIO.output(pines,GPIO.LOW)            #spegne LED
  GPIO.setup(pin,GPIO.IN,pull_up_down=GPIO.PUD_UP) #pin è ingresso
                                         #con pull-up a +3.3v

#Qui si descrive la interruzione per FALLING quando si rileva un
#ostacolo
  GPIO.add_event_detect(pin,GPIO.FALLING,mirar,bouncetime=200)
  LCD.init(0x27,1)                       #inizia indirizzo I²C© del
```

```
                                      #LCD e attiva backlight
  LCD.clear()                         #inizia schermo del LCD

def mirar(Ev=None):                   #ostacolo rilevato
  global estado
  print "Ostacolo rilevato"
  if estado:
    GPIO.output(pin_r,GPIO.HIGH)      #accende LED rosso
    GPIO.output(pin_v,GPIO.LOW)       #spegne  LED verde
    LCD.write(0,1,'ostacolo##Rosso ') #ostacolo e LED rosso
  else:
    GPIO.output(pin_v,GPIO.HIGH)      #accende LED verde
    GPIO.output(pin_r,GPIO.LOW)       #spegne  LED rosso
    LCD.write(0,1,'OSTACOLO__Verde')  #ostacolo e LED verde
  estado=not estado

def loop():                           #loop principale
  while True:
    time.sleep(.1)                    #per no caricare micro

def parar():                          #ferma con CTRL+C
  GPIO.output(pines,GPIO.LOW)         #spegne LED Duale
  GPIO.cleanup()                      #libera GPIO©
  LCD.clear()                         #inizia schermo LCD
  LCD.write(0,0,'Fine....')
  print
  print 'Programma finito'
  time.sleep(1)
  LCD.closelight()                    #spegne backlight

if __name__=='__main__':              #programma inizia qui
  setup()                             #inizia dispositivi
  print '\n'*80                       #inizia schermo
  print 'Rileva ostacoli'
  LCD.write(0,0,'Sensore OSTACOLI')   #vedere titolo
  try:
    loop()                            #loop del programma
  except KeyboardInterrupt:           #ferma con CTRL+C
    parar()
```

Esercizi proposti:

- Aggiungere un relè e attivalo/disattivalo quando viene rilevato un ostacolo. Aggiungere come carico del relè, o collegato al GPIO©, un cicalino attivo che emette un segnale quando il relè è attivato, quel segnale dovrebbe durare solo 1 secondo anche se il relè rimane attivato.

- Aggiungere un display a 7 segmenti che mostra un conto alla rovescia da 9 a 0 ogni volta che viene rilevato un ostacolo e che impedisce un nuovo rilevamento mentre il conto alla rovescia è in esecuzione.

• Includere anche un sensore tattile per disattivare il relè e azzerare il conto alla rovescia in qualsiasi momento.

ʘʘʘ

# *Esercizio 38: Sensore di temperatura con Termistore

Un termistore è sostanzialmente una resistenza il cui valore varia con la sua temperatura, quindi possiamo usarlo come sensore di temperatura all'interno di un intervallo e sensibilità operativa.

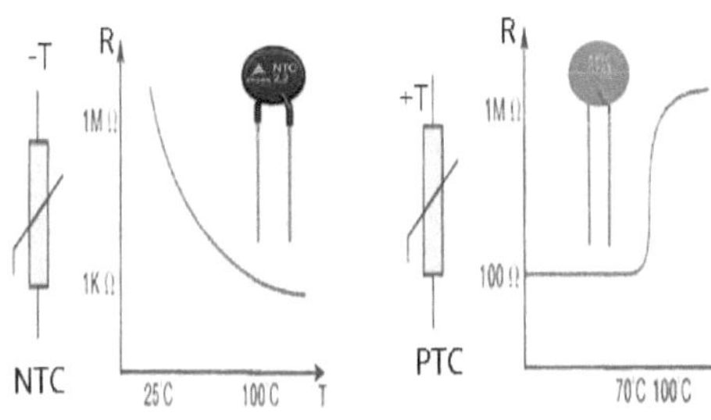


Esistono due tipi di termistori:

- Quelli con un coefficiente di temperatura negativo **(NTC)**, cioè, quando la temperatura rilevata aumenta, la sua resistenza diminuisce logarítmicamente (non lineare)

- Quelli del coefficiente di temperatura positivo **(PTC)** in cui accade il contrario e la resistenza aumenta esponenzialmente (anche non lineare) con la temperatura.

Nel nostro caso useremo un termistore di tipo **NTC** simile a MF52AT©, che ha una resistenza di $10k\Omega$ a 25°C e una variazione tra la temperatura rilevata T e la sua resistenza R con variazione logaritmica, ad esempio, a 0°C $R=98k\Omega$ e a 50°C $R=3,6k\Omega$

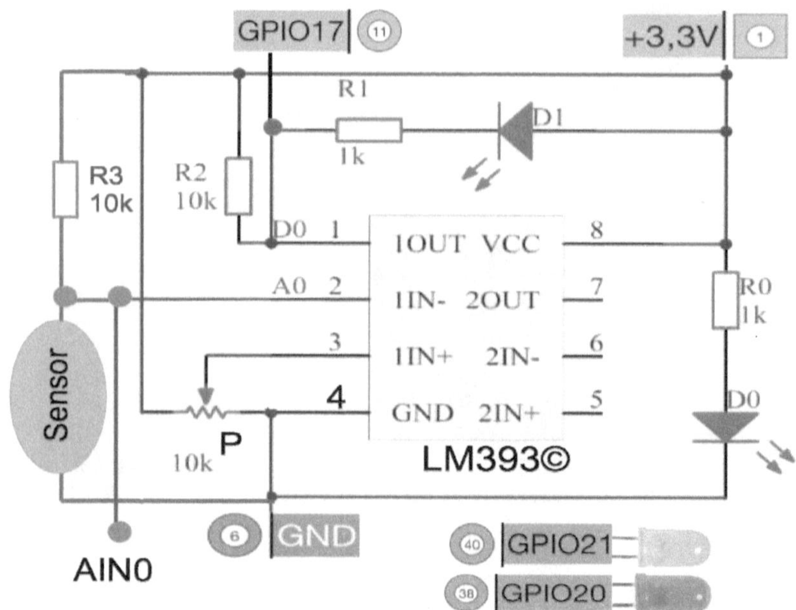


In questo esercizio, come altri già visti con altri sensori, oltre all'uscita analogica AO che attacca il convertitore A/D attraverso l'ingresso AIN0, utilizzeremo il termistore come rivelatore per ottenere un segnale digitale, DO tipo on/off. Per questo useremo il solito circuito di sparo abituale con il comparatore e l'amplificatore LM393©

Quando la temperatura T vicina al termistore, sale da un livello di riferimento, la resistenza scende al di sotto di un certo livello, rendendo l'ingresso del comparatore 1IN- più basso dell'ingresso 1IN+ (regolata con il potenziometro P) e quindi l'uscita digitale DO passa a HIGH e il LED D1 si spegne.

Il livello D0 viene acquisito dal GPIO17© a causa di un'interruzione del software e con questo agiamo sul LED Duale collegato in GPIO20© e GPIO21©

Parallelamente a questo processo, il valore della resistenza del termistore viene acquisito dalla sua uscita analogica, AO, con l'ingresso AIN0 del convertitore A/D

Infine, utilizziamo il display LCD1602© per presentare la temperatura acquisita e lo stato di ciascuno dei LED.

Come sempre il LED D0 indica che c'è alimentazione, i resistori R0 e R1 limitano la corrente dei LED e R2 e R3 sono pull-up per stabilizzare i segnali.

Lo schema a blocchi di questo esercizio è simile a quello del sensore Hall.

```
#---------------------------------------------------------------------
# 38_SENSORE_TERMISTORE.PY:Vedere temperatura in LCD con termistore
#---------------------------------------------------------------------
# Ingressi: rilevamento cambio de resistenza per cambio temperatura
#           del NTC termistore
# Uscite:   temperatura termistore e stato LED Duale, vedere in LCD
# Azione:   pin 11=LOW cambio LED Duale e testo in LCD
#---------------------------------------------------------------------
# -*- coding: utf-8 -*-
#!/usr/bin/env python           #ubicazione del interprete Python©
import RPi.GPIO as GPIO         #importa libreria gestire GPIO©
import time                     #importa libreria gestire tempo
import LCD                      #importa libreria gestire LCD1602©
import PCF8591 as ADC           #importa libreria conversione A/D
import math                     #importa libreria matematica

#PARAMETRI DEL TERMISTORE (rivedere secondo modello)
Vcc=3.3                         #alimentazione circuito
escala=255                      #livelli del convertitore A/D(8bit)
R=10000                         #resistenza in serie con termistore
K=273.15                        #convertitore Kelvin a Centigradi
A1=22                           #regola ºC punto centrale
A2=-7.7                         #offset finale di regolamento
B=3950                          #termistore (regola per modello)
term_pin=11                     #pin 11 uscita DO on/off termistore
r_pin=38                        #pin 38 LED rosso
g_pin=40                        #pin 40 LED verde
pines=(r_pin,g_pin)             #elenco dei pin
LED=''                          #LED a visualizzare

def setup():                    #FUNZIONE: inizia il GPIO©
  GPIO.setwarnings(False)       #evita messaggi non necessari
  GPIO.setmode(GPIO.BOARD)      #numeri de GPIO© posizione fisica
  GPIO.setup(pines,GPIO.OUT)    #i LED sono uscite
  GPIO.output(pines,0)          #li spegne
  GPIO.setup(term_pin,GPIO.IN, pull_up_down=GPIO.PUD_UP)
                                #pin ingresso con pull-up a +3.3v
  GPIO.add_event_detect(term_pin,GPIO.FALLING
          ,callback=mira,bouncetime=2000) #se rileva esegue mira()
  ADC.setup(0x48)               #indirizzo I²C© convertitore A/D
```

```
  LCD.init(0x27,1)                #indirizzo I²C© LCD e backlight=ON
  LCD.clear()                     #inizia schermo del LCD

def mira(Ev=None):                #soglia temperatura rilevata per
                                  #interruzione, non per polling
  a=GPIO.input(term_pin)          #pin=0 temperatura>referenza
  global LED
  print 'Rilevato, accendo: ',
  if not a:                       #DO=LOW, a=False, temperatura alta
    GPIO.output(r_pin,1)          #accende LED rosso
    GPIO.output(g_pin,0)          #spegne  LED verde
    LED='Rosso '
  else:                           #a=True, temperatura bassa
    GPIO.output(r_pin,0)          #spegne  LED rosso
    GPIO.output(g_pin,1)          #accende LED verde
    LED='Verde'
  print LED

def temp(x):                      #calcola valore di temperatura
  global temperatura
  Vr=Vcc*float(x)/escala          #voltaggio rilevato
  Rt=(R*Vr)/(Vcc-Vr)              #resistenza termistore
  L=math.log(Rt/R)                #coefficiente logaritmico
  temp=1/((L/B)+(1/(K+A1)))       #conversione tensione a temperatura
  temperatura="{0:.2f}".format(temp-K+A2) #regolamento Kelvin_ºC e
                                  #offset regola a fine a 2 decimali

def bucle():                      #loop principale del programma
  while True:
    lectura=ADC.read(0)           #valore del convertitore A/D
    temp(lectura)                 #convertire lettura a temperatura
    print lectura,temperatura     #vedere valore A/D e temperatura
    LCD.write(5,1,temperatura)    #vedere valore temperatura
    LCD.write(11,1,LED)           #vedere LED
    time.sleep(.1)                #riduce carico del microprocessore

def parar():                      #ferma al premere CTRL+C
  GPIO.output(pines,0)            #spegne i LED
  GPIO.cleanup()                  #libera il GPIO©
  LCD.clear()                     #inizia schermo LCD
  LCD.write(0,0,'Fine....')
  print 'Programma finito'
  time.sleep(1)                   #assicura scrittura
  LCD.closelight()                #spegne backlight

if __name__ == '__main__':        #programma inizia qui
  setup()                         #esegue la funzione setup()
  print '\n'*80                   #inizia schermo
  print 'Provare il Termistore'   #su/giù temperatura
  LCD.write(0,0,'Provare TERMISTORE') #vedere titolo del esercizio
  LCD.write(0,1,'Temp:')          #vedere titolo temperatura
  try:                            #esegue seguente istruzione
                                  #tranne eccezione
    bucle()                       #loop simula programma generale
  except KeyboardInterrupt:       #se si pulsa 'Ctrl+C' si esegue
    parar()                       #parar() che ferma il programma
```

Esercizi proposti:

- Includere un rilevatore di inclinazione e agire con il LED Duale quando la temperatura supera una determinata soglia e anche il rilevatore di inclinazione viene attivato per interruzione.

- Aggiungere un motore a corrente continua e aumentare la sua velocità in tre sezioni a seconda della temperatura rilevata dal termistore e trattata dal convertitore A/D, presentare le sezioni sul display LCD.

- Includere un cicalino passivo e generare, tramite PWM, un suono diverso attivato in ogni sezione precedente.

⊖⊖⊖

# *Esercizio 39: Interruttore con Termistore

Come abbiamo descritto precedentemente, l'interruttore del sensore Hall, l'altra alternativa all'uso del termistore è come un interruttore di on/off.

Ricordiamo che quando la temperatura dell'ambiente del termistore aumenta, la sua resistenza diminuisce logarítmicamente, questa funzione può essere utilizzata per attivare un GPIO© del Raspberry© o, in questo caso, attaccare l'ingresso AIN0 del convertitore A/D e prendere decisioni basate su il suo valore numerico, essendo in grado di agire come interruttore on/off.

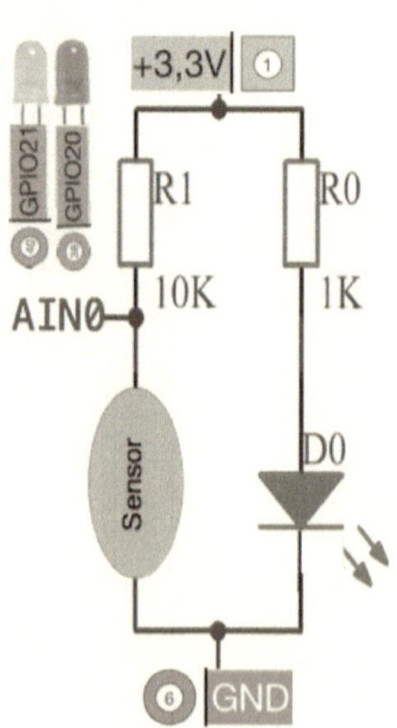


Per fare questo useremo un circuito di attivazione molto semplice in cui il LED D0 si illumina quando il circuito viene alimentato e R0 limita la corrente che lo attraversa.

R1 aiuta a dividere la tensione in AIN0 tra +3.3v e 0v approssimativamente e funge anche da pull-up.

A 25°C il termistore scelto ha una resistenza di 10kΩ quindi, a questa temperatura, la tensione nel punto collegato ad AIN0 è di circa +1,65v

Lo script Python© esegue in loop il valore fornito dal convertitore A/D PCF8591© dall'interruttore del termistore attraverso l'ingresso analogico AIN0 e visualizza su LCD1602© il valore approssimativo della temperatura calcolata con un algoritmo indicato dal produttore del termistore.

Quando questa temperatura supera una soglia superiore predefinita, viene attivato il LED rosso del LED Duale, quando la temperatura scende al di sotto di una soglia inferiore, viene attivato il LED verde e il testo OK viene visualizzato tra i due limiti.

```
#-----------------------------------------------------------------------
# 39_INTERRUTTORE_TERMISTORE.PY:On/off LED Duale, LCD e termistore
#-----------------------------------------------------------------------
# Ingressi: rilevamento cambio resistenza per cambio temperatura
#           nel termistore NTC
# Uscite:   stato LED Duale, vedere in LCD
# Azione:   secondo margini cambia LED Duale e testo in LCD
#-----------------------------------------------------------------------
# -*- coding: utf-8 -*-
#!/usr/bin/env python              #ubicazione del interprete Python©

import RPi.GPIO as GPIO            #importa libreria gestire GPIO©
import time                        #importa libreria gestire tempo
import LCD                         #importa libreria gestire LCD1602©
import PCF8591 as ADC              #importa libreria conversione A/D
import math                        #importa libreria matematica

#PARAMETRI DEL TERMISTOR (vedere dati del produttore)
Vcc=3.3                            #alimentazione circuito
escala=255                         #livelli del convertitore A/D
R=10000                            #resistenza in serie con termistore
K=273.15                           #conversione Kelvin a Centigradi
A1=22                              #regola ºC punto centrale
A2=-6.7                            #offset finale di regola ambiente
B=3950                             #parametro termistore (secondo
                                   #modello e dati del produttore)

#PARAMETRI DEL PROGRAMMA
r_pin=38                           #pin 38 LED rosso
g_pin=40                           #pin 40 LED verde
pines=(r_pin,g_pin)                #elenco dei pin
temp_alta=25.2                     #margine superiore, regola ambiente
temp_baja=23.5                     #margine inferiore

def setup():                       #FUNZIONE: inizia il GPIO©
  GPIO.setwarnings(False)          #evita messaggi non necessari
  GPIO.setmode(GPIO.BOARD)         #numeri de GPIO© posizione fisica
  GPIO.setup(pines,GPIO.OUT)       #i LED sono uscite
```

```
  GPIO.output(pines,0)          #li spegne
  ADC.setup(0x48)               #indirizzo I²C© convertito A/D
  LCD.init(0x27,1)              #indirizzo I²C© LCD backlight ON
  LCD.clear()                   #inizia schermo del LCD

def temp(x):                    #calcola valore di temperatura
  global temperatura            #temperatura è un str
  Vr=Vcc*float(x)/escala        #voltaggio rilevato
  Rt=(R*Vr)/(Vcc-Vr)            #resistenza termistore
  L=math.log(Rt/R)              #coefficiente logaritmico
  temp=1/((L/B)+(1/(K+A1)))     #conversione tensione a temperatura
  temperatura="{0:.2f}".format(temp-K+A2) #regola Kelvin ºC offset

def led_dual(x):                #accende il LED e presenta stato
  if x:                         #se x è True
    GPIO.output(r_pin,1)        #accende LED rosso
    GPIO.output(g_pin,0)        #spegne  LED verde
    texto='Rosso '
  else:                         #se x è False
    GPIO.output(r_pin,0)        #spegne  LED rosso
    GPIO.output(g_pin,1)        #accende LED verde
    texto='Verde'
  print texto                   #scrive Rosso o Verde
  LCD.write(11,1,texto)         #scrive temperatura LCD C,F=11,1

def bucle():                    #loop principale del programma
  while True:
    lectura=ADC.read(0)         #valore del convertitore A/D
    temp(lectura)               #conversione lettura a temperatura
    print lectura,temperatura   #vedere valore A/D e temperatura
    LCD.write(5,1,temperatura)  #vedere valore temperatura
    tp=float(temperatura)       #temperatura è un string
    if tp>=temp_alta:           #valore superiore => rosso
      led_dual(True)
    if tp<temp_alta and tp>temp_baja: #valore intermedio => OK
      LCD.write(11,1,'OK    ')
    if tp<=temp_baja:           #valore inferiore => verde
      led_dual(False)
    time.sleep(.5)              #riduce carico in microprocessore

def parar():                    #ferma al premere CTRL+C
  GPIO.output(pines,0)          #spegne i LED
  GPIO.cleanup()                #libera il GPIO©
  LCD.clear()                   #inizia schermo LCD
  LCD.write(0,0,'Fine....')
  print
  print 'Programma finito'
  time.sleep(1)
  LCD.closelight()              #spegne backlight

if __name__ == '__main__':      #programma inizia qui
  setup()                       #esegue la funzione setup()
  print '\n'*80                 #inizia schermo
  print 'Provare il Termistore' #su/giù temperatura
  LCD.write(0,0,'Provare TERMISTORE') #vedere titolo
  LCD.write(0,1,'Temp:')        #vedere temperatura
```

```
try:                          #esegue seguente istruzione
                              #tranne eccezione
  bucle()                     #loop simula programma generale
except KeyboardInterrupt:     #se si pulsa 'Ctrl+C' se esegue
  parar()                     #funzione ferma il programma
```

Esercizi proposti:

• Aggiungere un relè al circuito che simula un carico che si attiva quando la temperatura supera un limite superiore. Presentare lo stato sul display LCD e aggiungere un cicalino attivo come carico del relè.

• Includere un sensore di pioggia in modo che lo stato del sensore e la temperatura del termistore siano visualizzati sul display LCD attivando il LED Duale quando entrambi i parametri scendono/aumentano da una soglia predeterminata.

• Aggiungere un interruttore Hall per indicare se il materiale accanto al termistore Hall e al sensore è magnetico e a quale temperatura si trova. Attivare il LED rosso del LED Duale quando la temperatura e il campo magnetico sono alti.

⊝⊝⊝

# *Esercizio 40: Sensore di Suono

Il sensore che vedremo in questo esercizio è molto comune nelle case, ben noto e ampiamente utilizzato in più dispositivi.

Questo è un microfono che traduce la pressione delle onde sonore in segnali elettrici analogici che cattureremo e convertiremo con il solito convertitore A/D PCF8591.

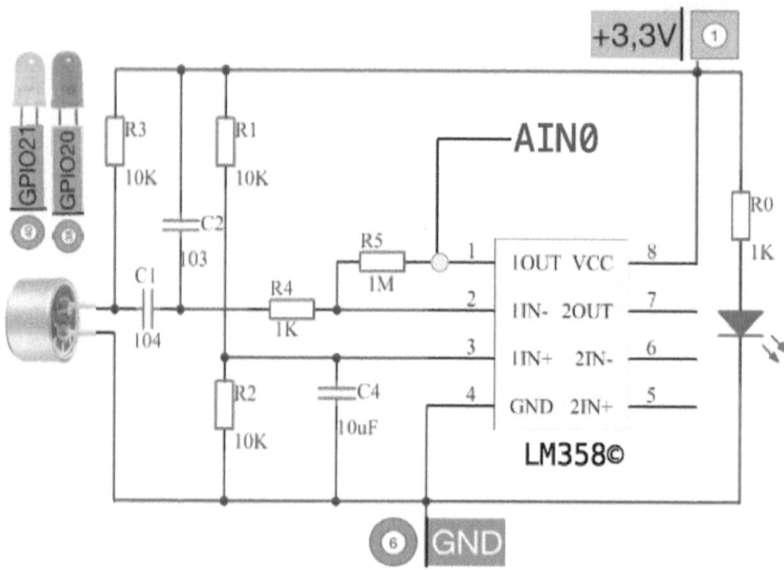

Nel nostro caso useremo il MAX-4466© o simile, che è un microfono basato su un condensatore elettrostatico che genera una piccola corrente quando attivato dal suono e che richiede un circuito di amplificazione ad alto guadagno e basso rumore, come è l'amplificatore operazionale LM358© e un circuito di controllo aggiuntivo.

Il microfono, quando riceve la pressione del suono, genera attraverso C1, R4 e R3, una tensione analogica e variabile che viene amplificata dall'LM358©, esce attraverso 1OUT e attacca l'ingresso AIN0 del convertitore A/D

R1 e R2 generano un punto intermedio tra +3.3v e GND che funge da riferimento all'ingresso 1IN- per il comparatore LM358© (avrebbe potuto essere usato un potenziometro di regolazione).

C4 funge da filtro, R5 controlla il guadagno del circuito e infine R0 limita la corrente del LED che si illumina se il gruppo è alimentato.

Lo script converte il valore analogico rilevato dal comparatore LM358© in valori digitali tra 0 e 255 a seconda della pressione del suono.

Il valore digitale viene visualizzato sullo schermo e sul display LC1602©. Viene definita una soglia sonora minima e quando viene superata, vengono attivati il LED Duale rosso e un simbolo sul display LCD. Quando il suono scompare, viene attivato il LED Duale verde e il simbolo sul display LCD scompare. Il LED Duale è controllato da GPIO20© e GPIO21©

```
#--------------------------------------------------------------------
# 40_SENSORE_SUONO.PY: rileva suono, attiva Duale presenta in LCD
#--------------------------------------------------------------------
# Ingressi: rilevazione cambio di resistenza del microfono
# Uscite:   vedere suono rilevato in LCD e attivazione LED Duale
# Azione:   secondo sensibilità presenta suono rilevato in LCD
#--------------------------------------------------------------------
# -*- coding: utf-8 -*-
#!/usr/bin/env python                #ubicazione interprete Python©
import time                          #importa libreria gestire tempo
import LCD                           #importa gestire LCD1602©
```

```
import PCF8591 as ADC               #importa libreria conversione A/D
import RPi.GPIO as GPIO             #importa libreria gestire GPIO©
umbral=90                           #regola secondo sensibilità
r_pin=38                            #pin 38 LED rosso
g_pin=40                            #pin 40 LED verde
pines=(r_pin,g_pin)                 #elenco dei pin

def setup():
  GPIO.setwarnings(False)           #evita messaggi non necessari
  GPIO.setmode(GPIO.BOARD)          #numeri di GPIO© posizione fisica
  GPIO.setup(pines,GPIO.OUT)        #i LED sono uscite
  GPIO.output(pines,0)              #li spegne
  ADC.setup(0x48)                   #indirizzo I²C© convertitore A/D
  LCD.init(0x27,1)                  #inizia indirizzo I²C© del LCD e
                                    #attiva backlight
  LCD.clear()                       #inizia schermo del LCD

def bucle():
  flag=True                         #cambio de simbolo
  while True:                       #loop principale
    sonido=ADC.read(0)              #legge convertitore in AIN0
    texto=('   '+str(sonido))[-3:] #regola valore a 3 caratteri
    print 'Suono:',sonido
    if sonido<umbral:               #soglia di rilevazione
      print 'Suono rilevato'
      if flag:                      #cambia il simbolo a [*]
        texto=texto+' [*]'
        GPIO.output(r_pin,1)        #accende LED rosso
        GPIO.output(g_pin,0)        #spegne  LED verde
      else:                         #cambia il simbolo a [ ]
        texto=texto+' [ ]'
        GPIO.output(r_pin,0)        #spegne  LED rosso
        GPIO.output(g_pin,1)        #accende LED verde
      flag=not flag                 #alterna il simbolo
    LCD.write(7,1,texto)            #presenta valore e simbolo
    time.sleep(.2)                  #regola velocità polling AIN0

def parar():                        #ferma al premere CTRL+C
  GPIO.output(pines,0)              #spegne i LED
  GPIO.cleanup()                    #libera il GPIO©
  LCD.clear()                       #inizia schermo LCD
  LCD.write(0,0,'Fine....')
  print
  print 'Programma finito'
  time.sleep(1)
  LCD.closelight()                  #spegne backlight

if __name__ == '__main__':
  setup()                           #esegue la funzione setup()
  print '\n'*80                     #inizia schermo
  print 'Provare il Microfono'      #su/giù temperatura
  LCD.write(0,0,'Provare MICROFONO') #vedere titolo
  LCD.write(0,1,'Valore:')          #vedere valore suono
  try:                              #esegue seguente istruzione
                                    #tranne eccezione
    bucle()                         #loop simula programma generale
```

```
except KeyboardInterrupt:          #se si preme 'Ctrl+C' si esegue
  parar()                          #funzione ferma il programma
```

Esercizi proposti:

- Collegare un decodificatore rotativo che controlla il livello di soglia minimo da cui viene rilevato il suono.

- Aggiungere un relè e attivalo con un GPIO© quando il suono supera una soglia minima o massima. Includere un attuatore come il puntatore laser come carico del relè.

- Aggiungere un cicalino passivo che genera diverse sezioni di suono con varie frequenze, avvicinare il cicalino al microfono e controllare la sensibilità del microfono su ciascuna banda di frequenza, e lineare?.

ΘΘΘ

# *Esercizio 41: Sensore Ultrasuoni

Vedremo in questo esercizio uno dei dispositivi più interessanti in questo libro perché è ampiamente usato per misurare le distanze con una precisione molto accettabile usando gli ultrasuoni come elemento di misurazione fisica.

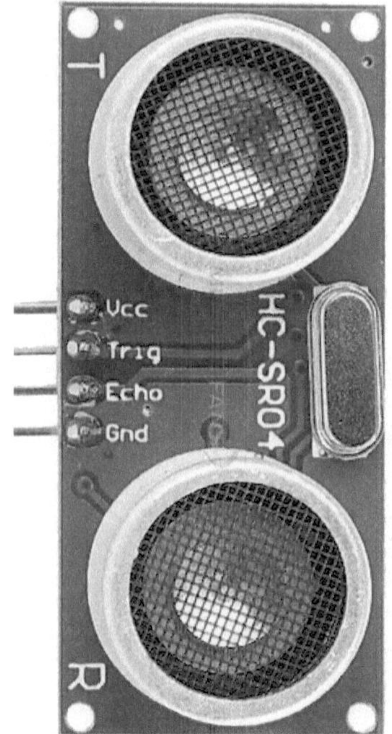


Il dispositivo utilizzato è HC-SR04©, o equivalente, che dispone di un emettitore e di un sensore a ultrasuoni di 40kHz.

Gli ultrasuoni si muovono nell'aria a una velocità di 343,2 m/s, quindi inviando questo suono a un oggetto e calcolando il tempo necessario per andare e tornare, la distanza tra l'emettitore di ultrasuoni e l'oggetto può essere facilmente calcolata come segue:

$$distanza = velocità * tempo = \frac{343,2}{2} * 100 * tempo$$

La distanza è in centimetri, il tempo è il totale, in secondi, dall'emissione alla ricezione del suono ed è diviso per 2 poiché è il tempo di andata e ritorno dal trasmettitore al ricevitore.

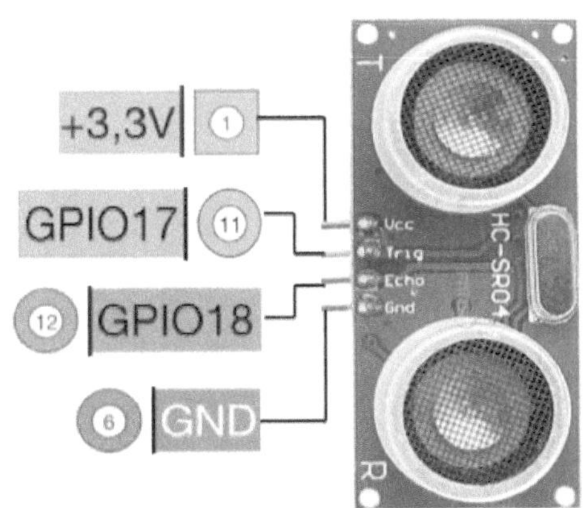


La connessione di questo dispositivo ai GPIO© del Raspberry© è molto semplice poiché il sensore a ultrasuoni include già tutti gli elementi di controllo elettronici necessari e anche l'adattamento dei livelli logici.

Il nostro esempio richiede solo, in questo caso, del GPIO17© per l'emettitore (trigger), del GPIO18© per il ricevitore (echo) e l'alimentazione a +3,3v

Lo script Python© avrà un loop che invierà periodicamente un certo impulso ad ultrasuoni, riceverà l'eco di tale impulso, calcolerà il tempo trascorso, effettuerà i calcoli e presenterà la distanza formattata in cm sullo schermo LCD1602©.

Il processo di misurazione è il seguente:

1. Impostare il segnale [trig] o GPIO17© su LOW per almeno 0,2s per stabilizzare l'emettitore di ultrasuoni.

2. Alzare il segnale [trig] su HIGH per 10μs (dieci micro secondi) e quindi LOW.

Quando si esegue questa operazione, il sensore invia automaticamente 8 impulsi a ultrasuoni da 40kHz e imposta l'uscita [eco] o GPIO18© su HIGH. Dobbiamo iniziare il cronometro interno del tempo poiché [eco] è in HIGH.

3. L'uscita [eco] rimane nello stato HIGH fino a quando non riceve l'eco del suono inviato, in questo momento [eco] passa a LOW ed è il momento di fermare il cronometro (controllo software).

4. Una volta che il tempo trascorso contrassegnato dal cronometro è noto e si applica la formula sopra, sapremo la distanza tra l'emettitore di ultrasuoni e l'oggetto distante.

```
#------------------------------------------------------------------------
# 41_SENSORE_ULTRASUONI.PY: emette/riceve ultrasuono, misura la
# distanza in cm e la presenta in LCD
#------------------------------------------------------------------------
# Ingressi: riceve eco (echo) del emittente de ultrasuoni (trigger)
# Uscite:   presenta distanza percorsa in cm in LCD
# Azione:   emette (trigger), riceve (echo), calcola distanza e
#           presenta in LCD
#------------------------------------------------------------------------
# -*- coding: utf-8 -*-                #caratteri speciali
#!/usr/bin/env python                  #ubicazione interprete Python©

import time                            #libreria gestire tempo
import RPi.GPIO as GPIO                #libreria gestire GPIO©
import LCD                             #libreria gestire LCD1602©
pin_t=11                               #pin trigger (emettitore)
pin_e=12                               #pin echo    (recettore)

def setup():                           #inizia dispositivi
  GPIO.setwarnings(False)              #evita messaggi non necessari
  GPIO.setmode(GPIO.BOARD)             #numeri GPIO© posizione fisica
  GPIO.setup(pin_t,GPIO.OUT)           #trigger è uscita
  GPIO.setup(pin_e,GPIO.IN)            #echo è ingresso
  LCD.init(0x27,1)                     #inizia indirizzo I²C© del LCD
                                       #e attiva backlight
  LCD.clear()                          #inizia schermo del LCD

def distancia():
  GPIO.output(pin_t, 0)                #mettere trigger a zero
  time.sleep(.2)                       #tempo stabilizzare sensore
  GPIO.output(pin_t, 1)                #a 1 durante 10 micro secondi
  time.sleep(0.00001)                  #al ritornare a 0 sensore manda
                                       #8 pulsi di 40kHz e
  GPIO.output(pin_t, 0)                #mette echo in HIGH
  while GPIO.input(pin_e)==0:          #aspetta che echo sia cambiato
    pass                               #da LOW a HIGH
  time_envia=time.time()               #segna tempo inizio di consegna
  while GPIO.input(pin_e)==1:          #eco in HIGH fino ricevere eco
    pass
  time_recibe=time.time()              #tempo di ricevuta di eco
  retardo=time_recibe-time_envia       #ritardo
  return retardo*343.2/2*100           #distanza=ritardo*velocità
                                       #suono/2*100

def loop():                            #loop principale del programma
  while True:
    dis='{0:.2f}'.format(distancia())#calcola distanza
    dis=('    '+str(dis))[-6:]         #formatta a XXX,XX
```

```
    print dis, 'cm'                 #visualizza in schermo
    LCD.write(4,1,dis)              #visualizza in LCD
    time.sleep(.3)

def parar():                        #ferma al premere CTRL+C
  GPIO.output(pin_t,0)              #spegne emissione
  GPIO.cleanup()                    #libera il GPIO©
  LCD.clear()                       #inizia schermo LCD
  LCD.write(0,0,'Fine....')
  print
  print ('Programma finito')
  time.sleep(1)
  LCD.closelight()                  #spegne backlight

if __name__=='__main__':            #programma inizia qui
  setup()                           #inizia dispositivi
  print ('Misura distanze con ultrasuoni')
  LCD.write(0,0,'MISURA DISTANZE')  #vedere titolo
  LCD.write(0,1,'Cm:')              #distanza in centimetri

  try:
    while True:                     #loop principale
     loop()
  except KeyboardInterrupt:         #ferma con CTRL+C
    parar()
```

Esercizi proposti:

- Aggiungere un cicalino passivo e fare che la sua frequenza, gestita da PWM, varia con la distanza rilevata dal sensore a ultrasuoni.

- Aggiungere un potenziometro e un convertitore A/D che acquisisce il valore convertito, lo traduce nella resistenza del potenziometro e visualizza le due variabili sul display LCD: distanza e resistenza.

- Aggiungere un decodificatore rotativo per selezionare e modificare la misurazione della distanza da centimetri a pollici.

ΘΘΘ

# *Esercizio 42: Fotoresistore

Proprio come il microfono rileva i suoni, la foto resistenza, come il GL5539© o simile, modifica la sua resistenza interna in base alla luce che riceve, quindi possiamo costruire un sensore di luce e trasformare la sua uscita analogica in digitale ed elaborarlo con il Raspberry©.

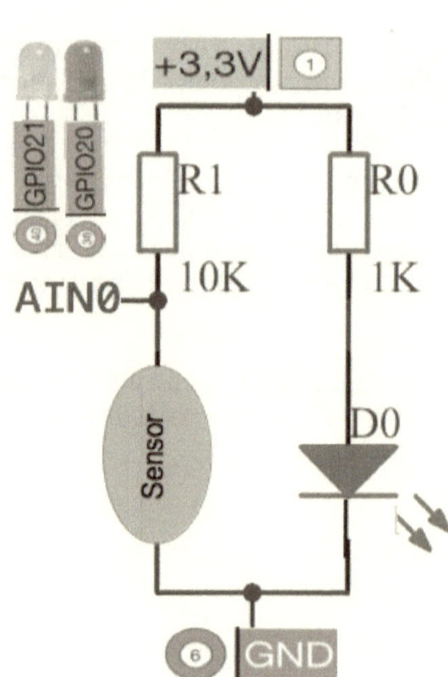


Come per tutti gli altri sensori, abbiamo bisogno di un circuito di controllo per poter sfruttare appieno la foto resistenza e adattare i suoi segnali al convertitore A/D PCF8591©

Quando la luce cade sulla foto resistenza, cioè sul sensore, la sua resistenza diminuisce e quando la luce smette di influenzare detta resistenza aumenta (per mezzo di una legge non lineare e in base alla marca del sensore).

Pertanto in AIN0 abbiamo una tensione variabile tra +3,3v e GND (circa) che genererà nel convertitore A/D un valore compreso rispettivamente tra 255 e 0. R1 limita la corrente che attraversa il sensore e funge da pull-up per AIN0 e R0 limita la corrente per D0, che viene attivata dall'alimentazione del circuito.

Infine, con i GPIO20© e GPIO21© lampeggeremo (via software) rispettivamente i LED rosso e verde quando la luce rilevata dal foto resistore supera una soglia, ovvero, quando AIN0 scende sotto di un livello predefinito e rimarrà fisso altrimenti.

Il valore di AIN0 verrà visualizzato sul display LCD insieme a un cambio di simbolo lampeggiante che indicherà che la soglia di luminosità è stata superata (configurabile nello script Python©)

```
#--------------------------------------------------------------------
# 42_FOTORESISTORE.PY: rileva intensità luce attiva Duale, in LCD
#--------------------------------------------------------------------
# Ingressi: rilevamento cambio di resistenza del foto resistore
# Uscite:   vedere luminosità rilevata e presentare in LCD
# Azione:   se luce<soglia lampeggia LED e presenta in LCD
#--------------------------------------------------------------------
# -*- coding: utf-8 -*-
#!/usr/bin/env python                  #ubicazione interprete Python©

import time                            #importa libreria gestire tempo
import LCD                             #libreria gestire LCD1602©
import PCF8591 as ADC                  #libreria conversione A/D
import RPi.GPIO as GPIO                #importa libreria gestire GPIO©
umbral=80                              #regola secondo sensibilità luce
r_pin=38                               #pin 38 LED rosso
g_pin=40                               #pin 40 LED verde
pines=(r_pin,g_pin)                    #elenco dei pin

def setup():
  GPIO.setwarnings(False)              #evita messaggi non necessari
  GPIO.setmode(GPIO.BOARD)             #numeri di GPIO© posizione fisica
  GPIO.setup(pines,GPIO.OUT)           #i LED sono uscite
  GPIO.output(pines,0)                 #li spegne
  ADC.setup(0x48)                      #indirizzo I²C© convertitore A/D
  LCD.init(0x27,1)                     #inizia indirizzo I²C© del LCD e
                                       #attiva backlight
  LCD.clear()                          #inizia schermo del LCD

def bucle():
  flag=True                            #lampeggia LED e simbolo LCD
  while True:                          #loop principale
```

```
    luz=ADC.read(0)                 #legge convertitore in AIN0
    texto=('  '+str(luz))[-3:]      #regola valore a 3 caratteri
    print 'Luce:',luz

    if luz<umbral and flag:         #soglia di rilevamento flag=True
      print 'Luce rilevata'
      texto=texto+' [*]'            #cambia il simbolo a [*]
      GPIO.output(r_pin,1)          #accende LED rosso
      GPIO.output(g_pin,0)          #spegne  LED verde
      flag=not flag                 #attiva lampeggio LED
    else:                           #cambia il simbolo a [ ]
      texto=texto+' [ ]'
      GPIO.output(r_pin,0)          #spegne  LED rosso
      GPIO.output(g_pin,1)          #accende LED verde
      flag=not flag                 #attiva lampeggio LED
    LCD.write(7,1,texto)            #presenta valore e simbolo
    time.sleep(.2)

def parar():                        #ferma al premere CTRL+C
  GPIO.output(pines,0)              #spegne i LED
  GPIO.cleanup()                    #libera il GPIO©
  LCD.clear()                       #inizia schermo LCD
  LCD.write(0,0,'Fine....')
  print
  print 'Programma finito'
  time.sleep(1)
  LCD.closelight()                  #spegne backlight

if __name__ == '__main__':          #programma inizia qui
  setup()                           #esegue la funzione setup()
  print '\n'*80                     #inizia schermo
  print 'Provare il Foto resistore' #su/giù luminosità
  LCD.write(0,0,'Vedere FOTO RESISTORE') #vedere titolo
  LCD.write(0,1,'Valore:')          #vedere valore suono

  try:                              #esegue seguente istruzione
                                    #tranne eccezione
    bucle()                         #loop simula programma generale
  except KeyboardInterrupt:         #se si preme 'Ctrl+C' se esegue
    parar()                         #parar() che ferma il programma
```

Esercizi proposti:

- Attivare un LED tramite PWM che cambia la sua luminosità inversamente alla luce ricevuta nella foto resistenza.
- Definire una scala di 10 livelli di luce e associarli a una cifra da presentare su un display a 7 segmenti.

- Aggiungere un potenziometro all'ingresso AIN1 del convertitore A/D e usare il suo valore come ingresso al circuito per modificare dinamicamente la soglia di luminosità.

⊖⊖⊖

# *Esercizio 43: Sensore di Fuoco

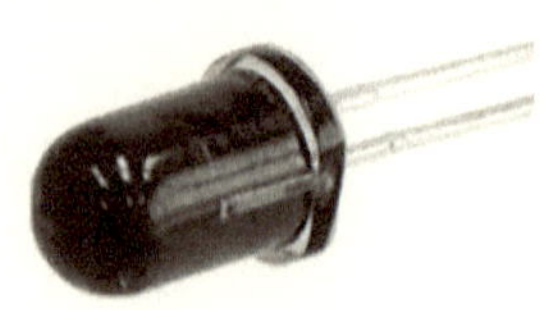

Un sensore di fuoco o sensore di fiamma consiste fondamentalmente in un dispositivo che rileva la radiazione infrarossa che produce la combustione nello spettro 700-1.000nm. Esistono altri sensori simili che rilevano anche determinate sostanze chimiche.

Quello che useremo in questo esercizio è un foto transistor TIL-78© o equivalente, che rileva la radiazione infrarossa prodotta dalle fiamme.

Come tutti gli altri sensori, anche il foto transistor necessita di un circuito di controllo basato sull'amplificatore comparatore LM393© che abbiamo già visto in altri esercizi.

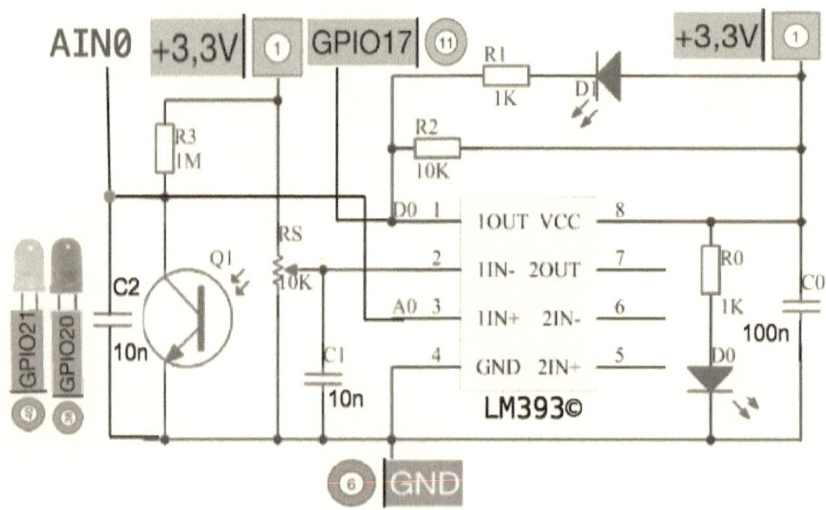

Quando la luce infrarossa, proveniente da una fiamma, cade sulla base del foto transistor Q1, induce a condurre una quantità di corrente in funzione dell'energia di tale luce infrarossa ricevuta.

Questa corrente viene catturata, da un lato, dall'ingresso AIN0 del convertitore A/D che la tradurrà in livelli digitali da 0 a 255 (circa) e d'altra parte dall'ingresso 1IN+ dell'LM393© che la confronta con il livello di riferimento 1IN- (regolabile con il potenziometro), facendo che l'uscita 1OUT (DO) attivare o meno il pin GPIO17© del Raspberry©. Il segnale del pin GPIO17© verrà trattato per interruzione nel nostro programma. Infine i pin GPIO20© e GPIO21© fanno lampeggiare il LED Duale.

R2 e R3 agiscono come pull-up a +3.3v R0 e R1 limitano la corrente dei diodi D0 e D1 rispettivamente e C0, C1 e C2 filtrano possibili interferenze.

Nello script Python© catturiamo da un lato il valore analogico (AO) del foto transistor, lo traduciamo in digitale nel convertitore A/D PCF8591© e lo presentiamo nell'LCD1602©.

D'altra parte, quando DO genera una interruzione nel Raspberry© da parte della GPIO17©, il programma passa alla funzione parpadea() che fa lampeggiare il LED Duale e visualizza un simbolo sul display LCD.

```
#-----------------------------------------------------------------------
# 43_SENSORE_FUOCO.PY: rileva fuoco, attiva Duale, presenta in LCD
#-----------------------------------------------------------------------
# Ingressi: rileva cambio di corrente in sensore infrarosso AO e
#           uscita DO comparatore LM393©
# Uscite:   valore corrente rilevata, lampeggio Duale, segnale LCD
# Azione:   se attiva allarme per interruzione lampeggia LED e
#           presenta su LCD
#-----------------------------------------------------------------------
# -*- coding: utf-8 -*-
#!/usr/bin/env python                  #ubicazione interprete Python©
import time                            #libreria gestire tempo
import LCD                             #libreria gestire LCD1602©
import PCF8591 as ADC                  #importa libreria conversione A/D
import RPi.GPIO as GPIO                #importa libreria gestire GPIO©
r_pin=38                               #pin 38 LED rosso
g_pin=40                               #pin 40 LED verde
```

```
a_pin=11                          #allarme fuoco uscita DO
                                  #comparatore LM393©
pines=(r_pin,g_pin)               #elenco dei pin
estado=False                      #stato de allarme de fuoco

def setup():
  GPIO.setwarnings(False)         #evita messaggi non necessari
  GPIO.setmode(GPIO.BOARD)        #numeri GPIO© posizione fisica
  GPIO.setup(pines,GPIO.OUT)      #i LED sono uscite
  GPIO.output(pines,0)            #li spegne
  GPIO.setup(a_pin,GPIO.IN,pull_up_down=GPIO.PUD_UP) #allarme,
                       #proveniente de DO, ingresso pull_up +3.3v
  GPIO.add_event_detect(a_pin,GPIO.FALLING,callback=alarma
               ,bouncetime=200) #se attiva allarme esegue alarma()
  ADC.setup(0x48)                 #indirizzo I²C© convertitore A/D
  LCD.init(0x27,1)                #indirizzo I²C© LCD e backlight
  LCD.clear()                     #inizia schermo del LCD

def alarma(Ev=None):              #attiva allarme per interruzione
  global estado                   #flag de allarme on/off
  estado=True                     #c'è allarme
  time.sleep(.01)                 #regola garantire lettura in DO

def bucle():                      #loop principale del programma
  global estado,valor             #per usare fuori della funzione
  GPIO.output(g_pin,1)            #accende LED verde al inizio
  while True:                     #loop principale
    llama=ADC.read(0)             #legge luce en AIN0
    valor=('  '+str(llama))[-3:]  #regola valore a 3 caratteri
    print 'Livello:',valor
    texto=valor+'  '              #valore e simbolo in LCD
    if estado:                    #se c'è allarme
      parpadea()                  #lampeggiano i LED
      estado=False                #spegne allarme
    LCD.write(6,1,texto)          #presenta valore e simbolo
    time.sleep(.5)                #per non caricare microprocessor

def parpadea():                   #attiva allarme, lampeggiano LED
  print 'Allarme di Fuoco'        #messaggio di allarme
  for x in range(0,3):            #loop di lampeggio
    print '.',                    #simbolo di progresso del loop
    print
    tex=valor+' *'                #simbolo di allarme
    GPIO.output(r_pin,1)          #accende LED rosso
    GPIO.output(g_pin,0)          #spegne  LED verde
    time.sleep(.5)                #tempo di lampeggio
    LCD.write(6,1,tex)            #valore e simbolo ON
    tex=valor+'  '
    GPIO.output(r_pin,0)          #spegne  LED rosso
    GPIO.output(g_pin,1)          #accende LED verde
    time.sleep(.5)                #tempo di lampeggio
    LCD.write(6,1,tex)            #valore e simbolo OFF

def parar():                      #ferma al premere CTRL+C
  GPIO.output(pines,0)            #spegne i LED
  GPIO.cleanup()                  #libera il GPIO©
```

```
    LCD.clear()                            #inizia schermo LCD
    LCD.write(0,0,'Fine....')
    print
    print 'Programma finito'
    time.sleep(1)
    LCD.closelight()                       #spegne backlight

if __name__ == '__main__':                 #programma inizia da qui
    setup()                                #esegue la funzione setup()
    print '\n'*80                          #inizia schermo
    print 'Provare Sensore Fiamme'         #avanti/indietro fiamma
    LCD.write(0,0,'SENSORE FIAMME')        #vedere titolo
    LCD.write(0,1,'Valore:')               #vedere valore sensore fiamme
    try:                                   #esegue seguente istruzione
                                           #tranne eccezione
      bucle()                              #loop simula programma generale
    except KeyboardInterrupt:              #se si preme 'Ctrl+C' esegue
      parar()                              #funzione parar() ferma programma
```

Esercizi proposti:

- Aggiungere un pulsante e modificare lo script in modo che quando si verifica l'allarme, il LED Duale continuerà a lampeggiare fino a quando l'allarme non viene disattivato con il pulsante.

- Impostare il livello di salto dell'allarme per interruzione con DO ma includendo anche il valore di un potenziometro convertito in digitale dalla porta AIN1 del convertitore A/D

- Aggiungere un relè che potrebbe attivare un allarme acustico di potenza per avvisare dell'allarme incendio. Simulare questo allarme acustico con un cicalino attivo.

☺☺☺

# *Esercizio 44: Sensore di Gas e Fumo

Un rilevatore di gas e fumo è un sensore costituito da semiconduttori sensibili ad una certa quantità di gas che ne fa variare la sua resistenza, così se trasformiamo questo effetto analogico in digitale osserveremo come i suoi valori aumentano quando viene rilevata una maggiore quantità di gas.

In questo esercizio utilizzeremo il sensore MQ2© o uno simile che rileva: gas di petrolio liquefatto, fumo, vapore di alcol, propano, idrogeno, metano e monossido di carbonio.

Questo sensore ha un consumo indicativo di 1w, quindi va tenuto in considerazione quando lo si alimenta con un alimentatore esterno e non direttamente con il Raspberry©, inoltre deve raggiungere una certa temperatura di funzionamento e questo richiede circa 24 ore, tuttavia, pochi minuti sono sufficienti per testarlo.

Il sensore MQ-2© richiede un circuito di attivazione e amplificazione simile a quelli già visti con il comparatore LM393©

Quando il sensore MQ-2© rileva un tipo di gas tra quelli già citati, cambia il segnale analogico AO che attacca l'ingresso AIN0 del convertitore A/D.

L'amplificatore LM393© confronta questo segnale AO con una soglia impostata dal resistore variabile

RS, in modo che l'uscita 1OUT si attivi quando viene rilevato il gas e viene superata la soglia impostata.

L'uscita DO attivata agisce con la GPIO17© che viene trattata nello script di interruzione, avviando il processo di allarme per gas rilevato. D0 si accende quando il circuito è alimentato e D2 quando viene rilevato il gas. R0 e R2 limitano la corrente attraverso i LED, R3 è un pull-down a GND e C1 filtra le interferenze.

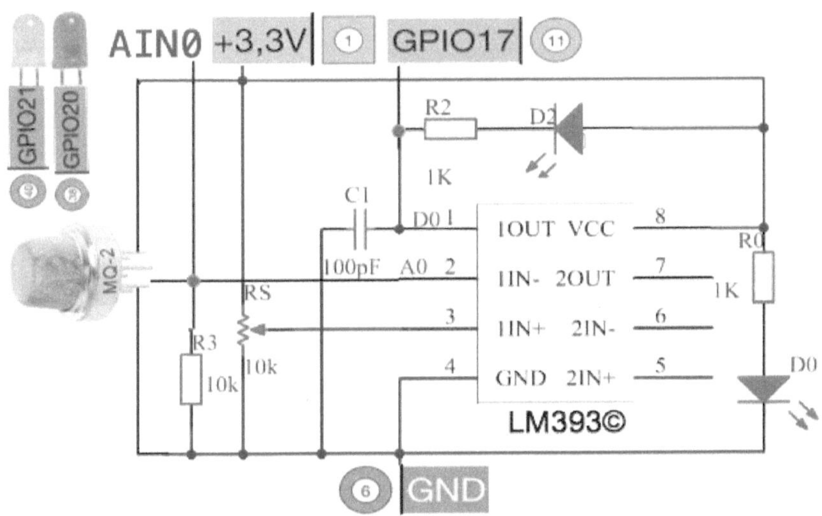


Lo script mostra il livello di gas rilevato sullo schermo e su un LCD1602© e quando GPIO17© rileva l'allarme per interruzione, lancia la funzione parpadea() che fa lampeggiare il LED Duale, visualizza l'allarme sul display LCD e attiva un segnale acustico intermittente.

```
#-------------------------------------------------------------------------
# 44_SENSORE_GAS.PY:rileva concentrazione di gas, attiva cicalino
# e LED Duale, presenta valori e allarme in LCD
#-------------------------------------------------------------------------
# Ingressi: rileva cambio di correnti in sensore gas e uscita
#           comparatore LM393© AO e DO
# Uscite:   valore corrente rilevata, lampeggio Duale, segnale
#           allarme in LCD e segnale acustica per cicalino
# Azione:   se attiva allarme per interruzione lampeggia LED e
#           suona cicalino 3 volete e presenta in LCD
#-------------------------------------------------------------------------
```

```
# -*- coding: utf-8 -*-
#!/usr/bin/env python               #ubicazione interprete Python©
import time                         #importa libreria gestire tempo
import LCD                          #libreria gestire LCD1602©
import PCF8591 as ADC               #libreria convertitore A/D
import RPi.GPIO as GPIO             #importa libreria gestire GPIO©
r_pin=38                            #pin 38 LED rosso
g_pin=40                            #pin 40 LED verde
a_pin=11                            #allarme gas/fumo uscita DO
                                    #comparatore LM393©
b_pin=13                            #segnale acustica cicalino attivo
pines=(r_pin,g_pin,b_pin)           #elenco dei pin uscita
estado=False                        #stato di allarme di gas/fumo

def setup():
  GPIO.setwarnings(False)           #evita messaggi non necessari
  GPIO.setmode(GPIO.BOARD)          #numeri di GPIO© posizione fisica
  GPIO.setup(pines,GPIO.OUT)        #i LED sono uscita
  GPIO.output(pines,0)              #li spegne
  GPIO.output(b_pin,1)              #cicalino spegne con HIGH
  GPIO.setup(a_pin,GPIO.IN,pull_up_down=GPIO.PUD_UP) #allarme,
              #proveniente de DO, è ingresso con pull_up a +3.3v
  GPIO.add_event_detect(a_pin,GPIO.FALLING,callback=alarma
              ,bouncetime=200) #se attiva allarme esegue alarma()
  ADC.setup(0x48)                   #indirizzo I²C© convertitore A/D
  LCD.init(0x27,1)                  #indirizzo I²C© del LCD backlight
  LCD.clear()                       #inizia schermo del LCD

def alarma(Ev=None):                #rileva la allarme gas/fumo por
                                    #interruzione
  global estado                     #flag di allarme on/off
  estado=True                       #c'è allarme
  print estado
  time.sleep(.01)                   #regola per garantire lettura DO

def bucle():                        #loop principale del programma
  global estado,valor               #per usare fuori della funzione
  GPIO.output(g_pin,1)              #accende LED verde al inizio
  while True:                       #loop principale
    llama=ADC.read(0)               #legge valore gas in AIN0
    valor=('  '+str(llama))[-3:]    #regola valore a 3 caratteri
    print 'Livello:',valor
    texto=valor+'  '                #valore e simbolo in LCD
    if estado:                      #se c'è allarme
      parpadea()                    #lampeggiano i LED
      estado=False                  #spegne allarme
    LCD.write(6,1,texto)            #presenta valore e simbolo
    time.sleep(.5)                  #per non caricare al micro

def parpadea():                     #rileva allarme, suona cicalino y
                                    #lampeggiano LED
  print 'Allarme di Gas'            #messaggio di allarme
  for x in range(0,3):              #loop di lampeggio
    print '.',                      #simbolo di progresso del loop
    print
    tex=valor+' *'                  #simbolo di allarme
```

```
    GPIO.output(r_pin,1)          #accende LED rosso
    GPIO.output(g_pin,0)          #spegne  LED verde
    GPIO.output(b_pin,0)          #attiva cicalino
    time.sleep(.5)                #tempo di lampeggio
    LCD.write(6,1,tex)            #valore e simbolo ON
    tex=valor+'  '
    GPIO.output(r_pin,0)          #spegne  LED rosso
    GPIO.output(g_pin,1)          #accende LED verde
    GPIO.output(b_pin,1)          #disattiva cicalino
    time.sleep(.5)                #tempo di lampeggio
    LCD.write(6,1,tex)            #valore e simbolo OFF

def parar():                      #ferma al premere al CTRL+C
  GPIO.output(pines,0)            #spegne i LED
  GPIO.output(b_pin,1)            #spegne cicalino
  GPIO.cleanup()                  #libera il GPIO©
  LCD.clear()                     #inizia schermo LCD
  LCD.write(0,0,'Fine....')
  print
  print 'Programma finito'
  time.sleep(1)
  LCD.closelight()                #spegne backlight

if __name__ == '__main__':        #programma inizia da qui
  setup()                         #esegue la funzione setup()
  print '\n'*80                   #inizia schermo
  print 'Provare Sensore Gas'     #avanti/indietro fiamma
  LCD.write(0,0,'SENSORE GAS-HUMO')#vedere titolo
  LCD.write(0,1,'Valore:')        #vedere valore sensore fiamme
  try:                            #esegue seguente istruzione
                                  #tranne eccezione
    bucle()                       #loop simula programma generale
  except KeyboardInterrupt:       #se si preme 'Ctrl+C' se esegue
    parar()                       #parar() ferma il programma
```

## Esercizi proposti:

- Aggiungere un pulsante e modificare lo script in modo che quando si verifica l'allarme, il LED Duale continuerà a lampeggiare fino a quando l'allarme non viene disattivato con il pulsante.

- Regolare il livello di salto dell'allarme di interruzione con DO ma includendo anche il valore di un potenziometro convertito in digitale attraverso la porta AIN1 del convertitore A/D

- Aggiungere un relè che potrebbe attivare un allarme acustico di potenza per avvisare dell'allarme incendio. Simulare questo carico con un cicalino attivo.

# *Esercizio 45: Sensore Tattile

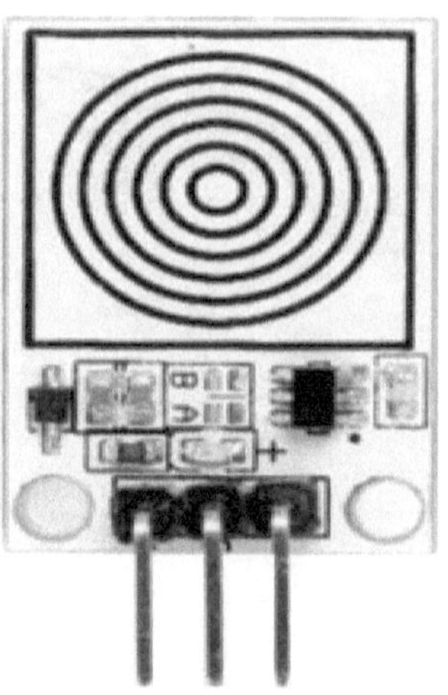

In questo esercizio utilizzeremo un sensore tattile che rileva, senza parti meccaniche e utilizzando la conduttività propria del corpo umano, quando lo tocchiamo con un dito.

Il dispositivo ha una zona di attivazione che attacca un circuito speciale necessario per amplificare e stabilizzare il segnale che il corpo cattura, costruendo un segnale digitale come on/off.

Questo circuito è molto utile per sostituire pulsanti fisici o interruttori che tendono a rompersi a causa dell'uso intenso, ad esempio pulsanti di chiamata dell'ascensore, pulsanti on/off, ecc.

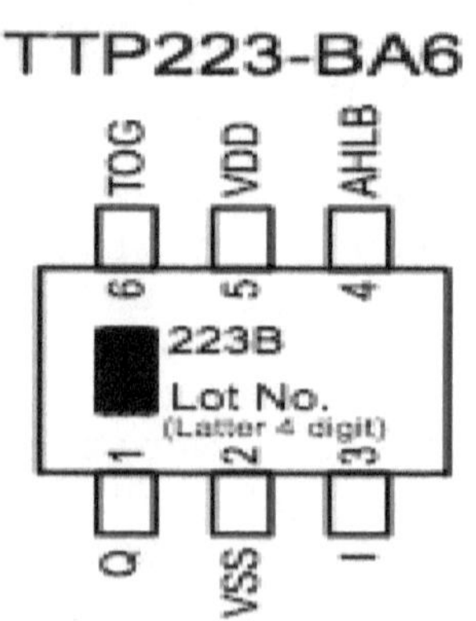


Il circuito amplificatore utilizzato, che necessita di elevata sensibilità e guadagno, è il TTP223-BA6© o equivalente.

Si tratta di un congiunto di transistori a cascata che amplificano, stabilizzano e autoregolano la bassissima tensione a cui il corpo umano contribuisce quando funge da antenna.

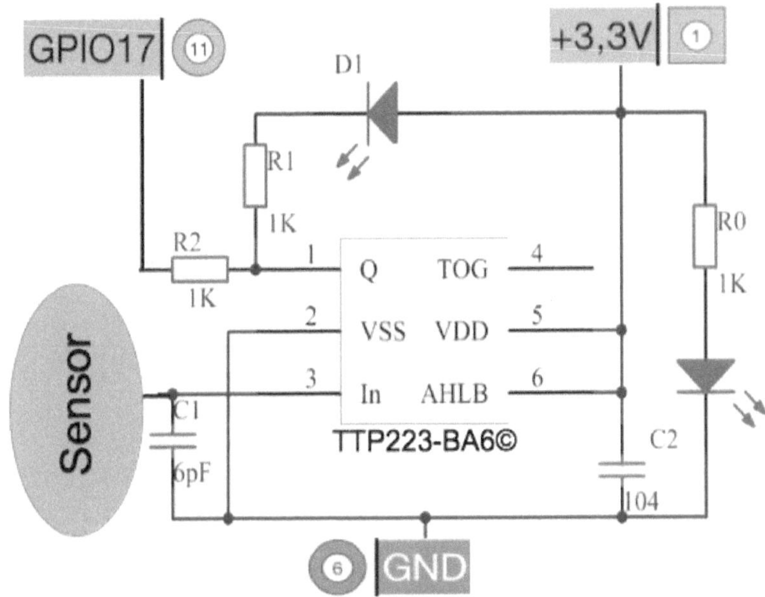


Il sensore attacca il pin 1 del TTP223-BA6© con C1 che funge da filtro e dopo aver amplificato il segnale si attiva l'uscita Q che attacca il GPIO17©. R0 alimenta il LED che indica che c'è corrente nel circuito, R1 fa lo stesso con D1, R2 funge da pull-up di Q e C2 stabilizza i +3.3v

Di base il segnale TOG attiva la funzione "Toggle", ovvero, gli stati Q (HIGH e LOW) si alternano ad ogni pressione.

Nello script Python©, quando il GPIO17© è attivato e viene rilevato come HIGH o LOW per polling, viene attivata la funzione ver(), che presenta sul display LCD1602© e sullo schermo un testo ON/OFF che lo indica.

```
#-----------------------------------------------------------------------
# 45_SENSORE_TATTILE.PY: rileva segnale tattile e presenta in LCD
#-----------------------------------------------------------------------
# Ingressi: rilevazione pulsazione in sensore tattile
# Uscite:   presenta on/off in LCD
# Azione:   alterna tra on/off al toccare sensore e presenta in LCD
#-----------------------------------------------------------------------
```

```
# -*- coding: utf-8 -*-
#!/usr/bin/env python                #ubicazione interprete Python©

import time                          #libreria gestire tempo
import RPi.GPIO as GPIO              #libreria per gestire GPIO©
import LCD                           #libreria gestire LCD1602©
pin=11                               #pin sensore
estado_a=1                           #stato anteriore

def setup():                         #inizia dispositivi
  GPIO.setwarnings(False)            #evita messaggi non necessari
  GPIO.setmode(GPIO.BOARD)           #numeri GPIO© posizione fisica
  GPIO.setup(pin,GPIO.IN,pull_up_down=GPIO.PUD_UP)#pin è ingresso
                                     #con pull-up a +3.3V
  LCD.init(0x27,1)                   #inizia indirizzo I²C© del LCD
                                     #e attiva backlight
  LCD.clear()                        #inizia schermo del LCD

def ver(x):                          #presenta stato x
  if x==0:                           #se x=0, stato=ON (logica
                                     #inversa)
    LCD.write(8,1,'ON ')
    print 'ON'
  else:                              #se x=1, stato=OFF (pull-up)
    LCD.write(8,1,'OFF')
    print 'OFF'

def loop():                          #loop principale del programma
  global estado_a
  estado_n=GPIO.input(pin)           #carica stato nuovo per polling
  if estado_n<>estado_a:             #cambio di stato?
    ver(estado_n)                    #vedere stato nuovo
    estado_a=estado_n                #ora stato anteriore è nuovo
  time.sleep(.1)                     #per scaricare il micro

def parar():                         #ferma al premere CTRL+C
  GPIO.cleanup()                     #libera il GPIO©
  LCD.clear()                        #inizia schermo LCD
  LCD.write(0,0,'Fine....')
  print
  print ('Programma finito')
  time.sleep(1)
  LCD.closelight()                   #spegne backlight

if __name__=='__main__':             #programma inizia qui
  setup()                            #inizia dispositivi
  print ('Provare Sensore Tattile')
  LCD.write(0,0,'SENSORE TATTILE')   #vedere titolo
  LCD.write(0,1,'Sensore:')          #vedere tasto premuto

  try:
    while True:                      #loop principale
     loop()
  except KeyboardInterrupt:          #ferma con CTRL+C
    parar()
```

Esercizi proposti:

- Modificare la gestione dell'acquisizione dello stato del sensore da polling a cattura per interruzione (modalità BOTH).

- Aggiungere il LED Duale e associare un colore a ogni stato del sensore tattile.

- Includere anche un'uscita per attivare un relè e simulare un carico di alimentazione di potenza. Come carico del relè, utilizzare un cicalino attivo collegato a C e NO.

ΘΘΘ

# *Esercizio 46: Sensore di Temperatura di precisione

In questo esercizio vedremo un sensore di temperatura completo, integrato e di precisione come il DS18B20© o equivalente.

Non è solo un termistore in più in cui la sua resistenza varia con la temperatura, la resistenza viene letta con un convertitore A/D e trasformata approssimativamente in una lettura della temperatura.

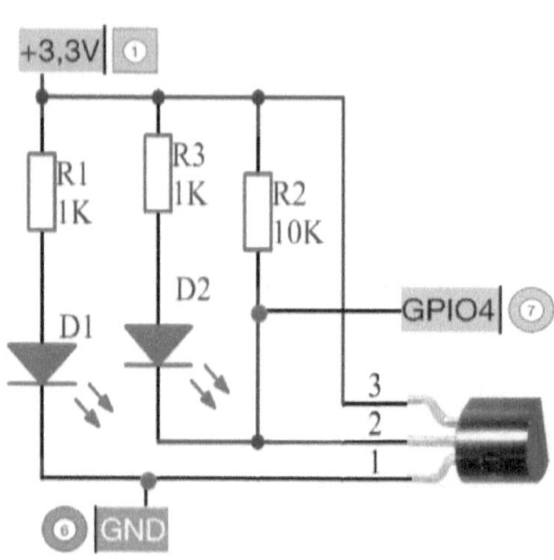


Al contrario, è un tipo di dispositivo globale e completo che include il sensore di temperatura stesso, un convertitore A/D a 12 bit, un sistema di comunicazione bidirezionale tipo 1-Wire© unipolare (DQ), un sistema con controllo anti interferenza, stabilizzazione del segnale, ecc.

Il campo di misura del DS18B20© va da -55ºC a +125ºC con una precisione di ±0.5ºC e tutto questo in un incapsulato molto piccolo, basso costo, facile da ottenere e con un circuito di controllo molto semplice.

Il sistema 1-Wire© necessita solo di un pin, nel nostro caso con il GPIO4© (pin 7) che è il pin Raspberry©, di base, che ha capacità di comunicazione di tipo 1-Wire© via hardware.

D1 indica quando c'è alimentazione e D2 si accende ogni volta che c'è lettura di dati in DQ.

R1 e R3 limitano la corrente dei LED D1 e D2 rispettivamente e R2 funge da pull-up per stabilizzare i dati in DQ e in GPIO4©

A causa dei limiti di consumo, è possibile collegare fino a 8 dispositivi di questo tipo alla stessa linea 1-Wire©, che consente il controllo di grandi aree in edifici, macchinari, monitoraggio di processo, ecc.

Per utilizzare il DS18B20© dobbiamo attivare comunicazioni di tipo 1-Wire© sul Raspberry© e per questo effettueremo le seguenti operazioni:

1. Assicurare che nella configurazione della Raspberry© abbiamo 1-Wire© attivato con:

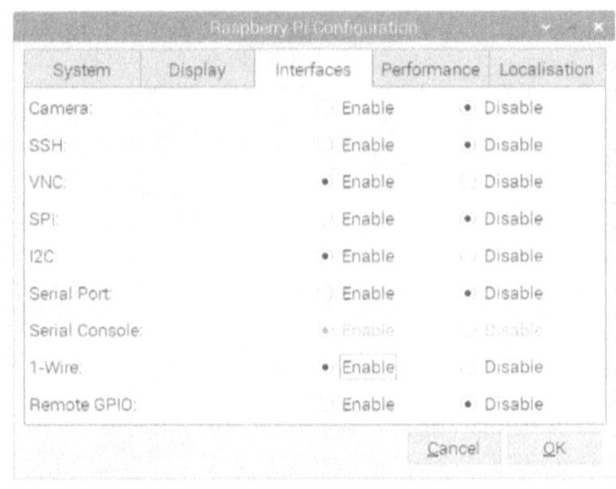


<menu><preferenze> <Raspberry Pi Configuration Raspberry><attivare 1-Wire>

2. Aggiornare il sistema con:

```
sudo apt-get update
sudo apt-get upgrade
```

3. Modificare il file config.txt

con:

```
sudo nano /boot/config.txt
dtoverlay=w1-gpio
```

e aggiungere :

4. Riavviare il sistema:

```
sudo reboot
```

5. Installare i driver necessari con:

```
sudo modprobe w1-gpio
sudo modprobe w1-therm
```

6. Verificare l'installazione con:

```
cd /sys/bus/w1/devices/
ls
```

e dovrebbe apparire:

28-xxxxxxxxxxxx, dove xxxxxxxxxxxx è il numero di serie del DB18B20© collegato al bus 1-Wire©

7. Testare il sensore con:

```
cd 28-xxxxxxxxxxxx
cat w1_slave
```

La temperatura apparirà come: t=xxxxx (per ºC dividere per 1.000), ma che presenteremo in modo più amichevole con il nostro script Python© sullo schermo e anche sul display LCD.

```
#--------------------------------------------------------------------
# 46_SENSORE_TEMPERATURA.PY: legge il sensore DS18B20© e presenta
# la temperatura in ºC nel LCD
#--------------------------------------------------------------------
# Ingressi: dati del sensore per 1-Wire©, GPIO4© (pin7), pin DQ
# Uscite:   presenta temperatura ºC in LCD
# Azione:   loop di lettura di temperatura e presentazione in LCD
#--------------------------------------------------------------------
# -*- coding: utf-8 -*-
#!/usr/bin/env python                 #interprete Python©

import time                           #libreria gestire tempo
import LCD                            #libreria gestire LCD1602©
import os                             #accesso al sistema operativo
sensor=''                             #numero di serie del sensore
```

```
def setup():
  global sensor                          #per usare fuori del setup()
  LCD.init(0x27,1)                       #inizia indirizzo I²C© del
                                         #LCD e attiva backlight
  LCD.clear()                            #inizia schermo del LCD
  for x in os.listdir('/sys/bus/w1/devices'): #cattura numero di
                                         #serie del DS18B20©
    if x !='w1_bus_master1':             #cartella distinta del
                                         #w1_bus_master1
      sensor=x

def read():                              #legge dati del sensore
  global temperatura
  ubicacion='/sys/bus/w1/devices/'+ sensor+'/w1_slave' #ubicazione
                                         #file con i dati
  tarchi=open(ubicacion)                 #apre file w1_slave
  texto=tarchi.read()                    #legge dati
  tarchi.close()                         #chiude file w1_slave
  segunda_linea=texto.split("\n")[1]     #la temperatura è nella
                                         #seconda linea
  temp_datos=segunda_linea.split(" ")[9] #salta 9 spazi fino t=
  temperatura=float(temp_datos[2:])      #salta t=cattura  fino a fine
  temperatura=temperatura/1000           #regola a 3 decimali
  return temperatura

def loop():                              #loop principale
  estado=True                            #stato di lettura
  while True:                            #loop di lettura
    if read() != None:                   #se ha letto dati in read()
      print "Temperatura: %0.3f ºC" % read() #visualizza con 3
                                         #decimali
      if estado:                         #presenta *
        LCD.write(6,1,str(temperatura)+' C *')
      else:                              #borra *
        LCD.write(6,1,str(temperatura)+' C  ')
      estado=not estado                  #cambia stato di '*' a ' '

def parar():                             #ferma con CTRL+C
  LCD.clear()                            #inizia schermo LCD
  LCD.write(0,0,'Fine.....')
  print
  print ('Programma finito')
  time.sleep(1)
  LCD.closelight()                       #spegne backlight

if __name__=='__main__':                 #programma inizia qui
  setup()                                #inizia dispositivi
  print ('Misura temperatura')
  LCD.write(0,0,'MISURA TEMPERATURA') #vedere titolo
  LCD.write(0,1,'Temp:')                 #distanza in centimetri

  try:
    while True:                          #loop principale
      loop()
  except KeyboardInterrupt:              #ferma con CTRL+C
    parar()
```

Esercizi proposti:

- Aggiungere un pulsante e un LED Duale e attivare la visualizzazione in ºC (LED verde) o in ºF (LED rosso) e visualizzare la temperatura e la scala sullo schermo e sull'LCD1602©.

- Includere nello script la misurazione della temperatura della CPU (tramite software) e visualizzare entrambe le temperature (ambiente e CPU) sul display LCD.

- Aggiungere il LED RGB e illuminare ogni LED, o una combinazione di essi, in base a una scala di temperatura (tipo semaforo) di differenza tra la temperatura ambiente e quella della CPU.

ⴱⴱⴱ

# *Esercizio 47: Doppio sensore: Umidità e Temperatura

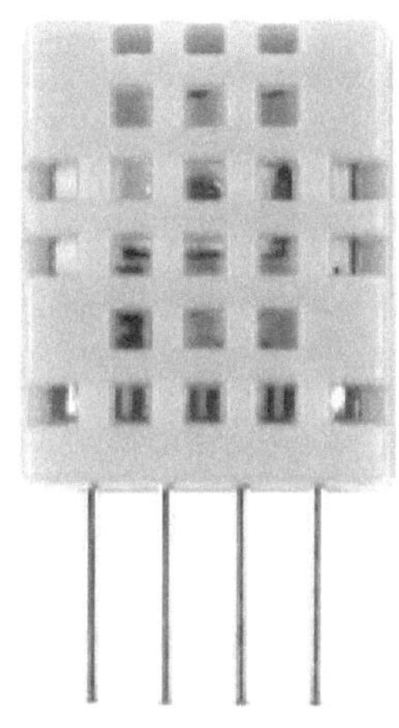

In questo esempio vedremo un sensore ampiamente utilizzato, un doppio sensore in grado di misurare l'umidità e la temperatura ambiente e di darci una buona e stabile lettura in formato digitale.

È il sensore DHT11© che ha un range di misura del 20-80% di umidità relativa, 0-50ºC di temperatura, una precisione di ±5% nella misura dell'umidità e ±2ºC nella misura della temperatura con una frequenza massima di lettura di 1 scansione al secondo. Se abbiamo bisogno di una maggiore precisione, c'è il DHT22© ma la sua frequenza di campionamento è di una lettura ogni 2 secondi.

Il DHT11© utilizza solo 3 pin: Vcc, GND e DATA per comunicare informazioni tra esso e il Raspberry© e richiede solo un pull-up di 10kΩ tra DATA e Vcc (+ 3.3v)

Il processo di comunicazione è il seguente:

- Inviare il segnale di start al pin DATA.
- Il DHT11© risponde al segnale di start.
- Il DHT11© invia 40 bit (umidità: parte intera 8 bit, parte decimale 8 bit, temperatura: parte intera 8 bit, parte decimale 8 bit, controllo 8 bit)

Per gestire questa comunicazione utilizzeremo la libreria Adafruit© esistente, per questo facciamo:

1. Installare il gestore di librerie git© con:

   sudo apt-get install git-core

2. Installare la libreria DHT11© di Adafruit© con:
   git clone
   https://github.com/adafruit/Adafruit_Python_DHT.git

3. Cambiare di cartella:

   cd Adafruit_Python_DHT

4. Installare il gestore:

   sudo apt-get install build-essential python-dev

5. Installare la libreria con:

   sudo python setup.py install

Lo script Python© esegue un ciclo di richiesta di informazioni al DHT11©, attende la risposta, ricordare un minimo di 2 secondi tra le misurazioni per consentire il tempo di stabilizzazione, formattare le informazioni in temperatura in ºC e umidità relativa in % e le presenta in sullo schermo e sul display LCD.

Ricorda anche che il DHT11© ha una precisione di ±5% per la umidità e ±2ºC per la temperatura, quindi il formato di uscita sarà rispettivamente xx.0% e xx.0ºC.

```
#-----------------------------------------------------------------------
# 47_SENSORE_DHT11.PY:legge sensore DS18B20©, e temperatura in LCD
#-----------------------------------------------------------------------
# Ingressi: dati sensore per 1-Wire©, GPIO4© (pin7), pin DQ sensore
# Uscite:   presenta temperatura ºC in LCD
# Azione:   loop di lettura di temperatura e presentazione in LCD
#-----------------------------------------------------------------------
# -*- coding: utf-8 -*-                        #caratteri speciali
#!/usr/bin/env python                          #interprete Python©
```

```
import time                             #libreria gestire tempo
import LCD                              #libreria gestire LCD1602©
import Adafruit_DHT as DHT              #importa gestore del DHT11©
modelo=11                               #modello DHT 11 o 22
pin=7                                   #pin GPIO4© lettura sensore

def setup():                            #inizia dispositivi
  LCD.init(0x27,1)                      #inizia indirizzo I²C© del
                                        #LCD e attiva backlight
  LCD.clear()                           #inizia schermo del LCD

def loop():                             #loop principale
  estado=True                           #stato simbolo
  while True:                           #loop di polling
    hum,tem=DHT.read_retry(modelo,pin)  #prende dati del DHT11©
    print 'Tem:'+str(int(tem))+'ºC-Hum:'+str(int(hum))+'%'#vedere
                                        #umidità e temperatura
    LCD.write(6, 1,str(int(tem)))       #vedere temperatura in LCD
    LCD.write(14,1,str(int(hum)))       #vedere umidità in LCD
    for x in range(0,4):                #lampeggia un *
      if estado:
        LCD.write(8,1,'*')
        time.sleep(.5)                  #dare tempo al DHT11©
      else:
        LCD.write(8,1,' ')
        time.sleep(.5)                  #dare tempo al DHT11©
      estado=not estado                 #cambia de '*' a ' '

def parar():                            #ferma con CTRL+C
  LCD.clear()                           #inizia schermo LCD
  LCD.write(0,0,'Fine....')
  print
  print ('Programma finito')
  time.sleep(1)
  LCD.closelight()                      #spegne backlight

if __name__=='__main__':                #programma inizia qui
  setup()                               #inizia dispositivi
  print ('Misura Temperatura (ºC) e Umidità (%)')
  LCD.write(0,0,'Sensore DHT11')        #vedere titolo
  LCD.write(0,1,'Temp:    Hum:')        #temperatura ºC e umidità %
  try:
    loop()                              #loop del programma
  except KeyboardInterrupt:             #ferma con CTRL+C
    parar()
```

## Esercizi proposti:

- Aggiungere un relè che attiva una ventola (reale o simulata) quando la temperatura sale da un livello+1ºC e si disattiva quando la temperatura scende sotto il livello-1ºC

- Aggiungere una condizione sulla % di umidità, ad esempio, la ventola si spegnerà ogni volta che l'umidità è>80% indipendentemente dalla temperatura.

- Includere un pulsante e un decodificatore rotante che mostra la temperatura su due display a 7 segmenti ma solo quando viene premuto il pulsante.

Quando la temperatura non è visibile, il punto sul display a 7 segmenti deve lampeggiare.

- Aggiungere un ricevitore a infrarossi in modo che il display precedente possa essere attivato o disattivato (modalità on/off) con il telecomando.

ΘΘΘ

# *Esercizio 48: Sensore di Pioggia

Un sensore di pioggia, ad esempio lo SKU-500©, è un dispositivo elettronico composto da due elementi, l'elemento sensore stesso che rileva la presenza di umidità nelle gocce d'acqua, tramite conducibilità elettrica, riflessione della luce, misuratore di volume , ecc. e un elemento di controllo che adatta il segnale generato dal sensore agli opportuni livelli elettrici e che genera un segnale analogico proporzionale all'umidità rilevata e un segnale digitale, di tipo on/off, che segnala la presenza di pioggia.

Nel nostro caso utilizzeremo un sensore che ha una piastra con tracce molto ravvicinate che conduce una piccola corrente quando è bagnato e un elemento di controllo elettronico basato sul chip LM393© che include due amplificatori operazionali (solo uno viene utilizzato).

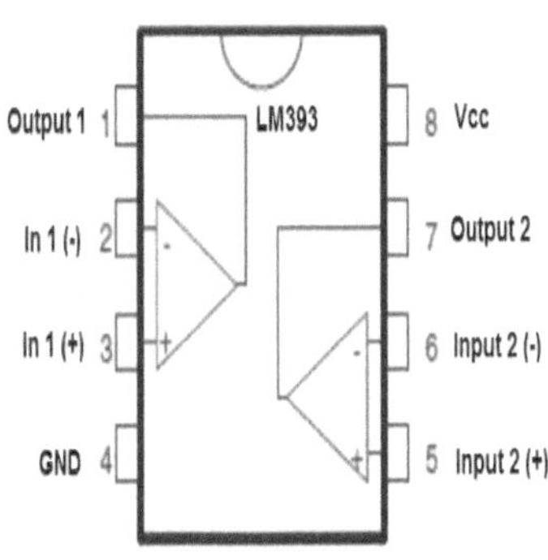


Uno degli amplificatori operazionali dell'LM393©

confronta il segnale proveniente dal sensore con un valore di riferimento regolabile da potenziometro, amplifica il confronto ed estrae le due uscite analogiche e digitali commentate.

Elaboreremo l'uscita analogica (anche se non è molto precisa) con il convertitore A/D PCF8591© e con l'aiuto del Raspberry©, potremo vedere sullo schermo una misura della pioggia che cade sul sensore.

L'uscita digitale può essere utilizzata come allarme on/off collegandola direttamente ad un GPIO© del Raspberry©.

Per il corretto funzionamento del comparatore LM393©, abbiamo anche bisogno di una serie di componenti di base in modo che il circuito completo sia il seguente:

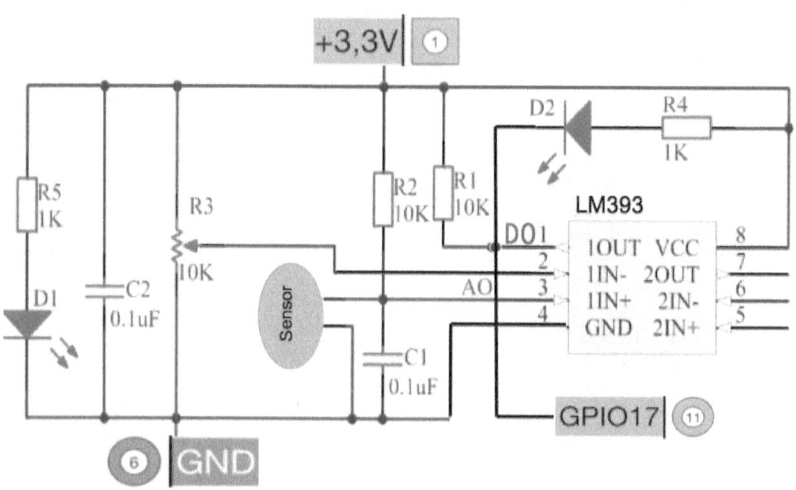


Il sensore di pioggia invia il segnale analogico AO ad uno degli ingressi (1IN+) del comparatore LM393©, l'altro ingresso (1IN-) proviene dal punto medio del potenziometro R3 che funge da valore di riferimento regolabile. L'uscita (1OUT) del comparatore funge da segnale di attivazione/disattivazione del rilevamento della pioggia e viene catturata da GPIO17© ed elaborata dallo script Python©.

D'altra parte, il segnale analogico AO è collegato anche all'ingresso AIN0 del convertitore A/D PCF8591©.

R5+D1 indicano quando il circuito è alimentato, C1 e C2 fungono da filtri per eventuali interferenze. R1 e R2 sono pull-up e R4+D2 si attivano quando viene rilevata la pioggia e l'uscita DO va a GND.

Lo schema a blocchi completo sarebbe:

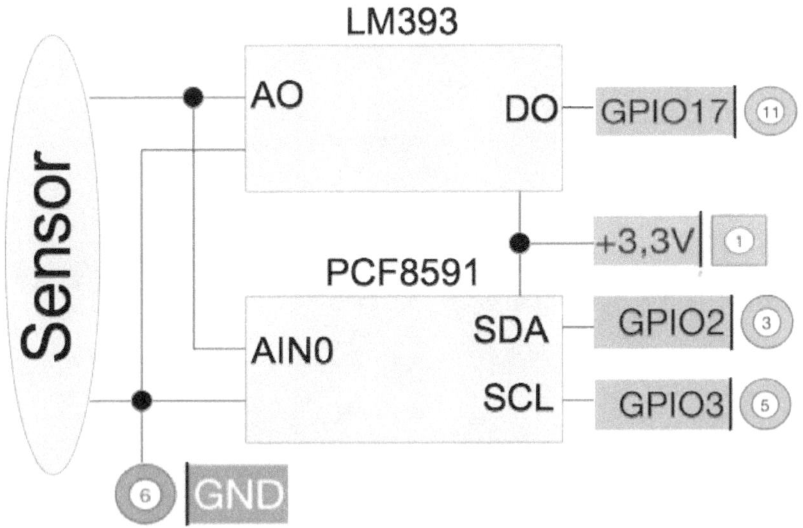


Quando il sensore di pioggia è asciutto, regoliamo il potenziometro R3 fino a quando il LED D2 si spegne, questo indica che l'uscita digitale DO è HIGH, senza rilevare pioggia, poiché 1IN- è inferiore a 1IN+

Quando il sensore si bagna, 1IN+ è minore di 1IN- e quindi l'uscita digitale DO si attiva accendendo il LED D2 e attivando la GPIO17© sul Raspberry© (logica inversa).

Nel programma importeremo lo script Python© CONVERSOR_PCF8591.PY visto sopra per gestire il convertitore PCF8591©.

Nel loop principale rileviamo lo stato della GPIO17© tramite polling, non per interruzione, e presentiamo il valore analogico del sensore che ci entra tramite AIN0.

```
#---------------------------------------------------------------------
# 48_SENSORE_PIOGGIA.PY:Rileva pioggia in sensore in conversor A/D
#---------------------------------------------------------------------
# Ingressi: ingresso analogico livello di umidità in sensore AO
# Uscite:   valore AO analogico e DO: digitale (on/off)
# Azione:   presenta valore AO e attiva allarme pioggia per DO
#---------------------------------------------------------------------
# -*- coding: utf-8 -*-
#!/usr/bin/env python

import CONVERSOR_PCF8591 as ADC #importa gestore PCF8591©
import RPi.GPIO as GPIO         #gestore di GPIO©
import time                     #gestore di tempo
DO=17                           #allarme pioggia GPIO17© (pin 11)
GPIO.setmode(GPIO.BCM)          #GPIO© per numero di GPIO©

def setup():                    #attiva parametri
  ADC.setup(0x48)               #indirizzo del PCF8591©
  GPIO.setup(DO,GPIO.IN)        #allarme DO è ingresso

def ver(x):                     #presenta allarme
  if x:                         #se DO=HIGH non piove
    print 'Non piove'
  else:                         #se DO=LOW sta piovendo
    print 'ALLARME: sta piovendo'

def loop():                     #loop principale del programma
  estado=True                   #stato di allarme
  while True:                   #loop infinito
    print ADC.read(0)           #legge stato del sensore(analogico)
    xx=GPIO.input(DO)           #lettura allarme DO (digitale)
    if xx!=estado:              #vedere stato allarme per polling
      print
      ver(xx)                   #se cambia stato, lo presenta
      print
      estado=xx
    time.sleep(1)               #scarica CPU

def parar():                    #ferma al premere CTRL+C
  GPIO.cleanup()                #libera il GPIO©
  print 'Programma finito'

if __name__ == '__main__':      #programma inizia qui
  print '\n'*80                 #inizia schermo
  print 'Sensore Allarme Pioggia'
  setup()                       #inizia parametri

  try:                          #esegue seguente tranne eccezione
    loop()                      #loop principale del programma
```

```
except KeyboardInterrupt:      #se si preme 'Ctrl+C' se esegue
  parar()                      #la funzione parar ferma programma
```

Esercizi proposti:

• Aggiungere un relè che attiva un LED quando viene rilevata pioggia simulando un allarme, aggiungere anche un LED Duale e che il LED rosso si accende quando viene rilevata pioggia e verde quando non piove. Aggiungere un carico al relè.

• Aggiungere un cicalino attivo e generare, tramite PWM, due suoni quando i livelli di umidità superano due soglie bassa e alta e DO rileva la pioggia.

• Presentare su due display a 7 segmenti i livelli di umidità rilevati dal sensore in un range da 0 a 10

ΘΘΘ

# *Esercizio 49: Barometro BMP180©

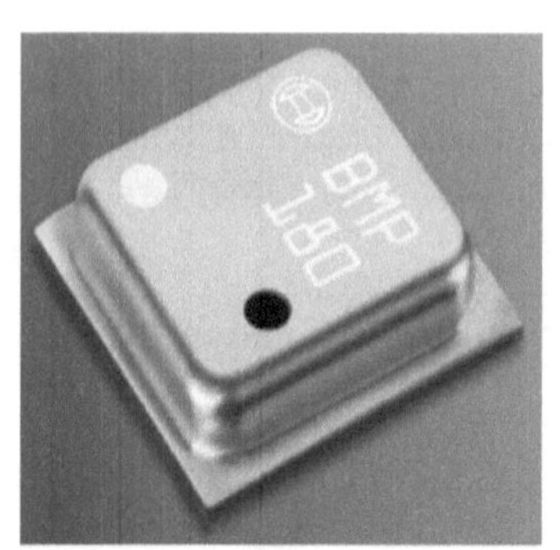


In questo esercizio utilizzeremo un sensore di pressione barometrica ampiamente utilizzato negli smartphone e negli smartwatch come il BMP180© o equivalente.

È un sensore di pressione barometrica e temperatura di alta precisione, basso costo e basso consumo e poiché la pressione barometrica varia con l'altitudine, può essere utilizzato anche come altimetro (da -500m a +9.000m).

Il sensore BMP180© necessita di un regolatore di tensione di precisione a +3.3v, nel nostro caso il 662K© o equivalente e alcuni pull-up di 10kΩ per stabilizzare il suo sistema di comunicazione, che altro non è che I²C©.

```
pi@rasp-4: ~
File  Modifica  Schede  Aiuto
pi@rasp-4:~ $ sudo i2cdetect -y 1
     0  1  2  3  4  5  6  7  8  9  a  b  c  d  e  f
00:          -- -- -- -- -- -- -- -- -- -- -- -- --
10: -- -- -- -- -- -- -- -- -- -- -- -- -- -- -- --
20: -- -- -- -- -- -- -- 27 -- -- -- -- -- -- -- --
30: -- -- -- -- -- -- -- -- -- -- -- -- -- -- -- --
40: -- -- -- -- -- -- -- -- -- -- -- -- -- -- -- --
50: -- -- -- -- -- -- -- -- -- -- -- -- -- -- -- --
60: -- -- -- -- -- -- -- -- -- -- -- -- -- -- -- --
70: -- -- -- -- -- -- -- 77
```

Per visualizzare gli indirizzi I²C© utilizzati dai dispositivi che abbiamo collegato a questo bus, faremo come di consueto:

```
sudo i2cdetect -y 1
```

In questo caso vediamo gli indirizzi 0x27 per LCD1602© e 0x77 per il sensore barometrico BMP180©.

Nel circuito seguente vediamo che il sensore BMP180© è alimentato dal +3.3v regolati e stabilizzati dal chip regolatore 662K©.

C1, C2 e C3 agiscono come filtri. R1 e R2 sono i pull-up di 10kΩ richiesti dai segnali del bus I²C© SDA (GPIO2©) e SCL (GPIO3©) e R0 limita la corrente del LED D0 che indica che il sistema è alimentato.

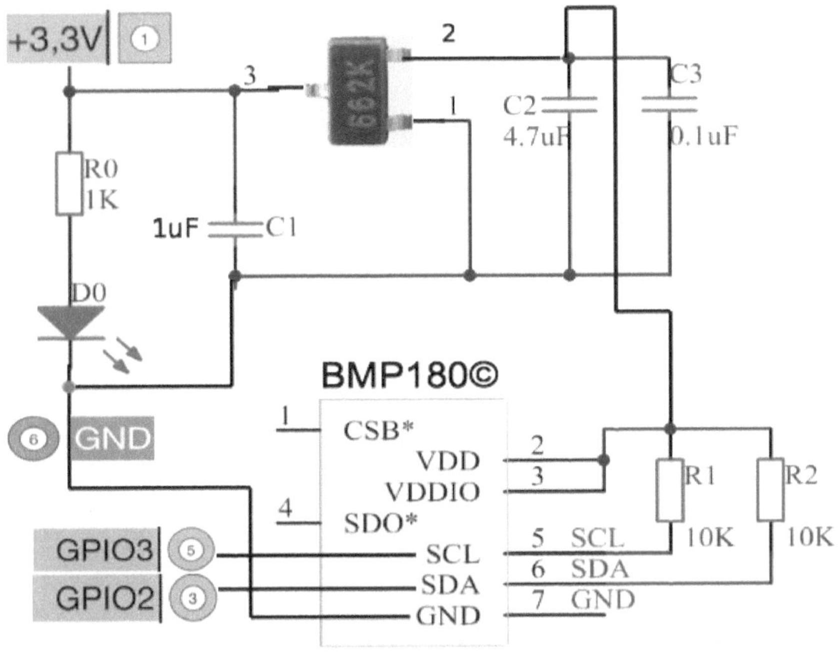


Per lo script Python© abbiamo bisogno di una libreria che gestisca il bus I²C©, che comunichi correttamente con il sensore BMP180© e che ci mostri i dati.

Useremo una libreria di Adafruit©, che funziona solo in Python3.7© o successivo, seguendo le seguenti istruzioni:

1. Aggiorniamo le librerie I²C© con:

```
sudo apt-get install python3-smbus i2c-tools
```

2. Installiamo la libreria:

```
git clone
      https://github.com/adafruit/Adafruit_Python_BMP.git
cd Adafruit_Python_BMP
sudo python3 setup.py install
```

Ora possiamo eseguire il nostro script Python© che esegue il loop della pressione barometrica e della temperatura ambiente e le visualizza sul display LCD in hPa (hecto Pascal) e ºC

```
#--------------------------------------------------------------------
# 49_BAROMETRO.PY:misura in loop pressione barometrica, temperatura
# ambiente e le presenta en LCD
#--------------------------------------------------------------------
# IMPORTANTE: questo script scorre solo in Python3.7© o superiore
# Ingressi:   sensor BMP180© attraverso del bus I²C©
# Uscite:     presenta la pressione en hecto Pascal e la
#             temperatura in ºC in LCD
# Azione:     loop lettura del sensore e presentazione in LCD
#--------------------------------------------------------------------
# -*- coding: utf-8 -*-                #caratteri speciali
#!/usr/bin/env python                  #interprete Python©
import time                            #libreria gestire tempo
import LCD                             #libreria gestire LCD1602©
import Adafruit_BMP.BMP085 as BMP085   #importa libreria BMP180©

def setup():
  LCD.init(0x27,1)                     #inizia indirizzo I²C© del
                                       #LCD e attiva backlight
  LCD.clear()                          #inizia schermo del LCD

def loop():
  sensor=BMP085.BMP085()               #variabile leggere sensore
  while True:
    temp=sensor.read_temperature()     #legge temperatura
    temp=str('{0:0.2f} C'.format(temp)) #formatta temperatura a 2
                                       #decimali
    pres=sensor.read_pressure()/100    #legge pressione
    pres=str('{0:0.2f} hPa'.format(pres)) #formata pressione a 2
                                       #decimali
    alti=sensor.read_altitude()        #legge altitudine
    alti=str('{0:0.2f} hPa'.format(alti)) #formatta altitudine a 2
                                       #decimali
    print ('Temperatura:   '+temp)     #temperatura in ºC
    print ('Pressione:     ' +pres)    #pressione in hecto Pascal
```

```
    print ('Altitudine:     '+alti)     #altitudine in metri
    LCD.write(7,0,temp)                 #vedere temperatura in LCD
    LCD.write(6,1,pres)                 #vedere pressione in LCD
    time.sleep(1)                       #tempo d'attesa in loop
    print ()                            #salta una linea

def parar():                            #ferma con CTRL+C
  LCD.clear()                           #inizia schermo LCD
  LCD.write(0,0,'Fine....')
  print ()
  print ('Programma finito')
  time.sleep(1)
  LCD.closelight()                      #spegne backlight

if __name__=='__main__':                #programma inizia qui
  setup()                               #inizia dispositivi
  print ('\n'*80)                       #inizia schermo
  print ('Legge pressione e temperatura')
  LCD.write(0,0,'Temp:')                #vedere titolo pressione
  LCD.write(0,1,'Pres: ')               #vedere titolo temperatura
  try:
    loop()                              #loop del programma
  except KeyboardInterrupt:             #ferma con CTRL+C
    parar()
```

**NOTA:** se vogliamo regolare correttamente la misurazione della pressione e/o dell'altitudine e poiché sono due variabili dipendenti l'una dall'altra, dobbiamo regolarne una, ad esempio la pressione a livello del mare.

Per fare ciò consultiamo, ad esempio su Internet, qual è la pressione barometrica in hPa a livello del mare esistente nella nostra città e regoliamola nel file:

```
/home/pi/Adafruit_Python_BMP/BMP085.py
```

Nella linea (pressione):

```
def read_altitude(self, sealevel_pa=presion.0)
```

Esercizi proposti:

- Aggiungere un LED Duale che attiva il LED verde all'avvio del programma e diventa rosso se la temperatura sale da un livello impostato con un potenziometro e un convertitore A/D che cattura il livello di tale potenziometro.

• Includere due display a 7 segmenti, con i relativi decodificatori, per visualizzare la temperatura di soglia impostata dal potenziometro.

• Aggiungere anche un decodificatore giratorio che ci aiuta a cambiare la scala della pressione durante la rotazione (bar, mmHg, PSI, atm, hPa) e da ºC a ºF quando si preme il pulsante, visualizzando la scala corrispondente sul display LCD.

ΘΘΘ

# *Esercizio 50: Orologio in tempo reale

In questo esercizio vedremo un “sensore” del tempo, ovvero, un orologio in tempo reale (RTC in inglese) che può aiutarci a mantenere il nostro progetto sempre aggiornato e non dipendere dalla lettura di questa variabile da un computer o dal Raspberry©.

Per questo utilizzeremo il chip DS1302© o equivalente, che contiene l'RTC che conta secondi, minuti, ore, giorni, giorno della settimana, mesi, anni (valido fino al 2100), che ha una batteria di backup di +3v per essere sempre puntuali anche se non viene utilizzato o non è alimentato dal Raspberry© e che è di facile lettura e aggiornamento con il software che vedremo in questo esercizio.

Le comunicazioni con questo chip sono di tipo seriale tramite 3 pin: SDA, SCL e RST (reset) e richiede alcuni componenti aggiuntivi in un circuito molto semplice.

Il cristallo di quarzo XTAL a 32,768kHz insieme a C1 e C2 creano l'oscillatore principale per generare il segnale di orologio.

La batteria di +3v fornisce la tensione necessaria da vcc1 per mantenere aggiornati i dati. R1, R2 e R3 sono pull-up dei pin di dati GPIO23© (SCL), GPIO24© (SDA) e GPIO25 © (RST) rispettivamente.

C3 funge da stabilizzatore di tensione e R0 limita la corrente del LED D0 che si accende quando il circuito è alimentato.

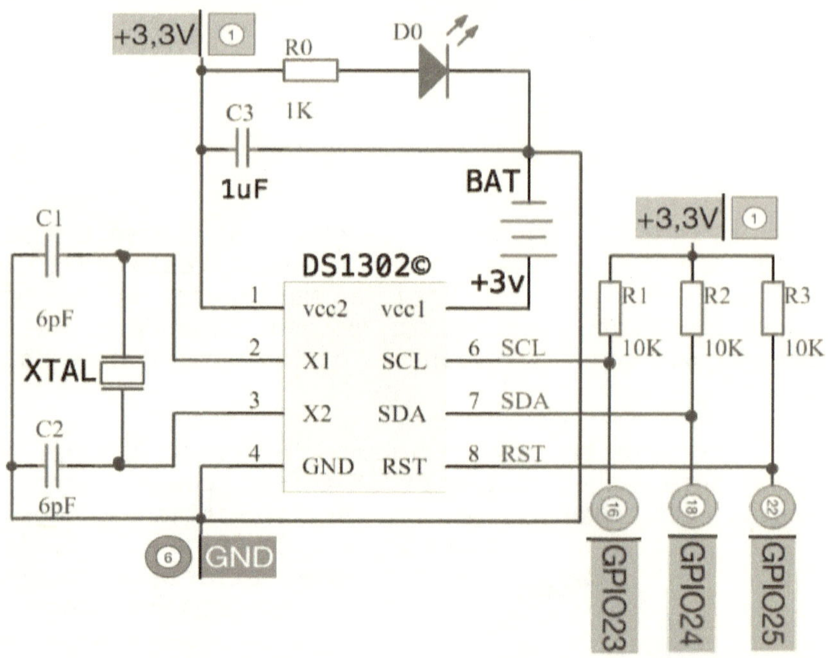


Lo script Python© necessita delle librerie disponibili sul Web: rpi_time© e ds1302© per scambiare dati con il chip DS1302© ed è un loop che all'inizio testa l'RTC per vedere se i suoi dati sono corretti, consente l'aggiornamento della data e dell'ora e la visualizza sul display LCD.

```
#-----------------------------------------------------------------
# 50_OROLOGIO.PY:legge orologio in tempo reale (RTC), presenta LCD
#-----------------------------------------------------------------
# Ingressi: ora e data del RTC con aggiornamento
# Uscite:   presentazione in schermo e LCD
# Azione:   loop di presentazione in schermo e LCD fino CTR+C
#-----------------------------------------------------------------
# Usa il modulo DS1302© che ha bisogno i seguenti pin:
# pin 16: SCL   pin 18: SDA   pin 22: RST   e facilita:
# set_datetime(YYYY,MM,DD,HH,MM,SS) aggiorna RTC
# get_datetime() ottiene YYYY,MM,DD,HH,MM,SS
# check_sanity() ottiene True/False se il RTC ha dati corretti
# reset_clock()  inizia il RTC
#-----------------------------------------------------------------
```

```
# -*- coding: utf-8 -*-
#!/usr/bin/env python
from datetime import datetime                #libreria gestire data
import time                                  #libreria gestire tempo
import rpi_time                              #libreria variabili RTC
import ds1302                                #libreria gestire DS1302©
import LCD                                   #gestire il LCD1602©
RTC=rpi_time.DS1302()                        #puntatore alla libreria

def setup():                                 #inizia dispositivi
  estado=RTC.check_sanity()                  #stato del orologio
                                             #True=OK, False=NO-OK
  if estado:
    estado='OK'
  else:
    estado='NO-OK'
  print
  print 'Stato del Orologio: '+estado        #stato del RTC
  print
  print 'Dati nel Orologio:'                 #dati attuali nel RTC
  print 'AAAA-MM-DD HH:MM:SS'
  print RTC.get_datetime()
  print
  while True:                                #loop lettura opzioni
    try:
      ask=raw_input('Aggiornare Data e Ora? (s/n)') #aggiornare
                                             #il orologio?
      if ask=='s' or ask=='S':               #aggiornare RTC
        fecha=raw_input('Data in formato: (AAAA MM DD) ')
        hora= raw_input('Ora  in formato: (HH MM SS) ')
        fecha=fecha.split()                  #aggiunge data a elenco
        hora= hora.split()                   #aggiunge ora  a elenco
        print ''
        ds1302.set_date(int(fecha[0]),int(fecha[1]),int(fecha[2]))
                                             #aggiorna data
        ds1302.set_time(int(hora[0]), int(hora[1]), int(hora[2]))
                                             #aggiorna ora
        datos=RTC.get_datetime()             #ottiene data e ora
                                             #aggiornate
        print 'Dati aggiornati a: ',datos
        time.sleep(2)
        break
      elif ask=='n' or ask=='N':             #non aggiornare RTC
        break
    except:                                  #se dati errati repete
      print 'Dati errati'
      time.sleep(2)

def loop():                                  #loop principale
  datos=RTC.get_datetime()                   #ottiene dati
  print datos
  datos=str(datos)                           #a formato str
  datos=datos[8:10]+'-'+datos[5:7]+' '+datos[11:] #DD-MM HH:MM:SS
  LCD.write(0,1,datos)                       #vedere in LCD
  time.sleep(0.5)
```

```
def parar():                              #ferma al premere CTRL+C
  LCD.clear()                             #inizia schermo LCD
  LCD.write(0,0,'Fine....')
  print
  print 'Programma finito'
  time.sleep(1)
  LCD.closelight()                        #spegne backlight

if __name__=='__main__':                  #programma inizia qui
  print '\n'*80                           #inizia schermo
  print 'Provare orologio RTC'
  LCD.init(0x27,1)                        #inizia indirizzo I2C© di
                                          #LCD e attiva backlight
  LCD.write(0,0,'Provare RTC')
  LCD.write(0,1,'Aggiornare RTC?')
  setup()                                 #inizia dispositivi
  LCD.clear()                             #inizia schermo del LCD
  LCD.write(0,0,'DD-MM HH-MM-SS')         #vedere titolo in LCD
  try:
    while True:                           #loop principale
      loop()
  except KeyboardInterrupt:               #ferma con CTRL+C
    parar()
```

Esercizi proposti:

- Aggiungere allo script l'opzione per aggiornare l'RTC, automaticamente con la data e l'ora del Raspberry© senza dover inserire manualmente i dati.

- Aggiungere un decodificatore giratorio per impostare l'ora nel RTC, girare a destra a sinistra per salire o scendere in ogni dato e confermarli premendo il pulsante.

- Aggiungere un relè che si attiva alla fine di un conto alla rovescia, precedentemente inserito con il decodificatore giratorio, e simulare un carico sul relè con un cicalino attivo.

ΘΘΘ

# *Esercizio 51: Stazione Meteo

Come culmine di tutti gli esercizi precedenti e solo a titolo di esempio, in questo esercizio si propone di costruire il circuito di una stazione meteorologica (solo per scopi di addestramento e per esercitarsi con l'Elettronica con Raspberry©) che contiene diversi sensori, diversi attuatori e un algoritmo controllo che si relaziona tra loro.

Per sviluppare questa stazione meteorologica dobbiamo prima definire: quali sensori vogliamo implementare, quali attuatori avremo bisogno e quale algoritmo di relazione tra di loro vogliamo sviluppare.

Vedremo queste tre parti in dettaglio:

1. **Sensori:** sono quei dispositivi che catturano informazioni dall'esterno e le contribuiscono al nostro sistema. Facciamo una relazione con: sensore, pin del Raspberry© e funzione. Aggiungiamo anche i sistemi di conversione degli ingressi analogici come il convertitore A/D PCF8591©.

| Sensore | pin | Segnale | Funzione |
|---|---|---|---|
| Deco Giratorio | 11 | CLK | orologio |
| | 13 | DT | dati |
| | 15 | SW | pulsante |
| Sensore tattile | 8 | Q | on/off |
| DHT11 | 7 | DATA | umidità e temperatura |
| Sensore pioggia | - | AIN0 | convertitore A/D |

| Sensore | pin | Segnale | Funzione |
|---|---|---|---|
| Potenziometro | - | AIN1 | convertitore A/D |
| Barometro | 3 | SDA | dati $I^2C$© |
| | 5 | SCL | orologio $I^2C$© |
| RTC (orologio) | 16 | SCL | orologio DS1302© |
| | 18 | SDA | dati DS1302© |
| | 22 | RST | reset DS1302© |
| Convertitore A/D | 3 | SDA | dati $I^2C$© |
| | 5 | SCL | dati $I^2C$© |

2. **Attuatori:** sono quei dispositivi che utilizzano i dati acquisiti dai sensori ed eseguono azioni con gli algoritmi progettati o presentano qualche tipo di informazione visiva, acustica, ecc. Facciamo anche una relazione con: attuatore, pin del Raspberry© e funzione.

| Attuatore | Pin | Segnale | Funzione |
|---|---|---|---|
| LED Duale | 24 | R | LED rosso |
| | 26 | G | LED verde |
| LED RGB | 36 | R | LED rosso |
| | 38 | G | LED verde |
| | 40 | B | LED azzurro |
| Display 7 seg x2 (proposta) | 33 | DS | dati |
| | 35 | SH_CP | shift |
| | 37 | ST_CP | store |
| Display LCD $I^2C$ | 3 | SDA | dati $I^2C$© |
| | 5 | SCL | orologio $I^2C$© |
| Cicalino | 32 | PWM | segnale acustica |
| Relè | 19 | SIG | on/off (NC-C-NO) |

3. **Algoritmi:** qui mettiamo in relazione quali azioni vogliamo che avvengano con ogni sensore e

quali attuatori influisce. Li elenchiamo in ordine di ogni sensore, indicando cosa succede in ognuno:

Decodificatore rotante:

- Passa alla modalità di immissione dati premendo il pulsante.
- Ruotando la manopola, si aumenta o diminuisce la soglia di umidità, temperatura e pioggia.

Sensore tattile:

- Sistema spento per interruzione.
- Audio Disattivato.
- RGB Blu.

DHT11© (sensore di umidità e temperatura)

- Presentare su LCD.
- Regola ºC/ºF nel LED a 7 segmenti (proposto)
- Allarme se temperatura>soglia:
  - LED Duale rosso
  - Suono del cicalino
- Allarme se umidità>soglia:
  - LED Duale rosso
  - Suono del cicalino

Sensore di pioggia:

- Attiva il relè (simulare il carico con un LED)
- LED RGB: blu

Potenziometro:

- Simula i livelli da un altro sensore in AIN1

Barometro:

- Pressione attuale sul display LCD
- Allarme se pressione>soglia:
  - LED Duale rosso
  - Suono del cicalino

RTC:

- Presentare su LCD
- Impostazione LED a 7 segmenti (proposta)
- Impostazioni sullo schermo
- Impostazione con i dati di sistema (proposta)

Convertitore A/D:

- Converte il segnale del sensore pioggia.
- Converti il segnale del potenziometro.

E li riassumiamo in una tabella a doppia entrata dove nelle righe ci sono i sensori, nelle colonne gli attuatori e nelle intersezioni, se previsto, viene indicato se c'è qualche azione.

| | Duale | RGB | 7seg (*) | LCD | Buzz | Relè | RTC | A/D | Altri |
|---|---|---|---|---|---|---|---|---|---|
| **Codificatore** | X | verde | | X | X | | Reg | | |
| **Sensore tattile** | | rosso | | | X | | | | X |
| **DHT11:tem,umi** | X | | Reg | X | X | | | | |
| **Sensore pioggia** | | blu | | X | X | X | | X | |
| **Potenziometro** | | | | | | | | X | |
| **Barometro** | X | | | X | X | | | | |
| **Orologio RTC** | | | Reg | X | | | | | X |

(*) esercizio aggiuntivo proposto

Abbiamo anche bisogno di costruire uno schema a blocchi, come quello sopra, per fare i collegamenti.

Per costruire lo script Python© useremo le librerie e i programmi che abbiamo già visto negli esercizi di questo libro, ma poiché abbiamo programmi e librerie scritti per Python2.7© e altri per Python3.7©, non vogliamo o dovremmo cambiare le librerie di terze parti e inoltre poiché il nostro programma non richiede alta velocità possiamo scrivere lo script in Python2.7© e chiamare gli script scritti in Python3.7© come programmi esterni utilizzando:

```
import commands
result=commands.getoutput('sudo python3 [script].py')
```

Dove [script].py è lo script Python3.7© che dobbiamo eseguire da uno script Python2.7©

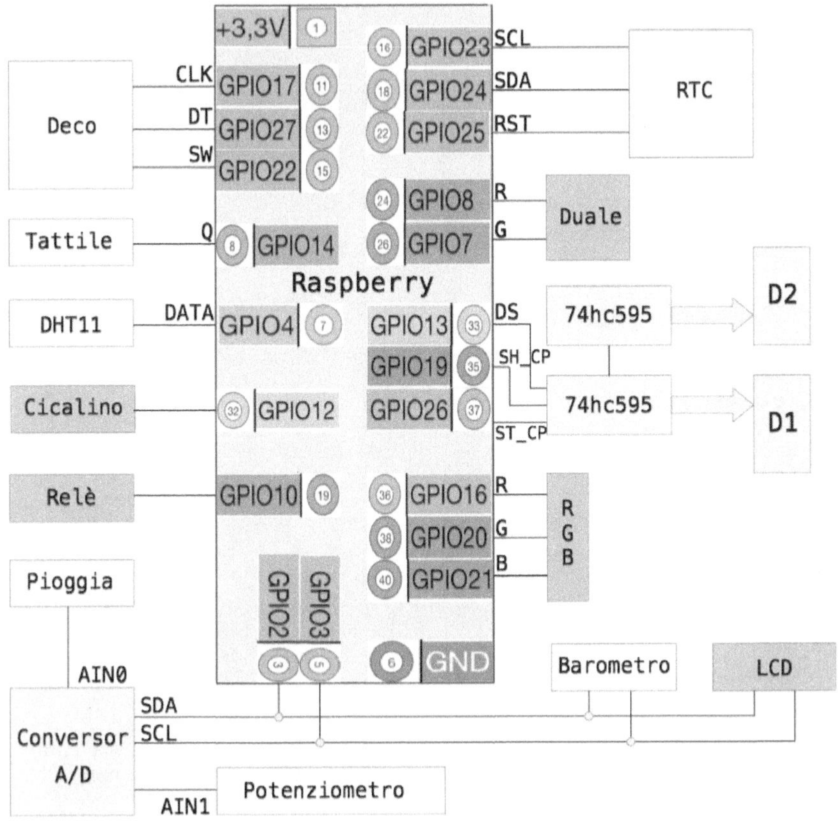


```
#------------------------------------------------------------------
# 51_STAZIONE.PY:vedere umidità, temperatura, pressione, RTC in LCD
#------------------------------------------------------------------
# Ingressi:DHT11©, BMP180©, sensore pioggia, tattile, RTC, deco,
#          A/D, potenziometro
# Uscite:  buzz, relè, duale, 7 segmenti (non incluso), RGB, LCD,
# Azione:  loop lettura sensori e uscite secondo algoritmo
#------------------------------------------------------------------
# -*- coding: utf-8 -*-
#!/usr/bin/env python                #interprete Python©
import time                          #libreria gestire tempo
import sys                           #libreria gestire con sistema
import LCD                           #libreria gestire LCD1602©
from datetime import datetime        #libreria gestire date
import rpi_time                      #libreria variabile RTC
import ds1302                        #libreria gestire DS1302©
import commands                      #gestire scripts Python3.7©
import Adafruit_DHT as DHT           #gestire il DHT11©
import CONVERSOR_PCF8591 as ADC      #gestire il convertitore A/D
import RPi.GPIO as GPIO              #libreria gestire il GPIO©
```

```
#-----RTC-------------------------------
RTC=rpi_time.DS1302()                   #puntatore a libreria del RTC
#-----DTH11-----------------------------
modelo_dht=11                           #modello DHT11©
pin_dht=7                               #pin GPIO4© lettura di DHT11©
hum_a=hum_n=0                           #umidità anteriore/nuova
tem_a=tem_n=0                           #temperatura anteriore/nuova
v_hum=70                                #inizio soglia umidità
v_tem=30                                #inizio soglia temperatura
#-----PRESSIONE-------------------------
pres_a=pres_n=0                         #pressione anteriore/nuova
#-----TATTILE---------------------------
pin_tac=8                               #pin sensore tattile
#-----CICALINO--------------------------
pin_buz=32                              #pin cicalino attivo
#-----RELÈ------------------------------
pin_rele=19                             #pin relè
#-----RGB-------------------------------
pin_R=36                                #pin LED RGB
pin_G=38
pin_B=40
pines_RGB=(pin_R,pin_G,pin_B)           #RGB vai per logica inversa
#-----LED DUALE-------------------------
pin_r=24                                #pin LED Duale rosso
pin_v=26                                #pin LED Duale verde
#-----DCODIFICATORE GIRATORIO-----------
pin_DT=11                               #DT  dati  codificatore
pin_CLK=13                              #CLK orologio  codificatore
pin_SW=15                               #SW  on/off codificatore
contador_a=contador_n=tmp=0             #dati giro anteriore/nuovo
estado_a=estado_n=0                     #stati deco anteriore/nuovo
paso=5                                  #paso incremento/decremento
#-----POTENZIOMETRO---------------------
poten_a=poten_n=0                      #potenziometro anteriore/nuovo
#-----PIOGGIA---------------------------
lluvia_a=lluvia_n=0                    #stato pioggia anteriore/nuovo
v_llu=50                                #inizio soglia pioggia
#-----ALLARME---------------------------#numero allarme vedere in LCD
# 01 umidità eccessiva
# 02 temperatura eccessiva
# 03 pioggia
alarma='  '                             #allarme del sistema
#-----ALTRI-----------------------------
flag=fin=False                          #controllo flusso programma
pines_out=(pin_r,pin_v,pin_rele)        #pines_out di uscita logica
                                        #diretta
pines_in=  (pin_dht,pin_DT,pin_CLK)     #pines_in di ingresso (no per
                                        #interruzione)
pos=0                                   #posizione LCD per cambio()
VER=True                                #vedere o no linea 2 in LCD

def setup():
  GPIO.setwarnings(False)               #messaggi non necessari
  GPIO.setmode(GPIO.BOARD)              #numeri di pin ordino fisico
  GPIO.setup(pin_buz,GPIO.OUT)          #cicalino è uscita
  GPIO.setup(pines_out,GPIO.OUT)        #sono uscite logica diretta
```

```
  GPIO.setup(pines_RGB,GPIO.OUT)      #pines_RGB sono uscite logica
                                      #inversa
  GPIO.setup(pines_in, GPIO.IN)       #pines_in  sono ingresso
  GPIO.output(pin_buz,GPIO.HIGH)      #spegne cicalino
  GPIO.setup(pin_tac,GPIO.IN, pull_up_down=GPIO.PUD_UP)   #tattile
                                      #ingresso con pull-up
  GPIO.setup(pin_SW, GPIO.IN, pull_up_down=GPIO.PUD_UP)   #on/off
                                      #deco giratorio con pull-up
  GPIO.setup(pin_CLK,GPIO.IN, pull_up_down=GPIO.PUD_UP)
                                      #movimento deco con pull-up

#Qui si definiscono le interruzione
  GPIO.add_event_detect(pin_tac,GPIO.BOTH
                         ,    callback=tactil,bouncetime=200)#tattile
  GPIO.add_event_detect(pin_SW, GPIO.FALLING
                   ,callback=cambio,bouncetime=200)#on/off giratorio
  GPIO.add_event_detect(pin_CLK,GPIO.FALLING
              ,callback=giratorio,bouncetime=200)#movimento giratorio

  ADC.setup(0x48)                     #inizia convertitore A/D
  LCD.init(0x27,1)                    #inizia indirizzo I²C© del
                                      #LCD e attiva backlight
  LCD.clear()                         #inizia schermo del LCD
  estado=RTC.check_sanity()           #stato del orologio True=OK,
                                      #False=NO-OK
  if estado:
    estado='OK'                      #stato OK accende LED verde
    LED(pin_v,1)
  else:
    estado='NO-OK'                   #stato NO-OK accende LED rosso
    LED(pin_r,1)

#---------------------------------------
# RTC: orologio in tempo reale
#---------------------------------------
  print
  print 'Stato del Orologio: '+estado #stato del RTC
  print
  print 'Dati nel Orologio:'          #dati attuali nel RTC
  print 'AAAA-MM-DD HH:MM:SS'         #formatto dei dati
  print RTC.get_datetime()            #dati attuali nel RTC
  print
  while True:                         #loop di lettura di opzioni
    try:
      ask=raw_input('Aggiornare Date e Ora? (s/n)') #aggiornare
                                      #orologio RTC?
      if ask=='s' or ask=='S':        #aggiornare RTC
        fecha=raw_input('Data in formato: (AAAA MM DD) ')
        hora= raw_input('Ora  in formato: (HH MM SS) ')
        fecha=fecha.split()           #aggiungere data a un elenco
        hora= hora.split()            #aggiungere ora  a un elenco
        print
        ds1302.set_date(int(fecha[0]),int(fecha[1]),int(fecha[2]))
                                      #aggiorna data
        ds1302.set_time(int(hora[0]), int(hora[1]), int(hora[2]))
                                      #aggiorna ora
```

```
        datos=RTC.get_datetime()       #ottenne data e ora
                                       #già aggiornate
        print 'Dati aggiornati a: ',datos
        time.sleep(2)
        break
      elif ask=='n' or ask=='N':       #non aggiornare RTC
        break                          #esce del loop while True
    except:                            #se dati errati repete
      print 'Dati errati'              #i dati non sono nel
                                       #formato aspettato
      time.sleep(2)

def loop():                            #loop principale programma
  global poten_a,poten_n,VER,pos
  global lluvia_a,lluvia_n             #variabili globali pioggia
  global v_hum,v_tem,v_llu             #variabili globali DHT11©
  global hum_a,hum_n,tem_a,tem_n
  global pres_a,pres_n                 #variabili globali barometro

  #-----------------------------
  # RTC                                #DATE E ORA secondo DS1302©
  #-----------------------------
  datos=RTC.get_datetime()             #ottiene dati del RTC
  datos=str(datos)                     #passa a formato str
  datos=datos[11:]                     #DD-MM HH:MM:SS
  print 'Ora:          '+datos

  #-----------------------------
  # BAROMETRO                          #PRESSIONE secondo BMP180©
  #-----------------------------
  try:
    pres_n=commands.getoutput('sudo python3 barometro.py') #press.
  except:
    LED(pin_r,2)
    print 'Errore in barometro'
  pres_n=round(float(pres_n),1)        #regola a 1 decimale
  if (pres_n-pres_a)>1:
    print 'Pressione:     '+str(pres_n)+'hP'#pressione hecto Pascal
    pres_a=pres_n                      #aggiorna pressione

  #-----------------------------
  # TEMPERATURA E UMIDITÀ              #ºC e % secondo DHT11©
  #-----------------------------
  try:
    hum,tem=DHT.read_retry(modelo_dht,pin_dht)#prende dati DHT11©
  except:
    LED(pin_r,2)
    print 'Errore in DHT11'

  if hum_n>v_hum and VER:              #allarme umidità eccessiva
    beep(1)                            #VEDERE controlla uso on/off
    LED(pin_r,1)                       #del codificatore giratorio
    print 'ALLARME: umidità eccessiva: '+str(hum_n)
                                            +'['+str(v_hum)+']'
    LCD.write(14,1,'01')               #presenta codice allarme
    time.sleep(.2)
```

```
else:
  LCD.write(14,1,'  ')              #inizia codice di allarme
if tem_n>v_tem and VER:            #allarme temperatura eccessiva
  beep(1)                           #suona cicalino 1 secondo
  LED(pin_r,1)                      #accende LED rosso 1 secondo
  print 'ALLARME: temperatura eccessiva: '+str(tem_n)
                                             +'['+str(v_tem)+']'
  LCD.write(14,1,'02')              #presenta codice allarme
  time.sleep(.2)
if abs(hum_n-hum_a)>1:              #ha cambiato la umidità
  print 'Umidità:      '+str(hum_n)+'%'#vedere umidità
  hum_a=hum_n                       #aggiorna nuova umidità
if abs(tem_n-tem_a)>1:              #cha ambiato la temperatura
  print 'Temperatura: '+str(tem_n)+'ºC'
  tem_a=tem_n                       #aggiorna nuova temperatura

#------------------------------
# SENSORE TATTILE                   #sensore tattile
#------------------------------
#si tratta per interruzione, non per polling
#------------------------------
# CODIFICATORE GIRATORIO            #codificatore giratorio
#------------------------------
#si tratta per interruzione, non per polling
#------------------------------
# POTENZIOMETRO SIMULAZIONE         #potenziometro con A/D
#------------------------------
try:
  poten_n=ADC.read(1)               #posizione potenziometro AIN1
except:
  LED(pin_r,2)
  print 'Errore in A/D AIN1 (potenziometro)'
poten_n=int(poten_n*99/255)         #scala di 0 a 99
if abs(poten_n-poten_a)>1:          #diversa lettura?
  poten_a=poten_n                   #aggiorna nuova posizione
  print 'Sensore:       '+str(poten_n)

#------------------------------
# SENSORE DE PIOGGIA                #sensore
#------------------------------
try:
  lluvia_n=ADC.read(0)              #legge sensore pioggia AIN0
except:
  LED(pin_r,2)
  print 'Errore in A/D AIN0 (sensore pioggia)'
lluvia_n=int(lluvia_n*99/255)       #scala de 0 a 99
if abs(lluvia_n-lluvia_a)>1:        #diversa lettura?
  print 'Pioggia:       '+str(lluvia_n)
  lluvia_a=lluvia_n                 #aggiorna nuova pioggia
if lluvia_n>v_llu and VER:          #allarme pioggia eccessiva
  GPIO.output(pin_B,GPIO.LOW)       #accende RGB blu
  GPIO.output(pin_rele,GPIO.HIGH)   #attiva relè
  beep(1)
  LED(pin_r,1)

  print 'ALLARME: pioggia eccessiva: '+str(lluvia_n)
```

```
                                            +'['+str(v_llu)+']'
    LCD.write(14,1,'03')                  #presenta codice allarme
    time.sleep(.2)
  else:
    LCD.write(14,1,'  ')                  #inizia codice di allarme

  #------------------------------
  # LCD                                   #LCD1602©
  #------------------------------
  if VER:                                 #non sta attivato il deco
    LCD.write(0,0,datos)                  #vedere HH:MM:SS
    LCD.write(9,0,str(pres_n)+'hP')       #vedere pressione in hP
    LCD.write(0,1,  'H:'+str(hum_n)+'%')#vedere temperatura in ºC
    LCD.write(5,1, ' T:'+str(tem_n)+'C')#vedere umidità in %
    LCD.write(11,1,' A:'+alarma)          #vedere allarme in XX
  else:                                   #sta attivato il codificatore
    if pos==1:                            #vedere schermo di soglie
      LCD.write(0,0,'Soglie          ')
    if pos==2:                            #soglia umidità
      LCD.write(0,0,'????            ')
    if pos==3:                            #soglia temperatura
      LCD.write(0,0,'     ????       ')
    if pos==4:                            #soglia pioggia
      LCD.write(0,0,'          ????  ')
    H=('  '+str(v_hum))[-2:]              #regola umidità
    T=('  '+str(v_tem))[-2:]              #regola temperatura
    L=('  '+str(v_llu))[-2:]              #regola pioggia
    LCD.write(0,1,'H:'+H+' T:'+T+' L:'+L+'  ')
  if fin:                                 #se tattile attiva fine
    parar()                               #ferma programma
    sys.exit()                            #e sale del programma
  time.sleep(.1)                          #tempo di attesa in loop

def giratorio(Ev=None):                   #decodificatore ha girato
  global flag,contador_a,contador_n       #variabile de controllo
  global estado_a,estado_n,paso,pos       #stati del CLK
  global v_hum,v_tem,v_llu                #soglie
  estado_a=GPIO.input(pin_DT)             #vedere stati anteriore DT
  while not GPIO.input(pin_CLK):          #attesa per se CLK=0
    estado_n=GPIO.input(pin_DT)           #vedere stato nuovo DT
    flag=True                             #si ha prodotto un cambio
  if flag:                                #possibile cambio?
    flag=False                            #inizia cambio
    if estado_a==0 and estado_n==1:       #giro anti-orario
      LED(pin_r,.0001)
      contador_n-=paso                    #decrementa contatore in paso
      if contador_n<0:                    #limita a 0
        contador_n=0
    if estado_a==1 and estado_n==0:       #giro orario
      LED(pin_r,.0001)
      contador_n+=paso                    #aumenta contatore in paso
      if contador_n>99:                   #limita a 99
        contador_n=99
    if contador_a!=contador_n:            #cambio in contatore?
      contador_a=contador_n               #inizia stato di contatore
      if pos==2:                          #cambia soglia di umidità
```

```
        v_hum=contador_n
      if pos==3:                      #cambia soglia de temperatura
        v_tem=contador_n
      if pos==4:                      #cambia soglia di pioggia
        v_llu=contador_n

def beep(x):                          #suona cicalino x secondi
  GPIO.output(pin_buz,GPIO.LOW)       #collega cicalino (logica
                                      #inversa)
  time.sleep(x)                       #aspetta
  GPIO.output(pin_buz,GPIO.HIGH)      #stacca cicalino

def LED(x,y):                         #accende LED x, y secondi
  beep(.01)                           #x=pin_r o pin_v
  GPIO.output(x,GPIO.HIGH)            #accende LED (logica diretta)
  time.sleep(y)
  GPIO.output(x,GPIO.LOW)             #spegne LED

def tactil(Ev=None):                  #sensore tattile
  global fin
  GPIO.output(pin_R,GPIO.LOW)         #accende RGB en rosso
  fin=True                            #attiva flag controllo flusso

def cambio(ev=None):                  #si ha premuto il tasto SW
  global pos,VER                      #posizione in schermo
  VER=False                           #passa LCD a ingresso di dati
  GPIO.output(pin_G,GPIO.LOW)         #accende RGB in verde
  if pos==4:                          #se arriva al fine, va al
                                      #inizio
    pos=-1
    VER=True                          #passa LCD a vedere valori
    GPIO.output(pin_G,GPIO.HIGH)      #spegne RGB verde
  pos+=1                              #aumenta posizione in
                                      #ingresso di dati

def parar():                          #ferma con CTRL+C
  LED(pin_r,.1)
  GPIO.output(pin_buz,  GPIO.HIGH)    #spegne cicalino
  GPIO.output(pines_out,GPIO.LOW)     #spegne pines_out, logica
                                      #diretta
  GPIO.output(pines_RGB,GPIO.HIGH)    #spegne RGB, logica inversa
  LCD.clear()                         #inizia schermo LCD
  LCD.write(0,0,'Fine....')
  print
  print 'Programma finito'
  time.sleep(1)
  LCD.closelight()                    #spegne backlight

if __name__=='__main__':              #programma inizia qui
  print '\n'*80                       #inizia schermo
  print '-----------------------------'
  print '     STAZIONE METEO'
  print '-----------------------------'
  print
  setup()                             #inizia dispositivi
  GPIO.output(pin_v,GPIO.HIGH)        #accende LED verde
```

```
try:
  while True:
    loop()                          #loop del programma
except KeyboardInterrupt:           #ferma con CTRL+C
  parar()
```

Esercizi proposti:

- Aggiungere l'opzione per aggiornare l'RTC con l'ora del sistema (ora del Raspberry©) o manualmente.

- Aggiungere due display a 7 segmenti con i corrispondenti 74hc595© per presentare la temperatura sia in ºC che in ºF, alternativamente, indicando ciascuna scala con il punto decimale.

- Scrivere un processo di previsione del tempo basato sulla variazione di pressione, temperatura e umidità negli ultimi 3 minuti e aggiustando la previsione per il minuto successivo (come se ogni minuto fosse un giorno).

La previsione deve dare 6 diverse situazioni a seconda dell'evoluzione dei 3 parametri. Costruisci le 3 tabelle equivalenti alle precedenti.

La precisione del sistema non importa, solo la raccolta e l'elaborazione dei dati forniti dai 3 sensori.

⊝⊝⊝

# 7.-SOFTWARE AGGIUNTIVO

Per ottimizzare il processo di creazione degli script Python© per ogni esercizio e la progettazione e il test di alcuni dei circuiti elettronici ideati e utilizzati, si consiglia vivamente di utilizzare il **software aggiuntivo** descritto di seguito e che aiuta a:

- Installazione del sistema operativo Raspbian© sulla Raspberry©

- Operazioni di base con Linux©

- Il processo di modifica, revisione, test ed esecuzione di programmi Python©

- Pre-simulazione di circuiti elettronici prima dell'implementazione reale.

- La registrazione grafica di schemi, diagrammi, circuiti, ecc.

- Se necessario, l'instradamento delle piste nei circuiti per l'eventuale realizzazione dei circuiti stampati ottimizzati.

- Accesso e aggiornamento dall'esterno con NO-IP©

- Utilità di accesso alla rete.

# *LXTerminal©

Abbiamo già discusso che il sistema operativo Raspbian©, che supporta la Raspberry©, contiene un emulatore di terminale chiamato LXTerminal©. Questo emulatore consente l'esecuzione dei comandi fondamentali di Linux© per accedere a molteplici opzioni di configurazione e interazioni con le funzioni di base del sistema operativo.

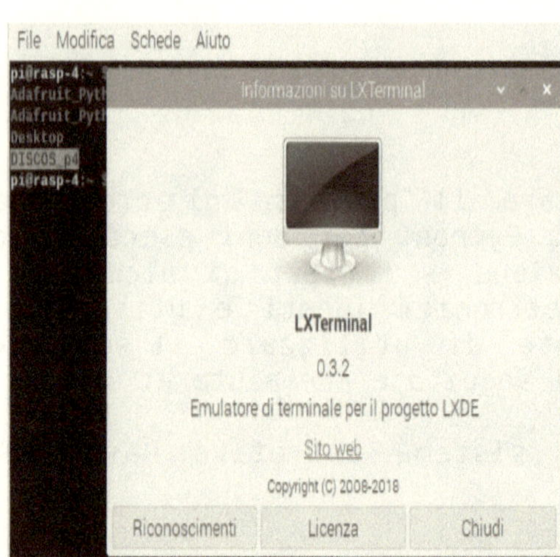


Come ogni accesso diretto a un sistema operativo, l'utilizzo di LXTerminal© deve essere fatto con le conoscenze necessarie per evitare di incorrere in operazioni critiche che pregiudicano il funzionamento irreversibile di Raspbian©

In tal senso, si consiglia di fare una copia di sicurezza della memoria uSD che contiene Raspbian©, utilizzando ad esempio l'APP ApplePI-Baker©

È possibile regolare le dimensioni delle finestre aperte per LXTerminal© procedendo come segue:

```
sudo nano /usr/share/applications/lxterminal.desktop
```

E cambiare:

Exec=lxterminal –geometry=60x25 (o altra dimensione)

O anche:

```
sudo nano /home/pi/.config/lxterminal/lxterminal.conf
```

E aggiungere:

```
geometry_columns=60
geometry_rows   =25
```

Altri dettagli delle finestre aperte da LXTerminal© possono essere modificati, ad esempio, eseguire:

```
sudo nano ~/.config/lxterminal/lxterminal.conf
```

E cambiare:

hide: scrollbar, menubar, closebutton, pointer a True, a seconda di come desideri ciascun parametro.

.cache/lxsession/LXDE-pi/run.log, permette di vedere il registro di inizio di LXTerminal©

O per rimuovere la decorazione della finestra (titolo, pulsanti di ingrandisci, minimizza e chiudi), può essere ottenuto con:

```
sudo nano /home/pi/.config/openbox/lxde-pi-rc.xml
```

E aggiungere:

```
<applications>
      <application name = "*">
      <decor>no</decor>
      </application>
</applications>
```

ʘʘʘ

# *NO-IP©

Abbiamo già commentato che ogni volta che spegniamo e riaccendiamo il Router principale (a meno che abbiamo un IP pubblico fisso contratto con l'operatore di comunicazione e che di solito ha un canone mensile), l'IP pubblico del nostro Router principale cambierà. Questo è un problema per quando vogliamo accedere al nostro Router da remoto perché non sappiamo quale sia l'IP.

Esistono molteplici soluzioni sul mercato per aiutarci con questo problema, una di queste è quella di utilizzare un servizio di terze parti (ce ne sono di gratuiti e ancora a pagamento), che sostanzialmente mantiene una tabella di assegnazione aggiornata tra un dominio che forniscono e l'IP pubblico del nostro Router principale.

Per effettuare questo aggiornamento è necessario installare sul Raspberry© un software che si occupi di questo processo oppure configurare anche il Router principale in modo che, quando cambia il suo IP pubblico, comunichi automaticamente con l'azienda che ci fornisce il dominio e aggiorni la coppia: dominio vs IP pubblico.

Fino al momento della stesura di questo libro, NO-IP© ha una versione gratuita che ha solo lo svantaggio della necessità di aggiornare, via e-mail, la decisione di continuare a utilizzare la versione gratuita, cancellarsi definitivamente o modificare modalità.

In generale, installare NO-IP© sul Raspberry©, solo se l'IP pubblico deve essere aggiornato manualmente dal Raspberry©

Se vogliamo utilizzare la versione gratuita di NO-IP©, su **www.noip.com** l'hostname deve essere aggiornato, almeno settimanalmente, per mantenere il dominio a noi assegnato. In caso contrario, ci cancelleranno definitivamente il dominio e dovremo riscrivere nuovamente il codice.

Per fortuna il servizio NO-IP© ci ricorderà nella nostra e-mail che dovremo effettuare questa operazione.

Per installare NO-IP© sul Raspberry©, faremo quanto segue:

```
mkdir noip
cd no ip
wget http://www.no-ip.com/client/linux/
                                  noip-duc-linux.tar.gz
tar vzxf noip-duc-linux.tar.gz
sudo apt-get install build-essential
make
sudo make install
sudo nano /etc/rc.local              e aggiungere:

      /usr/local/bin/noip2

ps aux | grep noip2                  per verificare.
```

Inoltre e molto importante, affinché quando si accede al Router principale con l'[URL] assegnato da NO-IP©, si acceda al Raspberry©, la tabella NAT© del Router principale deve essere configurata come segue:

<configurazione della rete> <NAT>

<Port Forwarding>

E aggiungere le seguenti regole, due linee per ogni destinazione (Raspberry©, computer, ecc.), una linea con il servizio **TCP** e un'altra con l'**UDP**

Per esempio:

| Servizio | Esterno | Interno | Servitore [IP] | Nome |
|---|---|---|---|---|
| rasp_TCP | [p1]-[p1] | 5900-5900 | 192.168.1.[IP] | Raspberry© |
| rasp_UDP | [p1]-[p1] | 5900-5900 | 192.168.1.[IP] | Raspberry© |
| pc_TCP | [p2]-[p2] | 5900-5900 | 192.168.1.[IP] | PC© LAN |
| pc_UDP | [p2]-[p2] | 5900-5900 | 192.168.1.[IP] | PC© LAN |
| NOIP1 | 80-80 | 80-80 | 192.168.1.[IP] | Raspberry© |
| NOIP2 | 443-443 | 443-443 | 192.168.1.[IP] | Raspberry© |

Dove **[IP]** è l'indirizzo IP del dispositivo di destinazione e **[px]** è la porta, interna o esterna, del Router principale che si desidera utilizzare per il servizio descritto.

Con questa tabella NAT©, le scorciatoie per VNC© con NO-IP©, ad esempio, sarebbero le seguenti:

| Dispositivo o servizio | URL completo |
|---|---|
| Raspberry© | http://[URL].hopto.org:[p1] |
| Computer | http://[URL].hopto.org:[p2] |

Dove **[px]** è la porta assegnata al servizio a cui si desidera accedere e **[URL]** è il dominio assegnato da NO-IP© nel formato generale:

**http://[URL].hopto.org:[porta]**

Infine, l'aggiornamento NO-IP© può essere attivato dal Router principale stesso come di seguito indicato, tuttavia questa configurazione dipende dalla marca del Router.

Questa è la soluzione migliore in quanto è il Router principale stesso che è responsabile, in automatico, dell'aggiornamento di qualsiasi variazione del suo IP pubblico (ad esempio quando viene interrotta l'alimentazione o quando il Router viene iniziato) e in questo modo abbiamo una soluzione molto comoda e molto sicura.

Sul sito del produttore del Router avremo informazioni su come eseguire questa operazione.

Per esempio:

```
<configurazione della rete>
<DNS dinamico>
<Dynamic DNS: enable>
<Service Provider: www.no-ip.com>

<Host Name: [URL]
<Username:  [e-mail]>
<Password:  [password]>
<Applicare>
```

ΘΘΘ

# Samba©

In molte occasioni, ad esempio per eseguire un backup, dovremo riuscire a trasferire file, in modo comodo e bidirezionale, tra il Raspberry© e il computer (PC© o MAC©)

Per fare questo abbiamo bisogno di installare un gestore di file sul Raspberry© che ci permette di vedere il Raspberry© dal computer come se fosse solo un altro dispositivo (memoria USB o hard disk).

Questo file manager è Samba© e per installarlo sul Raspberry© facciamo quanto segue:

```
sudo apt-get install samba samba-common-bin
sudo nano /etc/samba/smb.conf
```

E aggiungere nella sezione [global]:

```
workgroup          =WORKGROUP
wins support       =yes
```

e alla fine, nella sezione [pi], aggiungere:

```
[pi]
comment                =cartella dell'utente
path                   =/home/pi
browseable             =Yes
writeable              =Yes
read only              =no
only guest             =no
create mask            =0777
directory mask         =0777
public                 =Yes
```

E infine usa:

```
sudo smbpasswd -a pi
sudo systemctl restart smbd
sudo systemctl stop smbd
sudo systemctl stop start
```

| | |
|---|---|
| sudo smbpasswd -a pi | aggiunge la password personale |
| sudo systemctl restart smbd | per riavviare Samba© |
| sudo systemctl stop smbd | fermare Samba© |
| sudo systemctl stop start | inizia Samba© |

Con questa configurazione abbiamo Samba© installato su tutti i dispositivi e ora possiamo condividere informazioni tra tutti loro, tramite Python© o anche tramite il gestore di file di Raspbian© o il gestore di file dei PC© o MAC©

⊝⊝⊝

# *Applepi-Baker© e balenaEtcher©

Per effettuare la registrazione delle **schede uSD** con il software di avvio di base e sistemi operativi per il Raspberry©, è necessario disporre di uno strumento che consenta, sia di registrare la scheda con detto software, sia di effettuare un backup del contenuto della scheda sul computer.

Questa seconda opzione è indispensabile soprattutto in fase di sviluppo e quando il Raspberry© viene aggiornato a nuove versioni ed è necessario un "tornare indietro".

Entrambi gli esempi di software (Applepi-Baker© e balenaEtcher©) consentono la registrazione di **[*].ISO** e **[*].ZIP**, nonché il backup del contenuto della scheda uSD sul computer.

Nel caso di ApplePi-Baker©, consente anche di formattare la uSD per caricare l'interessante sistema di avvio multiplo NOOBS©, che consente di avere un menu di avvio con diversi sistemi operativi. Nel nostro caso non l'abbiamo utilizzato in modo che l'avvio sia più veloce non caricando pacchetti non necessari.

ΘΘΘ

# *Pycharm©

È un **editor** di testo del programma e un debugger avanzato per software scritto in Python©

È abbastanza evoluto e con un ambiente grafico avanzato, con una facile visualizzazione del rientro (qualcosa che dovrebbe essere visto molto chiaramente) e dei diversi blocchi: funzioni, loop, condizioni, ecc. e tutto questo in diversi colori e formati (definizioni, corpo import, istruzioni, funzioni, costanti, variabili, ecc.) il tutto mostrato con grande chiarezza.

Rileva facilmente errori di programmazione, scrittura, ecc. e ha un ottimo aiuto per il programmatore. Include anche interessanti funzioni aggiuntive: completamento automatico, controllo della sintassi, strumento di analisi, integrazione Web, integrazione con altri software, supporto per ambienti virtuali, strumenti di importazione ed esportazione, formattazione del testo, ecc.

Permette molte più funzioni rispetto all'editor di base Python©, nell'ambiente di Raspbian©, chiamato IDLE© (Integrated Development Environment), quindi il suo utilizzo è più consigliabile quando si utilizzano testi di programma molto lunghi con molti rientri, oppure quando vuoi usarlo come strumento di modifica per trasferire gli script Python© in documenti di testo come questo libro.

⊝⊝⊝

# *Icircuit©

Questo software consente la **simulazione** del funzionamento elettrico ed elettronico in circuiti, sia digitali che analogici.

Dispone di un ampio database con tutti i tipi di dispositivi: interruttori, relè, trasformatori, alimentatori, generatori di segnali, altoparlanti, microfoni, cicalini, resistenze, condensatori, bobine, diodi, transistor (TTL©, Mosfet©, ecc.), porte logiche, contatori, "flip-flop", codificatori, convertitori A/D, ecc.

I parametri elettrici possono essere visualizzati in voltmetri, amperometri, frequenzimetri o in un oscilloscopio virtuale (tensione, intensità, frequenza, ecc.), in tempo reale e apportare le modifiche necessarie per simulare qualsiasi situazione.

Questo software è davvero interessante per progetti come questo, dove dobbiamo definire piccoli progetti e testarli, in modo da risparmiare molto tempo in fase di implementazione perché sappiamo già che il circuito può funzionare in sicurezza come previsto, evitando questo modo errori di progettazione e funzionamento e persino difetti nel Raspberry©

ΘΘΘ

# *Eagle©

Questa applicazione permette la **progettazione e la registrazione grafica** di circuiti elettronici e la generazione di file per realizzare schede PCB© per circuiti stampati e PDF© per entrambe le attività, svolgendo le funzioni (sempre molto noiose e con molteplici errori) di auto router di piste in modo completamente automatico, sia su PCB© mono che bi facciale con tutti i tipi di dispositivi.

La versione gratuita è limitata a un certo piccolo volume di circuiti e una certa area di scheda stampata, ma per i prototipi qui descritti è molto utile e sufficiente.

Ha anche una vasta comunità di utenti che forniscono forum di assistenza, tutorial o progetti di circuiti già progettati, il che consente una rapida curva di apprendimento.

Include un ampio database di tutti i tipi di componenti, sia attivi che passivi, analogici e digitali, connettori di ogni tipo, ecc.

È molto facile da usare, sia nel cablaggio virtuale che nell'assegnazione di etichette a dispositivi e piste.

ΘΘΘ

# *Ipscanner Home©

Questo software permette la **scansione** di uno specifico range di **IP** attivi in tutto il sistema e l'identificazione dei dispositivi connessi alla rete tramite WIFI o LAN, specificando sia IP, indirizzi MAC, porte aperte, servizi, ecc.

È molto utile per rilevare e visualizzare rapidamente quali dispositivi sono attivi in una qualsiasi delle nostre reti all'interno della nostra casa.

Sebbene la versione gratuita scansiona solo una sezione della rete, possiamo definire diverse sezioni, in modo che in due o tre scansioni avremo la visione globale di tutta la nostra rete interna.

Possiamo assegnare nomi descrittivi a ciascun dispositivo associato a un indirizzo IP o MAC e assegnargli un'icona di facile visualizzazione, in modo da avere tutti i dispositivi collegati perfettamente identificati.

Ci permette inoltre di effettuare una connessione PING diretta a un dispositivo specifico, scansionare tutte le sue porte aperte, attivare il dispositivo con il servizio “Wake on LAN” (quando disponibile), ecc.

⊖⊖⊖

# 8.-ALTRE INFORMAZIONI

Nel mio libro “Domotica con Raspberry©, Google© e Python©”, disponibile anche in inglese sul sito di Amazon©, puoi accedere a una grande quantità di informazioni e molto più dettagliate su come utilizzare l'Elettronica, un Raspberry© e molte già conoscenze acquisito in questo quaderno, per implementare un sistema pratico al 100% di una casa Domotica.

Nello specifico, le informazioni sulla progettazione, realizzazione, installazione e manutenzione della Domotica in una casa possono essere ampliate in modo utile e divertente, con molteplici sensori e attuatori.

Il progetto di Domotica si basa sull'utilizzo di un Raspberry©, Google Home© (vale anche Alexa©) e il software è scritto in Python© su Raspbian©. Con supporto per Colorama© (gestore di testi Python© nei colori e formati), Tkinter© (gestione dei pulsanti di azione in Python©), ecc.

Include moduli aggiuntivi per KNX© (standard di automazione domestica per uso mondiale), Edimax© (presa WIFI), Sonoff© (interruttori WIFI per uso generico), Broadlink© (convertitore da WIFI a infrarossi), TP-Link© (estensore WIFI), Tadoº© (termostato intelligente con geolocalizzazione), schermi tattile, Router principale, vari Bridge, decodificatori di TV (HD e UHD), ecc.

Anche ha il supervisionato da VNC© con NO-IP© e server Web Apache©.

Include anche più routine IFTTT© (integratore di dispositivi e applicazioni di automazione domestica) per Google Home© (altoparlante Google© con Intelligenza Artificiale, applicabile anche ad Amazon© Alexa©).

Consente il controllo bidirezionale, a voce, di:

- **Sensori:** umidità, temperatura, presenza, termostato, geolocalizzazione, caldaia, alimentazione elettrica, porta del garage, campanello, tossicità dell'aria, fughe di gas, incendio, fumo, allagamento, mancanza di connettività Internet, pulsanti tradizionali e pulsanti KNX©, ecc.

- **Attuatori**: illuminazione, tapparelle, LED, segnali acustici e vocali, simulatore di corteccia del cane da guardia, relè, termostato, valvole del gas e dell'acqua, circuito di controllo del sistema di “watchdog”, simulazione di abbaiare di cani, ecc.

Tutto questo controllato bidirezionalmente dalla voce, con Google Home©, dalla messaggistica personale con Telegram© e con un schermo tattile su un altro Raspberry© che supporta PLEX© (server multimediale avanzato) e cornice fotografica automatica.

Ha supporto e reportistica con visualizzatori di eventi, email e voce con allarmi, BOT di Telegram© ed è completamente configurabile, scalabile e base per altri progetti in qualsiasi casa.

Orientato agli appassionati di Elettronica come te, Domotica, ecc. e/o con conoscenze di base di Elettricità, Elettronica, Domotica, Python© e Raspberry©.

Si allegano due schemi dell'hardware e del software utilizzati nel progetto Domotica sopra descritto. Maggiori informazioni sul mio blog:

**gregochenlo.blogspot.com**

## altri titoli

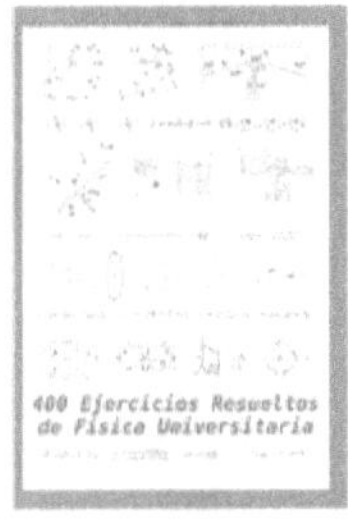


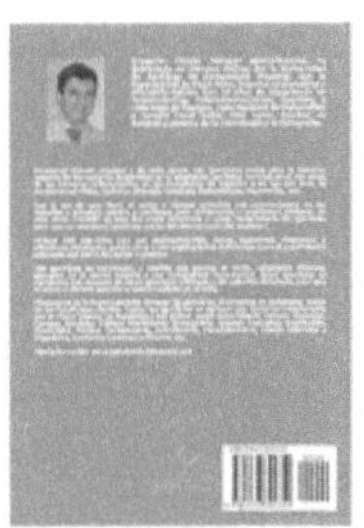

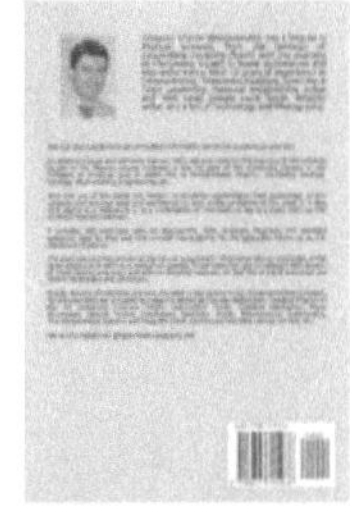

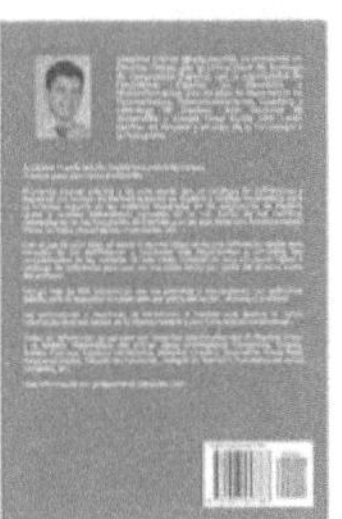

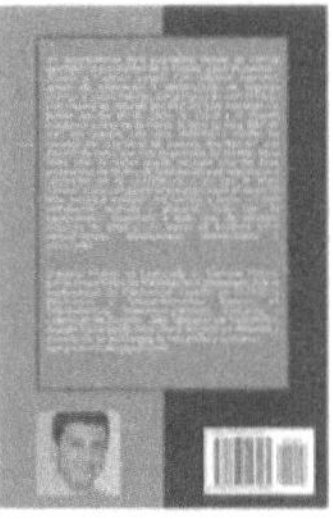

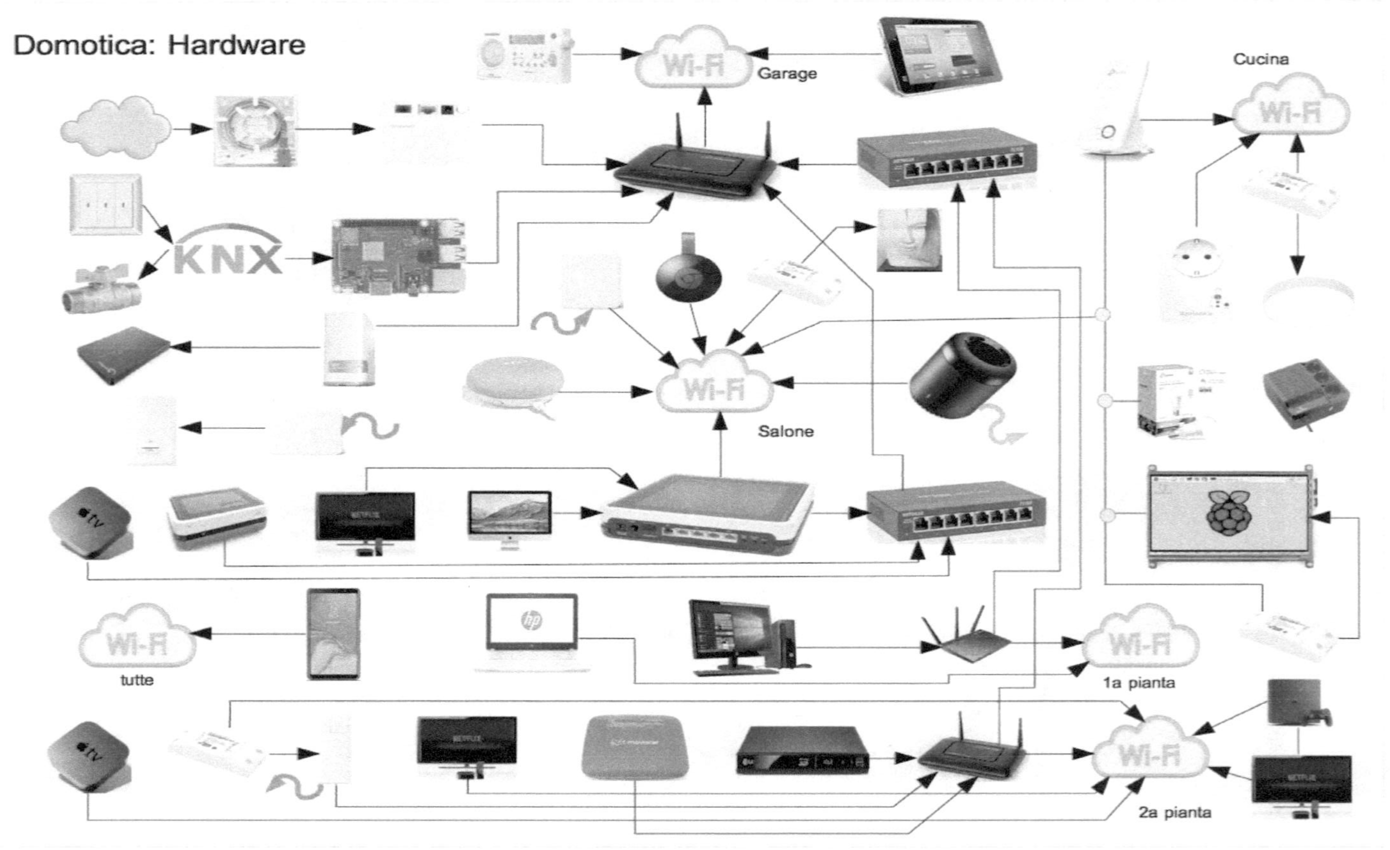
Domotica: Hardware
Wi-Fi
Garage
Cucina
KNX
Salone
tutte
1a pianta
2a pianta

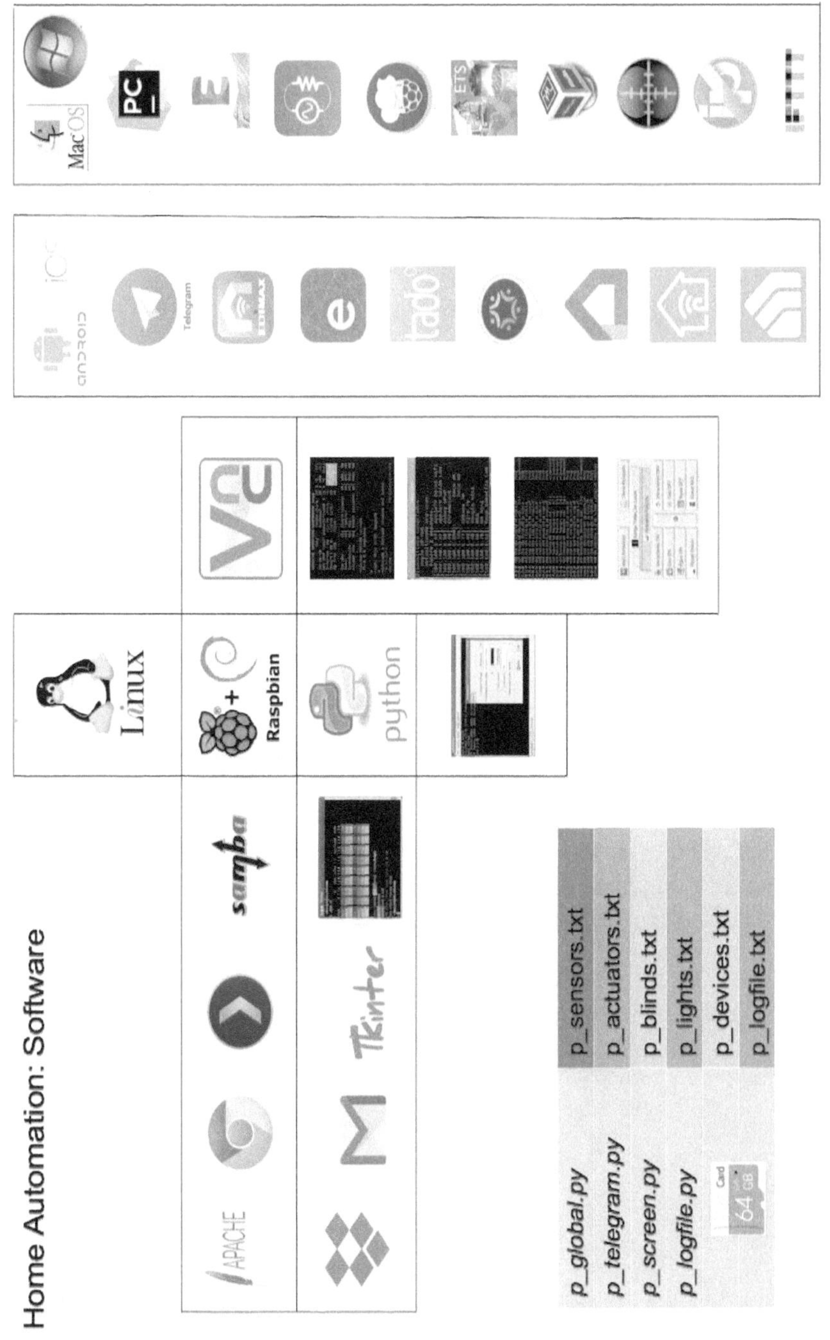
Home Automation: Software
Linux
Raspbian
samba
Tkinter
python
Telegram
p_global.py
p_telegram.py
p_screen.py
p_logfile.py
p_sensors.txt
p_actuators.txt
p_blinds.txt
p_lights.txt
p_devices.txt
p_logfile.txt
64 GB
Mac OS
PC

# 9.-ALLEGATI

In questa sezione abbiamo alcune informazioni aggiuntive e molto interessanti da svolgere e ampliare alcuni esercizi descritte in questo libro:

- I codici esadecimali dei caratteri principali da visualizzare in una matrice LED 8x8 (due lettere in dettaglio e l'alfabeto completo in maiuscolo e cifre da 0 a 9)

- L'elenco della bibliografia utilizzata, con alcuni siti Web di consultazione per chiarire le procedure per l'implementazione di software, hardware e processi in genere.

- Un glossario della maggior parte dei termini tecnici utilizzati nel libro, per chiarire dubbi e consultare rapidamente i concetti.

- Grazie ai lettori che hanno contribuito con idee per migliorare gli altri e questo libro.

ΘΘΘ

# *Codice della matrice 8x8

Esempi di codice per la matrice 8x8 per A e B

| 8 | 4 | 2 | 1 | 8 | 4 | 2 | 1 | |
|---|---|---|---|---|---|---|---|---|
| | | | | | | | | ff |
| | | | 0 | 0 | | | | e7 |
| | | 0 | | | 0 | | | db |
| | | 0 | | | 0 | | | db |
| | | 0 | 0 | 0 | 0 | | | c3 |
| | | 0 | | | 0 | | | db |
| | | 0 | | | 0 | | | db |
| | | | | | | | | ff |

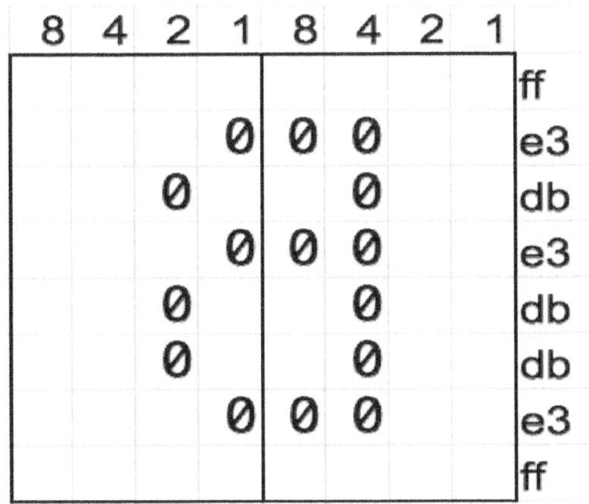

| 8 | 4 | 2 | 1 | 8 | 4 | 2 | 1 | |
|---|---|---|---|---|---|---|---|---|
| | | | | | | | | ff |
| | | | 0 | 0 | 0 | | | e3 |
| | | 0 | | | 0 | | | db |
| | | | 0 | 0 | 0 | | | e3 |
| | | 0 | | | 0 | | | db |
| | | 0 | | | 0 | | | db |
| | | | 0 | 0 | 0 | | | e3 |
| | | | | | | | | ff |

E per le lettere A-Z e i numeri 0-9 abbiamo:

['ff', 'e7', 'db', 'c3', 'db', 'db', 'db', 'ff']

['ff', 'e3', 'db', 'e3', 'db', 'db', 'e3', 'ff']

['ff', 'e7', 'db', 'fb', 'fb', 'db', 'e7', 'ff']

['ff', 'e3', 'db', 'db', 'db', 'db', 'e3', 'ff']

['ff', 'c3', 'fb', 'e3', 'fb', 'fb', 'c3', 'ff']

['ff', 'c3', 'fb', 'e3', 'fb', 'fb', 'fb', 'ff']

['ff', 'e7', 'db', 'fb', 'cb', 'db', 'e7', 'ff']

['ff', 'db', 'db', 'c3', 'db', 'db', 'db', 'ff']

['ff', '83', 'ef', 'ef', 'ef', 'ef', '83', 'ff']

['ff', 'fb', 'fb', 'fb', 'db', 'db', 'e7', 'ff']

['ff', 'db', 'eb', 'f3', 'f3', 'eb', 'db', 'ff']

['ff', 'fb', 'fb', 'fb', 'fb', 'fb', 'c3', 'ff']

['ff', 'bb', '93', 'ab', 'bb', 'bb', 'bb', 'ff']

['ff', 'bb', 'b3', 'ab', '9b', 'bb', 'bb', 'ff']

['ff', 'c3', 'db', 'db', 'db', 'db', 'c3', 'ff']

['ff', 'e3', 'db', 'db', 'e3', 'fb', 'fb', 'ff']

['ff', 'e7', 'db', 'db', 'db', 'cb', '87', 'ff']

['ff', 'e3', 'db', 'db', 'e3', 'f3', 'eb', 'ff']

['ff', 'c7', 'fb', 'e7', 'df', 'db', 'e7', 'ff']

```
    0 0 0
          0
      0 0
    0
    0     0
      0 0
```

['ff', '83', 'ef', 'ef', 'ef', 'ef', 'ef', 'ff']

```
  0 0 0 0 0
      0
      0
      0
      0
      0
```

['ff', 'db', 'db', 'db', 'db', 'db', 'c3', 'ff']

```
    0     0
    0     0
    0     0
    0     0
    0     0
    0 0 0 0
```

['ff', 'db', 'db', 'db', 'db', 'db', 'e7', 'ff']

```
    0     0
    0     0
    0     0
    0     0
    0     0
      0 0
```

['ff', 'bd', 'bd', 'bd', 'a5', '99', 'bd', 'ff']

```
  0         0
  0         0
  0         0
  0   0 0   0
  0 0     0 0
  0         0
```

['ff', 'db', 'db', 'e7', 'e7', 'db', 'db', 'ff']

```
    0     0
    0     0
      0 0
      0 0
    0     0
    0     0
```

['ff', 'bb', 'd7', 'ef', 'ef', 'ef', 'ef', 'ff']

```
  0       0
    0   0
      0
      0
      0
      0
```

['ff', '83', 'bf', 'df', 'ef', 'f7', '83', 'ff']

```
  0 0 0 0 0
  0
    0
      0
        0
  0 0 0 0 0
```

['ff', 'e7', 'db', 'db', 'db', 'db', 'e7', 'ff']

```
      0 0
    0     0
    0     0
    0     0
    0     0
      0 0
```

['ff', 'ef', 'e7', 'ef', 'ef', 'ef', 'ef', 'ff']

```
      0
      0 0
      0
      0
      0
      0
```

['ff', 'e7', 'db', 'ef', 'f7', 'fb', 'c3', 'ff']

```
      0 0
    0     0
      0
        0
          0
    0 0 0 0
```

['ff', 'e7', 'db', 'cf', 'ef', 'db', 'e7', 'ff']

```
      0 0
    0     0
    0 0
      0
    0     0
      0 0
```

['ff', 'db', 'db', 'c7', 'df', 'df', 'df', 'ff']

```
    0     0
    0     0
    0 0 0
    0
    0
    0
```

['ff', 'c3', 'fb', 'e3', 'df', 'db', 'e7', 'ff']

```
    0 0 0 0
          0
      0 0 0
    0
    0     0
      0 0
```

['ff', 'df', 'ef', 'e7', 'db', 'db', 'e7', 'ff']

```
    0
      0
      0 0
    0     0
    0     0
      0 0
```

['ff', 'c3', 'df', 'ef', 'f7', 'fb', 'fb', 'ff']

```
    0 0 0 0
    0
      0
        0
          0
          0
```

['ff', 'e7', 'db', 'e7', 'db', 'db', 'e7', 'ff']

```
      0 0
    0     0
      0 0
    0     0
    0     0
      0 0
```

['ff', 'e7', 'db', 'c3', 'df', 'ef', 'f3', 'ff']

```
      0 0
    0     0
    0 0 0 0
    0
      0
        0 0
```

# *Bibliografia

Di seguito sono riepilogate una serie di pagine Web che hanno contribuito a creare questa cartella di lavoro.

In queste pagine Web non c'è una soluzione al 100% ai problemi ricercati, forse il processo di apprendimento si basa proprio sul percorso di ricerca delle informazioni e sul processo di tentativi ed errori, piuttosto che sulle informazioni o sulla soluzione stessa, ma in esse ci sono tante informazioni utili e tanto lavoro da parte di tanti appassionati di Elettronica, Raspberry©, Python©, Software, Hardware, ecc., ai quali ringrazio per il loro gesto di condivisione con tutti, via Internet, le tue esperienze, le sue idee e i suoi sforzi.

Infine, indicare che l'autore di questo libro rifiuta qualsiasi responsabilità derivante dalle informazioni raccolte in questi siti Web, rifiutando ogni responsabilità, garanzia, ecc., come conseguenza della variazione, degli errori o della scomparsa di queste fonti di informazione.

⊝⊝⊝

# *Raspberry©

https://www.raspberrypi.org/
https://www.berryterminal.com/doku.php/berryboot
https://azure-samples.github.io/raspberry-pi-web-simulator/
http://www.kami.es/2016/ejecutar-script-al-inicio-raspberry-pi/
https://www.cnet.com/how-to/how-to-setup-bluetooth-on-a-raspberry-pi-3/
https://raspberryparatorpes.net/sistemas-operativos/nuevo-raspbian-stretch/
https://www.deacosta.com/instrucciones-para-actualizar-raspbian-8-jessie-raspbian-9-stretch-en-raspberry-pi/
https://raspberrypi.stackexchange.com/questions/10209/how-to-disable-mouse-cursor-on-lxde
https://raspberrypi.stackexchange.com/questions/30056/raspberry-pi-raspbian-multiple-desktops

# *Linux©

http://www.raspbian.org
http://www.linux.org
http://ekiketa.es/crear-un-script-ejecutable-por-el-shell-en-linux/
https://wiki.lxde.org/en/Talk:LXTerminal
https://www.luisllamas.es/tutoriales-de-raspberry-pi-linux/
https://www.raspberrypi.org/blog/another-update-raspbian/
https://www.raspberrypi.org/forums/viewtopic.php?t=99646

# *Hardware

https://www.cetronic.es
https://www.mouser.es/
https://www.kubii.fr/
https://mydevices.com/
http://kookye.com/category/tutorials/rapsberry-pi-projects/
http://www.electronicaestudio.com/
https://computers.tutsplus.com/articles/creating-a-speaker-for-your-raspberry-pi-using-a-piezo-element--mac-59336

# *Python©

http://www.python.org
https://www.codecademy.com/catalog/subject/all
https://drive.google.com/drive/folders/0B-EjJI8oLlmdZDRyMkM0UTNmZ00
https://plot.ly/python/
https://inventwithpython.com/es/7.html
http://acodigo.blogspot.com/2013/11/python-gui-ventanas.html
https://linuxconfig.org/how-to-change-default-python-version-on-debian-9-stretch-linux
https://packages.debian.org/stretch/all/python-pychromecast/download

# *NO-IP©

https://www.noip.com/
https://www.realdroid.es/2016/10/29/configurar-no-ip-para-raspberry-pi-y-de-paso-que-es-no-ip/

# *Samba©

https://www.samba.org/
https://www.naguissa.com/foro/i601/configurar-fstab-para-montar-unidades-de-windows-o-samba-automaticamente
https://www.atareao.es/tutorial/raspberry-pi-primeros-pasos/compartir-archivos-en-red-con-samba/

# *VNC©

http://www.vnc.com/
https://geekytheory.com/tutorial-raspberry-pi-7-escritorio-remoto-vnc-no-ip/
https://www.realvnc.com/es/connect/docs/server-parameter-ref.html
https://librebit.github.io/raspberry/raspbian/vnc/server/2016/09/14/habilitar-vnc-server-en-raspberry-pi.html

ΘΘΘ

# *Glossario di Termini

| Termine | Descrizione |
| --- | --- |
| 868 | Sistema di trasmissione a basso consumo |
| 1-Wire© | Protocollo di comunicazione seriale |
| 2-Wire© | Circuito che supporta la trasmissione a 2 vie |
| 3G/4G© | Sistema de trasmissione mobile de 3a e 4a generazione |
| 4K | Formato TV ad alta definizione |
| 6LowPAN© | Area di Rete Personale a basso consumo |
| A/D | Convertitore Analogico/Digitale |
| AC/DC | Corrente Alternata a Corrente Continua |
| Attuatore | Dispositivo che causa il funzionamento di una macchina o di un altro dispositivo |
| ADS© | Protocollo Fermax© di Sistema Digitale de Suono |
| AI | Intelligenza Artificiale |
| Alexa© | Assistente di Amazon© |
| Android© | Sistema operativo mobile di Google© |
| Apache© | Servitore WEB di codice aperto per diverse piattaforme |
| APCI© | Informazioni e Controllo del Protocollo di Aplication |
| APP | Abbreviazione dell'Applicazione |
| Apple© TV | Ricevitore multimedia di Apple© |
| Arduino© | Piattaforma di sviluppo con hardware di codice aperto |
| ARP© | Protocollo di Risoluzione dell'Indirizzo |
| ARC© | Canale di Ritorno de Audio HDMI© |
| ARM© | Macchina RISC© Avanzata |

| Termine | Descrizione |
|---|---|
| Asincrono | Processo di sincronizzazione tra mittente e recettore eseguito su ogni parola |
| Bluetooth© | Specificazione industrial per reti personali wireless |
| BOT© | Programma per computer che esegue attività automatiche e ripetitive |
| BotFather© | Gestore di chiavi, alias e permisi di Telegram© |
| Bridge | Processo di connessione di due gruppi di reti o gruppi di client in reti cablate |
| Broadlink© | Fabbricante del RM© mini |
| BTI© | Interfaccia del Comunicatore con il Bus |
| Bus | Sistema digitale che trasferisce i dati tra i suoi componenti |
| Buzz | Generatore di audio (cicalino) |
| C-NC | Chiuso-Normalmente Chiuso |
| CEC© | Controllo dell'Elettronica di Consumo |
| Chromecast© | Sincronizzatore portatile di dispositivi di Google© |
| Chromium© | Browser Web di codice aperto di Google© |
| Clock | Segnale binaria per coordinare azioni tra diversi circuiti |
| $CO_2$ | Disossido di Carbonio |
| Colorama© | Modulo per la visualizzazione di testo in colori e formati in finestre di LXTerminal© di Raspbian© |
| Convertitore | Dispositivo elettronico che trasforma un segnale analogico in un segnale digital |
| CSMA/CA© | Acceso Multiple con Sentito di Portatore e Controllo di Collisione |
| Daemon | Programma correndo in 2do plano |
| DAT© | Software di gestione di protocollo seriale bidirezionale |
| Decodificatore | Dispositivo recettore e convertitore di segnale di TV |
| DHCP© | Protocollo di Configurazione di Servitore Dinamico |
| Differenziale | Dispositivo elettro meccanico per la |

| Termine | Descrizione |
|---|---|
| | protezione contra scarichi elettriche |
| DIN© | Normalizzazione delle Installazioni Elettriche |
| DLNA© | Alleanza di Reti Digitali in Case |
| DNS© | Sistema del Nome di Dominio |
| DSL© | Linea Digitale di Cliente |
| DUC© | Cliente di Aggiornamento Dinamico di DNS© |
| DVI© | Interfaccia Visuale Digitale (solo video) |
| DYN© | DNS© dinamica o DDNS© |
| Eagle© | Software di disegno e automatizzazione elettronica |
| Edilife© | APP di controllo di dispositivi Edimax© |
| EIB© | Bus di Istallazione Europeo (oggi KNX©) |
| EIS© | Standard di Intercessione in EIB© |
| Etcher© | APP di codice aperto usato per la registrazione di file immagine |
| Ethernet© | Standard di comunicazione di reti di area locale tra computers |
| ETS© | Software di Strumenti di Ingegneria per istallazioni KNX© |
| ext3 | Formato di File di Sistema Diffuso |
| FAT32© | Tabella di Assegnazione di File 32 bit |
| Fermax© | Fabbricante di inter comunicatori elettronici |
| Finder© | Fabbricante di relè ed altri componenti |
| Fing© | APP di polling di dispositivi allegati alla rete |
| Flip-flop | Multi vibrazione di due stati |
| FreeDyn© | Software per aggiornare DNS© dinamiche |
| Gateway | Dispositivo per collegare tra altre dispositivi o computer |
| GIF© | Formato di Intercambio di Grafici |
| Gigabit© | Standard Ethernet© di 1.000 Mbs |
| Gmail© | Servizio e-mail di Google© |
| Google Home© | Altoparlante intelligente con Intelligenza Artificiale di Google© |

| Termine | Descrizione |
|---|---|
| GPIO© | Ingresso/Uscita di Proposito Generale |
| Handshake | Protocollo di stabilimento de comunicazione |
| HDMI© | Interfaccia Multimediale di Alta Definizione |
| HGU© | Unità Gateway della Casa |
| Home© | APP di gestione del Google Home© Mini |
| Domótica | Tecniche per automatizzare la casa |
| http:// | Protocollo di Trasferimento di Ipertesto |
| https:// | Protocollo Sicuro di Trasferimento di Ipertesto |
| HUB© | Elemento di rete per collegar vari dispositivi Ethernet© |
| $I^2C$© | Interfaccia di interconnessione di Circuiti Integrati dei Raspberry© |
| iCircuit© | Software di simulazione di Circuiti Elettronici |
| IDLE© | Intorno di Sviluppo per Python© |
| IFTTT© | Software d'integrazione di dispositivi e applicazione tipo "If This Then That" |
| IGMP© | Protocollo di Gestione di Gruppi Internet |
| IHC© | APP di Broadlink© RM© mini |
| Impedenza | Resistenza apparente di un circuito dotato con capacità e auto induzione |
| Integratore | Software che gestisce interazione tra applicazione e dispositive |
| Interfaccia | Connessione tra dispositivi o sistemi |
| iOS© | Sistema operativo mobile di Apple© |
| IP | Indirizzo per Protocollo di Internet |
| IPScanner© | Software per conoscere l'IP di dispositivi collegati a una rete |
| IR | Dispositivo infrarosso |
| ISO | Immagine esatta o copia di un file |
| Itead© | Fabbricante di switches Sonoff© |
| Kasa© | APP per controllo di lampadine WIFI di TP-Link© |
| KNX© | Standard proprietario per il controllo di |

| Termine | Descrizione |
|---|---|
| | case e edifici (prima EIB©) |
| LAN | Rete di Area Locale |
| LB100© | Lampadina WIFI di TP-Link© |
| LED | Diodo Emettitore di Luce |
| LXTerminal© | Software di Terminal in Raspbian© |
| MAC | Indirizzo di Controllo di Accesso a Mezzi |
| McAfee© | Software antivirus |
| MD5© | Algoritmo de Gestione di Messaggi con cifratura tipo 5 |
| Mesh | Rete wireless con un unico SSID |
| MHL | Connessione mobile di alta definizione |
| MOSFET | Transistor Effetto Campo con semiconduttore de ossido de metallo |
| NAS | Stoccaggio Allegato alla Rete |
| NAT | Traslazione d'Indirizzi di Rete |
| Netflix© | Fornitore di contenuto multimediale |
| NFC© | Comunicazione di Campo Vicino |
| NGROK© | Software di accesso al server locale da Internet con URL dinamiche |
| NO-IP DUC© | Aggiornamento di cliente con DDNS© per intorni NO-IP© |
| NOOBS© | Nuevo Software “Out Of Box” per istallazioni su Raspberry© |
| NPCI© | Informazione di Controllo di Protocolli di Rete |
| NPM© | Gestore di Pacchetti di Nodi |
| NPN© | Transistor con strati N, P e N |
| ONT© | Terminazione di Rete Ottica |
| Otto accoppiatore | Interruttore accoppiatore attivato per luce |
| OSX© | Sistema operativo per computer Apple© |
| PCB | Scheda di Circuito Stampato |
| PCM | Modulazione per Pulsi Codificati |
| PEI-10© | Interfaccia Fisico Esterno di Accoppiatore di Bus con 10 pin per sistemi KNX© |

| Termine | Descrizione |
|---|---|
| PHP© | Pre Processore di Ipertesto. Linguaggio de Proposito Generale |
| Piezo elettrico | Vetro trasduttore elettro acustico |
| Ping | Programma di diagnosi di rete |
| PLEX© | Server di contenuto multimediale |
| PNP© | Transistor con strati P, N e P |
| Port | Canale del Router dove si organizza l'invio di informazione |
| Pycharm© | Editore professionale di script Python© |
| Python© | Linguaggio di programmazione interpretato |
| Raspberry© | Micro computer creato per la Fondazione Raspberry© e basato in tecnologia ARM©M |
| Raspbian© | Distribuzione del sistema operativo Linux© basato in Debian© |
| Relè | Interruttore elettromagnetico e meccanico |
| Re sparabile | Permette iniziare il pulso con un nuovo sparo prima di completare il tempo del pulso anteriore |
| Ripples© | Salva schermi in Raspbian© |
| RISC© | Computer con una Serie Ridotta di Istruzioni |
| RJ11 | Connettore usato in reti di telefonia |
| RJ45 | Connettore usato in reti di computer |
| Router | Dispositivo para collegare computer alla rete |
| Routine | Programma che contiene istruzioni, attività o compiti indipendenti |
| RS232© | Interfaccia di comunicazione binaria seriale |
| RTS/CTS | Controlli di flusso de spedizione tipo: Domanda per Inviare/Iniziare per Inviare |
| RxD | Dati Ricevuti |
| Samba© | Protocollo di trasferimento di Microsoft© |
| Schmitt© trigger | Comparatore elettronico speciale con innesco |
| Sensor | Dispositivo che cattura variabile fisiche |

| Termine | Descrizione |
|---|---|
| Server | Gestore di applicazione per gestire petizione di dispositivi tipo cliente |
| Sodial© | Fabbricante del convertitore di livelli logiche ADUM1201© |
| Sonoff© | Switch Itead© basic |
| Speedtest© | Software test di velocità |
| SPI© | Interfaccia di Periferici Seriale per Raspberry© |
| SQL© | Linguaggio di Petizione Strutturate usato in gestione di base di dati |
| SSH© | Copertura Sicura per accesso remoto a un server |
| SSID© | Identificatore di server o di WIFI |
| STB© | Connessione “set top box”, decodificatore |
| Stretch© | Versione di Raspbian© |
| Switch | Dispositivo che permette derivare o interrompere una corrente elettrica |
| Tadoº© | Termostato elettronico con geo localizzazione |
| Tao-Glow© | Lampada di colori con mando infrarosso |
| TCP/UDP© | Protocollo di Controllo di Trasmissione Protocollo di Dati di Utente |
| TCPI© | Informazione di Controllo del Trasporto d'Informazione |
| Telegram© | Software de comunicazione personale |
| Terminal© | Applicazione Raspbian© per entrare testo |
| Timeout | Tempo massimo in precedenza per eseguire un processo |
| Tkinter© | Crea, ubica e gestione bottone in schermo per controllare programmi Python© |
| TP-Link© | Fabbricante della lampadina WIFI LB100© e del estensore di WIFI TL-WA850RE© |
| Transistor | Dispositivo elettronico per amplificare o commutar segnale elettriche |
| TTL© | Tecnologia d'integrazione di transistori |
| TxD | Trasmissione di Dati |
| UART© | Trasmettitore-Recettore Universal |

| Termine | Descrizione |
|---|---|
| | Asincrono |
| Ubuntu© | Distribuzione del sistema Linux© |
| Ugreen© | Fabbricante della interfaccia seriale vs USB |
| UHD© | Definizione ultra alta, similare al 4K |
| UPS | Sistema di Alimentazione Ininterrotta |
| URL | Localizzatore di ricorsi di rete |
| uSD | Memoria micro SD (sicurezza digitale) |
| Valvola | Dispositivo di controllo de fluidi |
| VDS© | Sistema Digitale di Video di Fermax© |
| VirtualBox© | Software per virtualizzazione di vari sistemi operativi |
| VNC© | Rete virtuale di computer |
| WAP© | Protocollo di Applicazione Wireless |
| Watchdog | Circuito elettronico automatico di control del flusso di un programma |
| WD© | Fabbricante Western Digital© |
| Webhook© | Metodo di modificazione nella operazione di una pagina Web |
| WIFI | Connessione wireless digitale |
| Workgroup | Protocollo Microsoft© di reti di lavoro |
| x bauds | Simboli (1 o più bit) per secondo |
| x bps | Bit per secondo (velocità trasmissione) |
| x cm | Centimetri (lunghezza) |
| x dB | Decibel (suono) |
| x fps | Frames per secondo (video) |
| x Hz | Hertz (cicli per secondo) |
| x mA | Mili ampere (corrente elettrica) |
| x uF | Micro farad (capacità elettrica) |
| x v | Volt (tensione e voltaggio elettrici) |
| x w | Watt (potenza elettrica) |
| x Ω | Ohm (resistenza elettrica) |
| Xscreensaver© | Salva schermi in Raspbian© |
| ZIP | Formato de compressione di file |

# *Ringraziamenti

Grazie mille per l'acquisto e soprattutto per aver letto questo libro. La mia intenzione è sempre stata quella di aiutare e condividere esperienze con altre persone come te.

Spero che ti sia piaciuto e qualsiasi suggerimento ti sarei grato se lo indicassi sul mio blog.

gregochenlo.blogspot.com

Grazie mille ancora.

ΘΘΘ

Appunti (v4):

www.ingramcontent.com/pod-product-compliance
Lightning Source LLC
Chambersburg PA
CBHW021349210526
45463CB00001B/31
* 9 7 9 8 6 7 7 5 2 0 0 6 8 *